高等学校应用物理专业教学用书

光电子与光通信实验

主　编　王　丽
副主编　江竹青　刘国庆　周劲峰
　　　　胡曙阳　贾宝墩　何士雅

北京工业大学出版社

内 容 提 要

本书根据专业物理实验的教学大纲和在教学实践中的教学经验编写而成。全书共分为两篇；第一篇主要介绍光电子学与光通信技术的基本知识，共分为3章。第1章介绍光电子与光通信的实验目的、实践环节和基本知识。第2章主要介绍光电子理论与技术的基础知识。其中包括光电子技术与器件，光电子技术的发展趋势与应用，激光超短脉冲的形成，激光模式的选择技术，激光模式的测量方法，激光频率的稳定性，激光全息的原理和基本制作技术。第3章主要介绍光纤通信中的光纤传输理论，传输模式，光纤的损耗和色散，光纤无源器件，光纤通信光源，半导体光电检测器，光纤通信的复用技术等。

第二篇围绕物理专业本科生开设的专业物理实验项目展开，实验项目共计39个。从实验项目的选取来看，既有综合性实验，设计性实验、教师的科研项目转化为本科生的创新性实验，同时还有通过本科生的毕业设计完成的设计性实验项目。在实验项目的编写过程中，力争做到实验目的明确，实验原理描述清晰，实验步骤合理。大多数实验项目设有思考题和参考书或文献。书后附有常用物理常数和我国的法定计量单位。

图书在版编目（CIP）数据

光电子与光通信实验/王丽主编．—北京：北京工业大学出版社，2008.2
ISBN 978-7-5639-1880-5

Ⅰ.光… Ⅱ.王… Ⅲ.①光电子技术-实验-高等学校-教材
②光通信-实验-高等学校-教材 Ⅳ.TN2-33 TN929.1-33

中国版本图书馆CIP数据核字（2008）第000856号

光电子与光通信实验

王 丽 主编

※

北京工业大学出版社出版发行
邮编：100022 电话：（010）67392308
各地新华书店总经销
徐水宏远印刷有限公司印刷

※

2008年2月第1版 2008年2月第1次印刷
787 mm×1 092 mm 16开本 13.5印张 328千字
ISBN 978-7-5639-1880-5
定价：20.00元

前　言

本书根据教育部颁发的《高等工业学校物理实验课程教学基本要求》，结合我院"十五"和"十一五"教学基地建设投入的仪器设备的使用情况，基于对专业物理实验的教学大纲的多次修订和在教学实践中的实际教学经验的基础上编写而成。

全书共分为两篇。第一篇主要介绍光电子学与光通信技术的基本知识，共分为3章。第1章介绍光电子与光通信的实验目的、实践环节和实验的基本常识。第2章主要介绍光电子理论与技术的基础知识。其中包括光电子技术与器件、光电子技术的发展趋势与应用、激光超短脉冲的形成、激光模式的选择技术、激光模式的测量方法、激光频率的稳定性、激光全息图的原理和基本制作技术。第3章主要介绍光纤通信中的光纤传输理论、传输模式、光纤的传输损耗和色散、光纤无源器件、光纤通信光源、半导体光电检测器、光纤通信的复用技术等。

第二篇围绕着多年来为我院应用物理专业本科生开设的专业物理实验项目展开，实验项目共计39个。从实验项目的选取来看，既有综合性实验和设计性实验，又有创新性实验。在实验项目的编写过程中，力争做到实验目的明确，实验原理描述清晰，实验步骤合理。大多数实验项目设有思考题和参考书或文献。书后附有常用物理常数和我国的法定计量单位。

在编写该书的过程中，编著教材的教师参与了从购置设备仪器论证、购置和开发实验项目到多次的实验教学大纲和讲义的修订。

本教材编写分工如下：王丽编写第一篇中的第1章和第2章，第二篇的实验项目13~17，39，并统筹全书；何士雅编写第一篇中的第3章；周劲峰编写第二篇的实验项目1~7；刘国庆编写第二篇的实验项目8~12；胡曙阳编写第二篇的实验项目18~24；贾宝墩编写第二篇的实验项目25~32；江竹青编写第二篇的实验项目33~38。

由于时间和水平有限，教材中会出现错误，恳请读者批评指正。

编　者
2007年12月

目 录

第一篇 基础理论 ... 1

第1章 绪论 ... 3
1.1 光电子与光通信实验的目的 ... 3
1.2 光电子与光通信实验课程的实践环节 ... 3
1.3 光电子与光通信实验的基本常识 ... 4

第2章 光电子理论与技术的基础知识 ... 5
2.1 光电子理论与技术概述 ... 5
2.2 光电子技术的理论基础 ... 6
2.3 模式测量方法 ... 11
2.4 激光频率的稳定性 ... 14
2.5 全息图的基本原理和技术 ... 14

第3章 光纤通信原理概述 ... 21
3.1 光纤的传输理论 ... 21
3.2 光纤的传输损耗 ... 25
3.3 光纤的色散 ... 27
3.4 光纤无源器件 ... 31
3.5 光纤通信光源 ... 34
3.6 半导体光电检测器 ... 36
3.7 光纤通信的复用技术 ... 37
3.8 光纤通信的光放大器 ... 39
3.9 光纤通信的同步数字体系 ... 41

第二篇 基本实验 ... 47

实验1 He-Ne激光器纵、横模测量 ... 49
实验2 KD^*P晶体的电光效应及其应用 ... 53
实验3 脉冲激光器的装调及腔外倍频实验 ... 58
实验4 高斯光束参数的测量 ... 64
实验5 光纤通信HDB_3编码实验 ... 67
实验6 数字信号电/光、光/电转换传输实验 ... 71
实验7 数字调制实验 ... 74
实验8 物质的差热与热重分析 ... 79
实验9 晶体生长 ... 84
实验10 晶体定向 ... 89

实验 11	晶体折射率的测量	97
实验 12	晶体介电常数的测量	101
实验 13	波分复用光纤通信系统	106
实验 14	单模光纤模场直径的测量	111
实验 15	光时域反射仪的应用	118
实验 16	掺铒光纤放大器的应用	121
实验 17	光纤光栅传感器的应用	128
实验 18	折射率分布曲线的测量	131
实验 19	光无源器件特性测试实验	134
实验 20	多模光纤模间色散引起的脉冲展宽	139
实验 21	单模光纤数值孔径的性质与测量	141
实验 22	LD 和 LED 的 $P-I$ 特性测量	144
实验 23	数字光纤通信系统接口码型变换实验	148
实验 24	局域网组网实验	151
实验 25	无线鼠标实验	154
实验 26	射频天线测试实验	157
实验 27	小功率无线收发信机性能测试实验	160
实验 28	数字通信跳频技术实验	162
实验 29	数据通信终端显示实验	164
实验 30	高频窄带通信机的功率放大器设计	167
实验 31	ISP 下载线的制作与使用	169
实验 32	计算机间的无线数据通信	172
实验 33	阿贝-波特实验与空间滤波	174
实验 34	光栅法实现光学图像相加和相减处理	178
实验 35	光学图像的识别	182
实验 36	像面散斑法图像相减	185
实验 37	角度复用的体全息存储	189
实验 38	太伯效应	194
实验 39	熔融拉锥型全光纤耦合器	198
附录Ⅰ	常用物理常数表	206
附录Ⅱ	法定计量单位	207
参考文献		208

第一篇 基础理论

第1章 绪 论

1.1 光电子与光通信实验的目的

光电子与光通信已经成为当今各国飞速发展的研究开发领域，同时它又是交叉学科必不可少的研究方向。光电子与光通信实验是高等学校应用物理学专业（光通信与光电子技术）学生进行实践教学环节基本训练的一门独立设课、独立编写大纲与教材、独立考核的实践教学课程和必修的专业课程。它是以实验室为教学场地，以仪器设备和实验教材为媒体，以学生按照实验方案与步骤、操作仪器、控制条件、观察现象、测量记录、处理数据、分析结果得出结论并撰写实验报告为基本内容的实践教学环节，是学生进入大学后，完成系统的专业基础课程和专业必修课程后的又一系统的科学实验训练的重要环节。学生通过光电子与光通信专业实验课的学习，不仅将理论与实践相结合、将学过的光电子与光通信的理论知识（如激光原理、光电子学理论与技术、光纤通信原理与技术），在实验中加深理解和进行验证，了解和掌握应用物理专业（光通信与光电子技术）的相关实验方法、实验技能以及光电子与光通信器件设备的使用、数据处理方法等。通过光电子与光通信实验的教学实践环节，进一步激发学生对应用物理专业的学习兴趣，为今后的学习、研究和工作奠定良好的基础。通过完成本实验课程，既要让学生具备基本的应用物理专业的实际动手能力，又要使学生了解应用物理专业（光电子与光通信技术）的理论前沿、应用前景和最新发展动态以及相关高技术产业的发展状况。培养学生具有理论联系实际和实事求是的科学作风，严肃认真的工作态度，主动研究的探索精神，解决实际问题的能力，遵守纪律，团结协作的团队精神和爱护公共财产的优良品德。

1.2 光电子与光通信实验课程的实践环节

光电子与光通信实验是学生在教师指导下独立完成规定的实验项目内容。要达到专业物理实验课的预期目的，每次实验能否顺利开展，实践环节中能否加深对理论知识的理解和验证，物理思想的领悟和飞跃以及在实践能力的培养上有所收获，在很大程度上与学生的重视程度密切相关。这就要求学生在完成光电子与光通信实验的环节中，必须做到课前充分认真地预习，课堂实践环节中的主动性以及课堂后的实验报告和对物理思想的理解、归纳与整理。

课前预习是学生实验环节中的第一步,也是锻炼学生自觉地依据所要进行的实验项目内容,阅读教材,查阅相关的实验原理和内容,了解实验仪器的工作原理和使用方法以及仪器设备的作用和在科学研究中的地位。在进入实验室之前完成预习报告内容,如实验名称、实验原理、实验内容、实验数据记录表格等。在预习中遇到的不理解的物理概念和基本原理都可以写在预习报告中,以便与指导教师在课堂实践环节中研讨完成。

光电子与光通信实验的课堂环节是实践教学环节中的关键。每个实验项目内容的顺利完成,取决于学生在课堂上的主动性、学习兴趣和参与实践的动手能力的培养程度。在实验进行之前,教师会介绍实验项目的目的和意义、实验的主要内容、仪器设备的使用和注意事项以及实验完成时应该获得的实验结果等。这就要求学生既要听取教师的指导意见,又要独立思考问题和动手操作仪器,实验课堂上形成教与学的良好互动。在课堂实践环节中,学生更应该以实验项目的原理为依据,合理安排和布局实验设备仪器。实验中不盲目操作仪器以免损坏仪器,以严谨的科学态度投入到实验课堂的实践教学环节中。特别是在光电子和光通信实验中,对相干光处理、电光调制、非线性光学现象验证和光束质量的测量等,高功率激光光源是实验项目中仪器设备的组成部分,这就更加要求学生在实验室环境中严肃认真,更加细致地完成实验教学环节中的每一个步骤,通过实验过程的学习,学会思考和理解所学过的相关专业知识,把学过的概念、原理加深感性认识,再结合感性认识对物理思想的理解上升到理性认识,形成质的飞跃。

实验报告实际上是归纳和整理所完成的实验项目内容的撰写工作。它既是每个实验项目完成后的总结过程,又是锻炼学生今后参与科学研究能力培养的初级阶段。要求学生在撰写报告的过程中图表和数据既正确,又要有科学严谨性和真实性。光电子与光通信实验报告,更注重实验过程中的实验步骤和实验原理的描述,所用理论公式的数学推导,观察到的物理现象和实验结果的分析总结,物理图像和记录的数据处理以及对实验项目的物理思想的理解和体会。特别是鼓励学生在原有实验项目内容的基础上,开发和创新实验内容,撰写实验过程中的心得体会和教育教学论文,以达到培养创新人才的目的。

1.3 光电子与光通信实验的基本常识

光电子与光通信实验和激光辐射源以及电源密切相关,特别是高功率的激光源的输出功率已经超过了激光安全防护的范围。这就要求教师和学生在实践教学环境里,共同保证眼睛和人身安全以及实验教学的正常秩序,培养学生在实践教学环节中的良好素质、踏实和严谨的科学研究态度。在光电子与光通信实验环节中,学生要做到提前预习实验内容,查找相关资料,写好实验预习报告;做到实验课的准时性,以确保在有限的时间内完成规定的实验项目内容;实验过程中的原始数据和原始图像的结果必须经教师核查和签名后方能生效;实验完成后要做到实践教学环境的干净和整齐,以提高科学实验素养。

第 2 章 光电子理论与技术的基础知识

光电子理论与技术及其应用经过 50 多年的发展，目前已经被广泛应用于机械工程、信息工程、军事工程和生物医学工程等诸多领域。本章讨论与光电子实验相关的基础理论和技术，期望以简洁的叙述准确地介绍光电子的基本理论和光电子器件的基本原理，以利于学生在光电子与光通信实验实践环节中，掌握规定的实验项目的基本原理和技术方法。

2.1 光电子理论与技术概述

2.1.1 光电子技术与器件

1. 光电子技术

光电子学是光子学与电子学相结合的一门新的综合性的交叉学科，所以光电子技术是光子技术与电子技术相结合而形成的一门技术。光子技术是研究光子的特性及其与物质的相互作用，光子在自由空间或物质中的运动与控制。电子技术是研究电子的特性与行为及其在真空或物质中的运动与控制。光电子技术主要是研究光与物质中的电子相互作用及其能量相互转换的相关技术。光电子技术将电子学采用的电磁波频率提高到光频波段，成为继微电子技术之后的又一门高新技术，并与微电子技术共同构成了当前信息技术的两大支柱。

2. 信息光电子器件

光电子技术继激光问世以后，一直处于发展阶段，有关器件有待完善，集成化也处于探索之中。光电子器件在信息技术中的各个环节，如光电子发射源、光信号加载、光信号传输、光信号处理和光信号接收等是基本的组成部分。每一部分都需要光电子器件来实现各自的功能，由此光电子器件分为光源器件、光调制器件、光传输器件、光探测器件、光处理器件和光显示器件等。在信息光电子技术中，光源主要指各种激光器，特别是半导体激光器，光调制器件实现开关、偏转、调制、传感和复用等功能，光传输器件分为光波导、光纤、光耦合器、光隔离器、偏振器、中继和反馈器件等部分，光处理和存储器实现信息的写入、保留、读出等，光探测器和显示器件是实现对光信号进行解调、整形、放大、探测和显示等功能。

2.1.2 光电子技术的发展趋势与应用

随着光电子技术的广泛应用，在研究激光与物质相互作用的过程中，对光源输出的激光的光束质量、脉冲宽度和频率的稳定性要求越来越苛刻，提出了激光脉冲宽度的压缩技术，以使得激光脉宽由 μs、ns、ps、fs 发展到 as 量级，其相应的脉冲峰值功率由 kW、MW、GW、TW 发展到 PW；激光调谐范围已经从紫外到红外，特别是中红外波长激光脉冲已用于红外多元探测器件和红外焦平面阵列等技术中。在光束质量上，单色性、方向性和稳定性一直是研究领域关注的热点问题，通过选模技术和稳频技术以保证激光光束质量的提高；在光电子技术的发展过程中，激光晶体材料、调制晶体材料和非线性光学晶体材料已经成为该研究领域研究的内容之一，强光与物质相互作用的理论和技术已经成为光电子技术研究的基础。

光电子技术在信息领域的应用是人们每天可以感受到的，从光通信到信息高速公路，以及三维全息摄影的信息高密度存取、危险环境监测、光谱分析、光应用计算和光空间传输等。总之，光电子技术具有很多优异的性能特征，具有很广泛的实用价值。

2.2 光电子技术的理论基础

激光自 20 世纪问世以后，由于它具有高亮度，良好的单色性、相干性和方向性，所以激光在众多领域有着广泛的应用。从一台激光器的研制、高质量的激光输出到光束质量的检测过程，都离不开光电子技术的理论和实验知识的应用。

光子学与电子学相结合的光电子技术是以光源激光化、传输波导化、手段电子化等为特征的一门新兴的综合性交叉学科的高新技术。

2.2.1 Q 开关与激光超短脉冲技术

普通激光器输出的光脉冲不是单一的光滑脉冲，而是由宽度只有 μs 量级的强度不同的小尖峰脉冲组成的序列，因此为了扩大激光的具体应用领域，必须进一步压缩脉冲宽度和提高峰值功率，于是产生了激光短脉冲技术（如调 Q 技术）和激光超短脉冲技术（锁模技术等）。

1. 激光调 Q 技术

调 Q 技术的出现，使得激光脉冲宽度压缩到 ns 量级，峰值功率达 MW 量级，属于短脉冲，这对于激光测距、激光加工和动态全息照相等的发展起到了关键性的作用。

调 Q 技术的思路，基于突变谐振腔的 Q 值，即改变光脉冲在腔内损耗 δ，可以实现在极短的时间内形成巨脉冲输出。在激光器开始泵浦初期，将激光器的振荡阈值提高，也就是通过增大腔内的损耗，来抑制激光振荡的产生，使激光上能级上的粒子反转数积累，达到一定的程度时，将激光振荡阈值降低，减小腔内的损耗，此时上能级上的反转粒子数雪崩式地跃迁到下能级，在极短的时间内，将能量释放出来。激光器的振荡阈值条件为

$$\Delta n_{\text{th}} = \frac{g}{A_{21}} \cdot \frac{1}{\tau_c} \tag{2.1}$$

式中，g 为腔内的纵模数；A_{21} 为激光上能级到下能级的自发辐射几率；τ_c 为光子在腔中的寿命，并有 $\tau_c = \frac{Q}{2\pi\nu}$，则

$$Q = 2\pi\nu\tau_c = 2\pi\nu \frac{W}{W\delta/\frac{nL}{c}} = \frac{2\pi nL}{\delta c} = \frac{2\pi nL}{\delta \lambda} \tag{2.2}$$

式中，Q 为谐振腔的品质因数；δ 为光在腔内传播单程能量的损耗率；L 为谐振腔长度；ν 为频率；W 为总功率。由式（2.2）知道 $Q \propto \frac{1}{\delta}$。当 $\delta\uparrow$，$Q\downarrow$，$\tau_c\downarrow$，$\Rightarrow \Delta n_{\text{th}}\uparrow$，不易起振；当 $\delta\downarrow$，$Q\uparrow$，$\tau_c\uparrow$，$\Rightarrow \Delta n_{\text{th}}\downarrow$，容易起振。要实现 Q 开关技术，激光工作物质应具有较长的激光上能级寿命，腔内的 Q 值突变要快。

电光调 Q 器件主要围绕着脉冲反射式（PRM）调 Q 器件及脉冲透射式（PTM）调 Q 器件。

2. 锁模技术

锁模技术的发展经历了主动锁模、被动锁模、同步泵浦锁模、碰撞锁模、自锁模等阶段。锁模脉冲的宽度由 ps 量级压缩发展到 fs 和 as 量级。超短脉冲技术是物理学、生物学、光电子学以及激光光谱学等学科进行研究和揭示新的超快过程的重要手段。要想获得窄脉宽、高峰值功率的光脉冲，采用锁模的方法，使各纵模相邻频率间隔相等并固定在

$$\Delta \nu = \frac{c}{2nL}$$

或

$$\varphi_{q+1} - \varphi_q = 常数$$

即模间相位锁定，实现窄脉宽，高峰值功率的激光输出。

2.2.2 激光模式选择技术

激光器的工作介质无论是均匀加宽还是非均匀加宽介质，激光器的谐振腔无论是稳定腔还是非稳腔结构，激光器输出的方式均包括多种模式，也就是说激光束并不是单纵模和单横模。由于高阶模的存在，造成了在光传输的单位横截面积上的光强分布不均匀，发散角越大，同时纵模模式越多，即单色性越差，光束质量就越差。要想掌握激光的特点及激光器的输出特性，就必须通过测量反映激光其内部作用过程中的参数以及测量激光器输出的参数，来强化所学的理论知识，如增益、损耗、模谱、能量/功率、发散角、波长、谱线的线宽等。由于在实际应用中需要高的光束质量，因此，必须采取对参与振荡的模式进行选模。根据实验中常用的激光参数需要，主要介绍激光横模选择、纵模选择和激光谱线宽度的测量。

1. 横模选择

(1) 单横模运转的条件

横模是指电磁场 E 在谐振腔的横截面内激光光场的分布,即体现在激光输出的光斑的横向强度的分布。

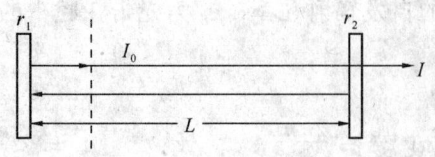

图 2.1 光束在谐振腔中往返一次的光强分布

假设 L 为谐振腔的长度,r_1 和 r_2 分别为谐振腔镜的反射系数,δ 为振荡模的单程损耗率,G 为单程增益数。光束在谐振腔中往返一次的光强分布,如图 2.1 所示。当初始光强为 I_0 时,单横模在谐振腔内往返一周的光强为

$$I = I_0 r_1 r_2 (1-\delta)^2 \exp(2GL) \tag{2.3}$$

当 $I > I_0$,有

$$r_1 r_2 (1-\delta)^2 \exp(2GL) \geq 1 \tag{2.4}$$

要使单横模运转,即实现 TEM_{00}(基模)的条件为

$$\sqrt{r_1 r_2}(1-\delta_{00}) \exp(GL) \geq 1 \tag{2.5}$$

$$\sqrt{r_1 r_2}(1-\delta_{10}) \exp(GL) < 1 \tag{2.6}$$

如何实现单横模 TEM_{00} 模运转,由式 (2.5) 和式 (2.6) 可知只要改变谐振腔中的损耗,即只要满足 $\dfrac{\delta_{10}}{\delta_{00}} \gg 1$,从而达到只让基横模 TEM_{00} 振荡,而使其他高阶横模都不满足振荡条件,而不能起振。横模选择技术的物理基础是基于不同横模损耗不同。

(2) 损耗分类

开腔损耗可以分为选择性损耗和非选择性损耗。选择性损耗与横模阶数有关,非选择性损耗与横模阶数无关。选择性损耗又可以分为几何偏折损耗和衍射损耗,非选择性损耗可以分为材料中的非激活吸收和散射损耗、腔内插入元件和腔镜反射不完全引起的损耗。

(3) 横模选择主要方法

① 改变谐振腔型的结构与腔参数。适当选择谐振腔的类型和腔参数,使各模衍射损耗有较大差别,以使得高阶模损耗大,基模损耗小,以利于横模选择的机会。根据谐振腔的衍射损耗理论可知,稳定腔一般是多横模振荡,非稳定腔的不同横模的损耗差异很大,也就是说非稳定腔具有抑制高阶模的能力。在谐振腔稳定区域中,稳定区和非稳定区之间的分界线由谐振腔参数 $g_1 g_2 = 1$ 或 $g_1 = 0$,$g_2 = 0$ 确定。当改变谐振腔的参数使它的工作点由稳定区向非稳定区过渡时,各阶横模的衍射损耗都会迅速增加,但基横模的衍射损耗增加得慢,当达到某位置时,高阶横模由于高的衍射损耗,其对应的高阶横模被抑制,最后只有基横模运转。

② 腔内插入附加的选模元件。棱镜选模法是依据棱镜的临界角附近反射率随入射角的变化而迅速变化的原理实现选模,也就是说可以用棱镜代替光腔中的一个反射镜进行选模;小孔光阑选择横模是在光腔中插入一个小孔光阑,只允许基横模通过,而阻挡高阶模在光腔中传播的选择横模方法;另外还有自孔径选模,即选择合适的光腔参数以增大基横模在激光晶体中的光斑尺寸,以达到增大有效的基横模体积,也可以起到小孔光

阈的模式限制作用。

2. 纵模选择

(1) 形成纵模的基本理论

激光器的振荡频率范围是由工作物质的增益曲线的宽度决定的,而产生多纵模的振荡数是由增益线宽和谐振腔两相邻纵模的频率间隔决定的,即在增益带宽内,只要有几个纵模同时达到振荡阈值,一般都能形成振荡。激光器的振荡频率范围示意图,如图2.2所示。

由图2.2可知,假设$\Delta\nu_0$为工作物质的增益曲线或表示增益曲线高于阈值部分的宽度,$\Delta\nu_q$为相邻纵模的频率间隔,则能形成同时振荡的纵模数为 $n = \dfrac{\Delta\nu_0}{\Delta\nu_q}$。

对于一般的稳定腔激光器,根据衍射理论,不同的横模具有不同的谐振频率数,故参与振荡的横模数越多,总的振荡频谱结构就越复杂。当谐振腔内只有基横模振荡时,其振荡频谱为一系列分立的振荡频率,其间隔为 $\Delta\nu = \dfrac{c}{2nL}$。当激光

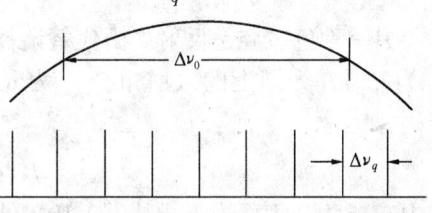

图2.2 激光器的振荡频率范围示意图

工作物质具有多条激光谱线,为了达到单纵模选择,就必须用频率粗选法抑制不需要的谱线,再用横模选择方法选出TEM$_{00}$模,然后再进行纵模选择。

(2) 单纵模选择的主要方法

① 色散腔粗选频率。利用腔镜反射膜的光谱特性或在腔内插入棱镜或光栅等色散元件,将工作物质发出的不同波长的光束在空间分离,然后只使较窄波长区域内的光束在腔内形成振荡,其他光束被抑制。

腔内插入色散棱镜法粗选频率,如图2.3所示。

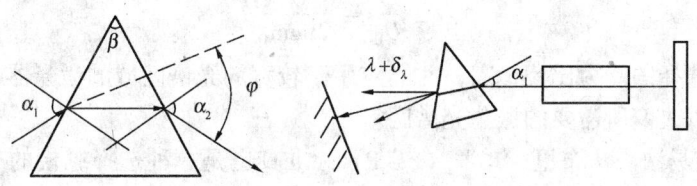

图2.3 色散棱镜选纵模原理图

谐振腔所能选择的振荡频率的最小范围由棱镜的角色散和腔内的振荡光束的发散角决定。假设光线进入棱镜的入射角为α_1,光线从棱镜出射的角为α_2,当$\alpha_1 = \alpha_2 = \alpha$时,根据物理光学的分析,得到

$$n = \sin\alpha/\sin\dfrac{\beta}{2} = \sin\left(\dfrac{\varphi+\beta}{2}\right)/\sin\dfrac{\beta}{2} \tag{2.7}$$

式中,α为入射角;n为折射率;β为棱镜的顶角;φ为偏向角。由棱镜的角色散率定义$D_\lambda = \dfrac{d\varphi}{d\lambda}$,即当波长变化0.1 nm时偏向角的变化量。对式(2.7)求导后代入角色散率,得

$$D_\lambda = \frac{d\varphi}{dn}\frac{dn}{d\lambda} = \frac{2\sin\frac{\beta}{2}}{\sqrt{1 - n^2\sin^2\frac{\beta}{2}}}\frac{dn}{d\lambda} \tag{2.8}$$

从式（2.8）可知，$\frac{dn}{d\lambda}$ 表示不同材料的折射率对波长变化的导数。假设腔内的光束所允许的发散角为 θ，由色散棱镜的分光作用，腔内激光波长所允许的最小波长分离范围为

$$\Delta\lambda = \frac{\theta}{D_\lambda} = \frac{\sqrt{1 - n^2\sin^2\frac{\beta}{2}}}{2(\sin\frac{\beta}{2})\frac{dn}{d\lambda}} \cdot \theta \tag{2.9}$$

另一种色散腔是反射光栅代替谐振腔的一个腔镜，如图 2.4 所示。假设光栅常数为 d，α_1 为光线在光栅上的入射角，α_2 为光线在光栅上的反射角，形成光栅衍射主极大值的条件为

$$d(\sin\alpha_1 + \sin\alpha_2) = m\lambda \tag{2.10}$$

式中，m 为衍射级次。由式（2.10）可见，光栅的角色散率为

$$D = \frac{d\alpha_2}{d\lambda} = \frac{m}{d\cos\alpha_2} = \frac{\sin\alpha_1 + \sin\alpha_2}{\lambda\cos\alpha_2} \tag{2.11}$$

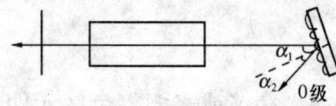

图 2.4 反射光栅选模原理

一般情况下，光栅工作在自准直状态，有 $\alpha_1 = \alpha_2 = \alpha_0$，$\alpha_0$ 为光栅的闪耀角，即光栅平面的法线 N_0 与每条缝的平面的法线 N_2 的夹角，则光栅的角色散率为

$$D_0 = \frac{2\tan\alpha_0}{\lambda} \tag{2.12}$$

假设谐振腔内允许的光束发散角为 θ，此时因光栅所允许的最小分离波长范围为

$$\Delta\lambda = \frac{\theta}{D_0} = \frac{\lambda}{2\tan\alpha_0}\theta \tag{2.13}$$

光栅的色散选择的能力比棱镜高，并能应用于较宽的光谱区域的激光器，当转动光栅的角度位置，还可以改变所需要的振荡光谱区。

② F-P 标准具法。法布里-珀罗（F-P）标准具也是一种选择纵模的有效方法。由于 F-P 标准具对不同波长的光束具有不同的透过率，其透过率表示为

$$T(\lambda) = \frac{1}{1 + F\sin^2\left(\frac{\varphi}{2}\right)} = \frac{1}{1 + F\sin^2\left(\frac{2\pi d}{\lambda}\right)} \tag{2.14}$$

式中，$F = \frac{\pi\sqrt{R}}{1-R}$ 为标准具的精细度，R 为标准具对光的反射率；d 为标准具的厚度（即平面间的间隔）；$\varphi = \frac{2\pi}{\lambda}2nd\cos\alpha'$ 为标准具中参与多光束干涉效应的相邻两出射光线的相位差，其中 n 为折射率，α' 为光束进入标准具后的折射角；透射率 $T(\lambda)$ 是波长或 φ 及 R 的函数。图 2.5 所示

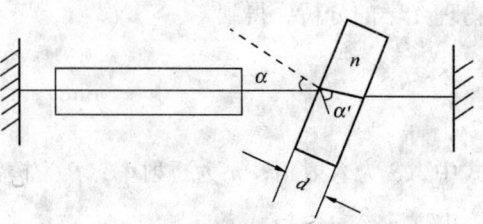

图 2.5 F-P 标准具选纵模原理图

的是标准具选纵模实验原理图。由式（2.14）可知，当 R 越大，则 $T(\lambda)$ 与 φ 的投射曲线越窄，选择性就越好，而相邻两透射率极大值的间隔可以表示为

$$\Delta\nu_m = \frac{c}{2nd\cos\alpha'} \approx \frac{c}{2nd} \tag{2.15}$$

由式（2.15）可知，标准具的厚度 d 比谐振腔的长度 L 小得多，因此自由光谱区比谐振腔的纵模间隔大得多。当激光器的谐振腔内插入标准具，并选择适当的 d 和反射率，这样使处于中心频率的纵模与标准具最大透过率处的 ν_m 相一致，故该模损耗最小，即 Q 值最大，可以起振，而其余的纵模则由于附加损耗太大，Q 值过低而不能形成激光振荡。如果想获得不同频率的单纵模激光输出，则可以调节标准具的倾斜角以改变 α，即可以使 ν_m 与不同纵模的频率重合，从而获得单纵模的激光输出，如图 2.6 所示。

③ 其他选纵模方法。短腔法选单纵模是根据激光振荡的可能纵模数，主要由工作物质的增益曲线宽度 $\Delta\nu_0$ 和谐振腔的纵模间隔 $c/2nL$ 决定，由于纵模间隔与腔长成反比，因此选择单纵模的方法可以用缩短谐振腔的长度来实现。复合腔法是采用两种组合干涉复合腔的原理来实现单纵模激光振荡输出。其特点是组合反射率 R 随频率作周期性变化，在某特定的频率处，R 具有极大值，而极大值之间的频率间隔是可以通过调整复合腔长来改变的。另外还有环形行波腔法选单纵模、Q 开关法选单纵模等。

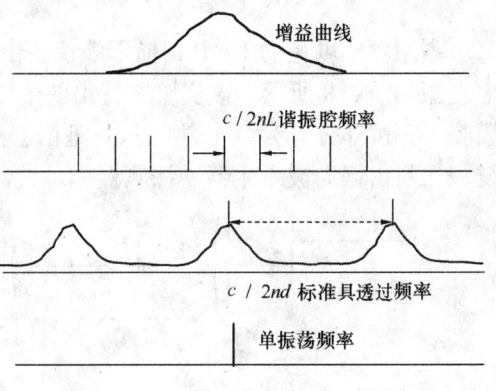

图 2.6 F-P 标准具单纵模选取

2.3 模式测量方法

对于一台激光器的光束质量的评价，应考虑它是否为单横模或单纵模运转以及振荡激光频率是否稳定，这些都需要对激光模式进行测量。

1. 直接测量法

由于不同横模的光强在横截面上具有不同的光场分布，因此，直接测量法适用于连续的可见光波段的中小型功率激光器，只需要在激光传输的光路上放置一个屏，可在屏上用眼睛直接观察激光的光斑分布，以确定激光的横模分布情况。对于光强较强和不可见光，此种方法是不适用的，可以采取烧蚀法，观看激光烧蚀的图样，从而鉴别横模的图样。总之，直接观察法简单直观，但是鉴别能力不高。

2. 光点扫描法

光点扫描法的实验装置，如图 2.7 所示。此方法是利用光点扫描记录出光强分布曲线，

从而由曲线的分布图样找出对应的横模。这种方法将激光横模的光强分布的二维图像变换到示波器上后，显示出一维光强分布图形。基模呈现出光滑的高斯曲线，高阶横模则显示出两个以上的波峰分布。

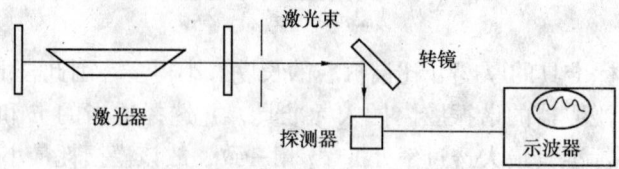

图 2.7　光点扫描法的实验装置

3. 扫描干涉仪法

利用频率可调的 F-P 扫描干涉仪测出各自频率分布，并且判别出激光模式，实验装置原理图如图 2.8 所示。该实验装置由两个镀有高反射膜、曲率半径相同的凹面镜组成一个无源腔。测试部分分为两个部分：一是由会聚透镜、扫描干涉仪和光电二极管组成的光学系统；二是由锯齿波发生器、探测器和示波器组成的模式电子测量系统。

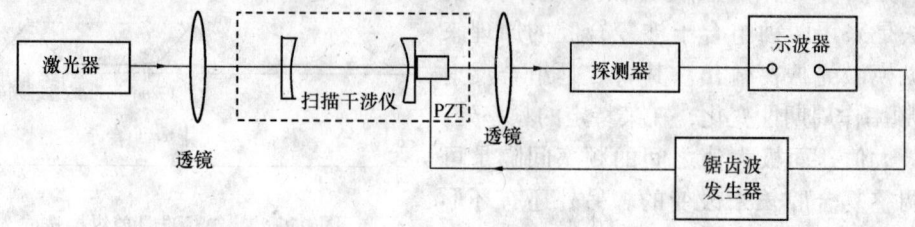

图 2.8　F-P 扫描干涉仪测横模原理图

为了确定待测激光中包含哪些特定的光场，必须人为地改变干涉仪的频率，使其进行频率扫描，以获得激光光场频谱图，从而确定对应的横模。要想实现频率扫描，可以改变干涉光场的折射率、待测激光的入射角及无源腔腔长。

实验室对横模的测量实验，一般是通过改变腔长来实现的，即是在干涉仪无源腔的一腔镜上粘接一压电陶瓷环，当压电陶瓷上加有锯齿波电压时，腔长将作线性周期变化，从而使干涉仪的本征频率作周期性的线性变化，也就是对通过的激光作周期性频率扫描。落在扫描周期频率范围内的模式，通过光电接收器接收后，就可以在示波器上显示出来。

扫描干涉仪无源腔的谐振频率（本征模）可以表示为

$$\nu_{mnq} = \frac{c}{2L}\left[q + \frac{1}{\pi}(m+n+1)\arccos\sqrt{g_1 g_2} \right] \tag{2.16}$$

式中，L 为无源腔腔长；$g_1 = 1 - \frac{L}{R_1}$；$g_2 = 1 - \frac{L}{R_2}$；R_1 和 R_2 分别为两个反射镜的曲率半径；m 和 n 为横模序数；q 为纵模序数。由干涉原理可知，只有与干涉仪无源腔本征模一致的部分激光光场，也就是式（2.16）中的那些模才能共振耦合输出。如果想获得基模输出，只要在无源谐振腔中插入小孔光阑，增加高阶横模的衍射损耗，即可以得到 ν_{00q} 输出。此种方法只能观测连续激光的模式。

4. F-P照相法

对于脉冲激光,可以采用F-P标准具照相法来观测。F-P照相法原理图如图2.9所示。一束激光经透镜 L_2 会聚后,以不同角度的入射光线经过F-P标准具的两平面多次反射后,变成与光轴呈不同角度的一组平行光束,再经 L_1 后的透射光在 L_1 的焦平面上形成等倾干涉条纹。F-P标准具的透过率为

$$T(\lambda) = \frac{1}{1 + F\sin^2\frac{\varphi}{2}} \tag{2.17}$$

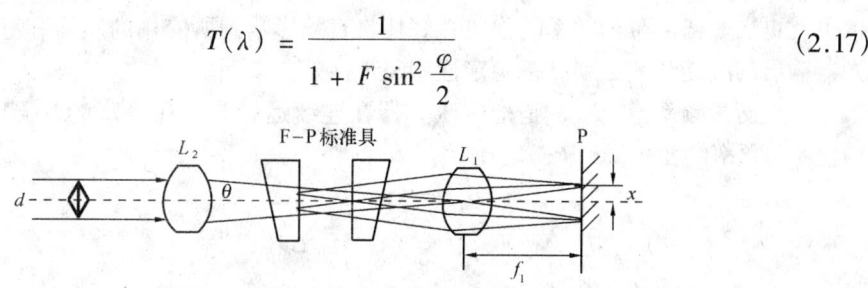

图2.9 F-P照相法原理图

透过率 T 值极大的条件为

$$\sin^2\frac{\varphi}{2} = \sin^2\left(\frac{2\pi\Delta\delta}{2\lambda}\right) = 0 \quad \frac{\pi\Delta\delta}{\lambda} = m\pi(m = 0, 1, 2, \cdots) \quad \text{由于} \Delta\delta = 2nd\cos\theta \tag{2.18}$$

则有

$$2\pi nd\cos\theta = m\pi\lambda$$
$$2nd\cos\theta = m\lambda \tag{2.19}$$

由此可见亮条纹(T极大值)是一系列 θ 值的同心圆环。特别是当待测激光波长有一定线宽 $\Delta\lambda$ 时,同心干涉圆环的 θ 角也会有一个变化范围 $\Delta\theta$,经聚焦后,在焦平面P上的干涉条纹位置 r 也相应的有一个变化范围 Δr,即亮条纹有一个宽度 Δr。在理论和实验上,一般考虑近轴光线近似条件,有

$$\frac{r}{f_1} \approx \tan\theta \approx \theta \tag{2.20}$$

合并式(2.19)及式(2.20)并求导,得到

$$\Delta\nu = \frac{\nu_r r \Delta r}{f_1^2} \tag{2.21}$$

式中,r 为某级干涉亮条纹的半径;Δr 为该级干涉条纹的宽度;f_1 为透镜 L_1 的焦距。通过照相可以直接测量屏上干涉亮条纹的宽度 Δr,再由式(2.21)求出该激光的线宽 $\Delta\nu$。

F-P照相法不仅可以测量激光的谱线宽度,同时可以判别激光模式。当激光器在单模运转状态时,在屏上产生一系列不同 θ 值的同心干涉条纹,如图2.10(a)所示;当激光器运转在两个模式状态时,将产生两套不同的干涉条纹,如图2.10(b)所示。由此可见,借助于干涉条纹的套数,就可以判断激光器的模式状况。如果模式很多,则干涉条纹就变成不清晰且很粗的同心圆环。

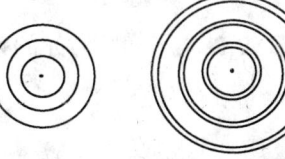

(a)一个模式 (b)两个模式

图2.10 F-P照相法拍摄的干涉条纹模式

2.4 激光频率的稳定性

激光在光通信、光频标、光谱学等应用领域得到广泛应用的同时，对激光的光束质量要求也就更加严格。激光频率的稳定性好坏将直接影响到所应用的质量和范围，所以就要求激光器输出的激光频率必须具备稳定性和复现性。

一般衡量频率稳定度，是指在激光器在连续运转时，在一定的观测时间 τ 内频率的平均值 $\bar{\nu}$ 与频率的变化量 $\Delta\nu(\tau)$ 之比，有

$$S_\nu(\tau) = \frac{\bar{\nu}}{\Delta\nu(\tau)} \tag{2.22}$$

在实验中，往往采用把 $S_\nu(\tau)$ 的倒数作为稳定度的量度，即

$$S_\nu^{-1}(\tau) = \frac{\Delta\nu(\tau)}{\bar{\nu}} \tag{2.23}$$

由于频率或波长随时间变化，因此对频率的观测时间不同，其测量结果也不同，故频率稳定性又分为短期稳定性和长期稳定性。

从激光原理可知，激光振荡频率即受原子跃迁谱线频率 ν_m 的影响，又同时受光学谐振腔谐振频率 ν_c 的影响。在不考虑原子跃迁谱线频率微小变化的情况下，激光振荡频率主要由谐振腔的谐振频率决定，即

$$\nu = q\frac{c}{2nL} \tag{2.24}$$

式中，L 为谐振腔的长度；c 为光速；n 为腔内介质的折射率；q 为纵模的序数。由式（2.24）可知，当谐振腔的长度和腔内的折射率发生变化时，则激光振荡频率将发生变化，即

$$\Delta\nu = -qc\left(\frac{\Delta L}{2nL^2} + \frac{\Delta n}{2n^2L}\right) = -\nu\left(\frac{\Delta L}{L} + \frac{\Delta n}{n}\right) \tag{2.25}$$

或写为

$$\left|\frac{\Delta\nu}{\nu}\right| = \left|\frac{\Delta L}{L}\right| + \left|\frac{\Delta n}{n}\right| \tag{2.26}$$

由式（2.26）可知，激光的频率稳定性问题，归结为如何保持腔长和折射率的稳定性问题。

2.5 全息图的基本原理和技术

全息技术包括记录与再现两个基本过程。其中记录是实验中被拍照物体的光波和作为参考的光波在记录介质上形成干涉图形，该图形经过显影处理后成为全息图；而再现过程是用

与参考光相似的光波照射全息图,从而再现被拍物体的真实像。

制作全息图的基本方法围绕着:光学记录和计算机制作。光学记录全息图采用在感光材料上记录参考光和物光波干涉条纹的方法;计算机制作全息图采用计算机算出在全息图上抽样点的参考光和物光叠加后的复振幅,然后采用一种编码技术,用计算机绘图仪绘制放大的全息图,再用精密相机缩小到应用的尺寸。目前还发展了电子束蚀刻、离子束蚀刻、计算机控制激光束直接曝光、模压复制等方法。

全息图的类型可以根据不同的记录方法和记录特征来分类。按照全息图复振幅透射系数或反射系数分类,可分为振幅型全息图、位相型全息图、混合型全息图;按照全息图的结构分类,由于全息图中干涉条纹的结构与参考光波的方向和波形密切相关,当物光波和参考光波由记录介质的一侧入射,得到的全息图为透射全息图,当物光波和参考光波从记录介质的两侧入射记录介质时,得到的全息图为反射型全息图;按照物体的衍射光场分类,同轴型和离轴型的夫琅和费全息图、瑞利-索末菲型的像全息图和像面全息图;利用透镜的傅里叶变换性质记录的全息图,称为傅里叶变换全息图,同时利用这种全息图可以获得物体光场的傅里叶变换。

1. 记录与再现使用的光源

全息术的特点是能记录与再现三维物体的真实像,到目前,采用白光记录全息图仅限于二维物体,对于三维物体的全息图必须采用激光。

由于激光具有时间相干性,激光的谱线宽度很窄,时间相干性很高,即单色性很好,相干光程很长。激光束的时间相干性由它的纵模个数、纵模间距和纵模线宽所决定。同时激光具有空间相干性,而激光的空间相干性由其横模所决定。在全息记录过程中,所用的激光器总是希望是单横模输出的。

全息术常用的激光器有 He-Ne 激光器、Ar^+ 激光器、Nd:YAG 激光器输出的基频光的二次谐波等。

2. 全息记录的介质

在全息术中应用的理想介质,应具备对曝光所用的波长具有高光谱灵敏度、高分辨率、低噪声、调制传递函数为1并且与空间频率无关等性质。常用的全息记录介质有卤化银乳胶、重铬酸盐明胶、光致抗蚀剂、光导热塑料、光致聚合物、光色材料和光折变晶体材料等。

在目前的体全息图的记录和读取中,常采用的介质为光折变晶体 $Fe:LiNbO_3$。由于光折变晶体能够在光辐射作用下,通过光生载流子的空间分布使折射率发生变化,从而记录光场的信息。当一束适当波长的光入射晶体后,晶体将产生电荷载流子,载流子将在晶体中迁移,随着俘获电荷在晶体中的重新分布,在晶体内部会逐渐形成空间电荷场,该电场通过电光效应使晶体的折射率发生改变,而折射率的调制变化与光场空间分布有关,也就形成了折射率调制的全息光栅。

3. 全息记录系统

用于全息记录的实验系统一般包括减振台、光路转向器(反射镜)、分束器、扩束器、准直器、成像透镜、傅里叶变换透镜、针孔滤波器和其他专用的部件等。

4. 应注意的问题

(1) 光束方向与工作台面平行

在实验中,布置记录光路时,应保持使光束方向与工作台面平行,激光束的高度要合适。

(2) 光束器分束比的选择

在调好光束方向的光路中,要放置分束器,而分束器分束比的选择要考虑记录物体的尺寸和表面散射光的本领。一般情况下,记录介质表面的物光和参考光的分束比保持在 1~10 的范围内。

(3) 激光束应通过扩束镜和准直镜

在光路中放置扩束镜时,应考虑上、下或左、右,调节扩束镜使出射光的光斑中心与激光束的中心重合。使用准直镜时应在激光束未扩束前把透镜中心的位置与激光束中心重合,其方法可以用观察透镜两表面反射的一系列光点是否处在同一条线上。

5. 平面全息图和体全息图

全息图按其结构分为透射全息图和反射全息图。透射全息图可以用薄的或厚的记录介质,反射全息图只能用较厚的记录介质才能获得高的衍射效率。由于记录介质的薄厚都是相对于干涉条纹面的间距而言,也就是说,记录介质的厚度大于干涉条纹间距时,此时称记录介质的厚度为厚的,当记录介质的厚度小于干涉条纹的间距时,此时称记录介质为薄的。一般情况下,将薄记录介质制作的全息图称为平面全息图;用厚记录介质制作的全息图称为体全息图。

(1) 平面全息图

在平面全息图的制作过程中,常用到傅里叶变换全息术,下面给以重点介绍。傅里叶变换全息术是一种特殊类型的全息术,它一方面利用了透镜的傅里叶变换性质记录全息图,另一方面这种全息图可以获得物体光场的傅里叶变换。根据透镜的作用,当二维物体置于透镜的前焦面,用平行的相干光照射时,在透镜后焦平面上的光分布是物光复振幅的傅里叶变换,也就是物光波的空间频谱。图 2.11 是傅里叶变换全息图的记录光路。设物体的光分布为 $O(x_0, y_0)$,则物光波的频谱分布为

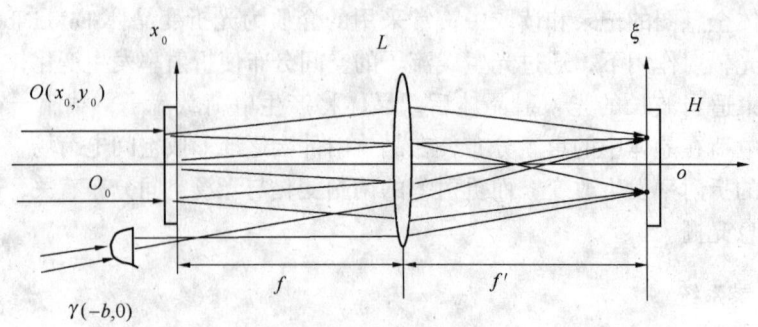

图 2.11 傅里叶变换全息图的记录光路

$$O(\xi, \eta) = \int_{-\infty}^{+\infty} O(x_0, y_0) \exp[-i2\pi(x_0\xi + y_0\eta)] dx_0 dy_0 \quad (2.27)$$

式中，

$$\xi = \frac{x}{\lambda f'} \qquad \eta = \frac{y}{\lambda f'} \quad (2.28)$$

ξ 和 η 分别是物体在 x 和 y 方向的空间频率；f' 是透镜的像方焦距；x 和 y 是透镜后焦平面上的坐标。透镜后焦平面上参考光波的光场为

$$R(\xi, \eta) = R_0 \exp(i2\pi\xi b) \quad (2.29)$$

参考光和物光相干涉后，在记录平面上的光强分布为

$$I = |O(\xi, \eta)|^2 + R_0^2 + 2R_0 \int_{-\infty}^{+\infty} |O(x_0, y_0)| \cos\{2\pi[\xi(x_0 + b) + \eta y_0] - \varphi_0(x_0, y_0)\} dx_0 dy_0$$
$$(2.30)$$

式中，$\varphi_0(x_0, y_0)$ 是物光波的位相函数。由此可见，傅里叶变换全息图的光栅结构是由许多余弦型的平行等距直条纹，按照一定的关系相互重叠而成的。

傅里叶变换全息图用平行光照明再现，如图 2.12 所示。再现光波需要通过一个透镜形成实像，也就是说物体的空间频谱再通过一次傅里叶变换后，复原为原物的像。在图 2.12 中，用平行光垂直照明全息图，在透镜后焦平面上中心位置有一个亮点，其周围的晕轮光是物光波的自相关函数分布造成的，

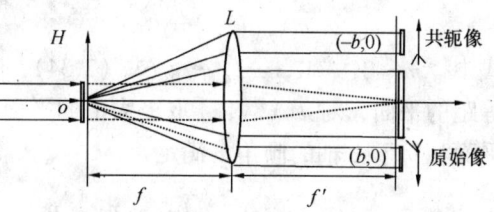

图 2.12 傅里叶变换全息图的再现光路

在两边各自形成原始像和共轭像。当参考光与照明光同方向时，则再现原始像位于透镜后焦平面的中心位置，并为倒像。

傅里叶变换全息图的尺寸与记录物体的细节或者物体的空间频谱有关。

(2) 体积全息图

体积全息图采用厚记录介质记录，也就是说当记录介质的厚度是条纹间距的若干倍时，则在记录材料体积内将记录下干涉条纹的空间三维分布，即形成了体积全息。

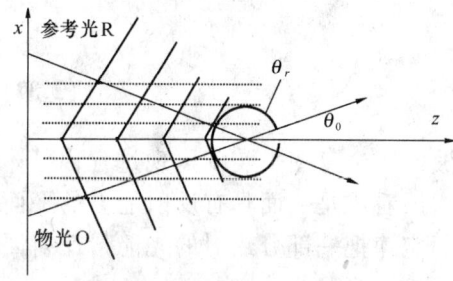

图 2.13 透射体积全息图的记录

体积全息图对于照明光波的衍射作用，如同三维光栅的衍射一样。按照物光和参考光的入射方向和再现方式的不同，体积全息分为：透射体积全息图和反射体积全息图。透射体积全息图表示了当物光和参考光在记录介质的同一侧入射，再现时由照明光的透射光成像。而反射体积全息图表示了物光和参考光从记录介质的两侧入射，再现时由照明光的反射光成像。

在实验中常常用到透射体积全息图的制作。下面重点介绍透射体积全息图的原理，为简单起见，选取物光波和参考光波为平面波，传波矢量

位于 xz 平面，如图 2.13 所示。

合光场的复振幅分布为

$$U(x,z) = O_0\exp[j2\pi(x\xi_0 + z\eta_0)] + r_0\exp[i2\pi(x\xi_r + z\eta_r)] \tag{2.31}$$

式中，$\xi_0 = \sin\theta_0/\lambda$；$\eta_0 = \cos\theta_0/\lambda$；$\xi_r = \sin\theta_r/\lambda$；$\eta_r = \cos\theta_r/\lambda$。$\theta_0$ 和 θ_r 分别为物光和参考光在记录介质内的传播矢量与 z 轴的夹角，λ 为记录介质内光波的波长。合光场复振幅的空间分布为

$$\begin{aligned}I(x,z) &= r_0^2 + O_0^2 + O_0r_0\exp\{j2\pi[x(\xi_0 - \xi_r) + z(\eta_0 - \eta_r)]\} + \\ &\quad O_0r_0\exp\{-i2\pi[x(\xi_0 - \xi_r) + z(\eta_0 - \eta_r)]\} \\ &= r_0^2 + O_0^2 + 2O_0r_0\cos\{2\pi[x(\xi_0 - \xi_r) + z(\eta_0 - \eta_r)]\}\end{aligned} \tag{2.32}$$

在线性记录条件下，记录介质内振幅透射率的空间分布为

$$t(x,y,z) = t_b + \beta'2r_0O_0\cos\{\pi[x(\xi_0 - \xi_r) + z(\eta_0 - \eta_r)]\} \tag{2.33}$$

式中，$t(x,y,z)$ 取极大值和极小值的条件分别为

$$\begin{aligned}x(\xi_0 - \xi_r) + z(\eta_0 - \eta_r) &= m \\ x(\xi_0 - \xi_r) + z(\eta_0 - \eta_r) &= m + \frac{1}{2}\end{aligned} \tag{2.34}$$

式中，$m = 0, \pm 1, \pm 2, \cdots$，式 (2.34) 两个方程各自确定一组与 xz 平面垂直的彼此平行等距的平面，对 $t(x,y,z)$ 取极大值的平面波，显影时乳胶析出的银原子数目也最多。这些平面相对于 z 轴的倾角 φ 满足

$$\tan\varphi = \frac{\mathrm{d}x}{\mathrm{d}z} = \frac{\eta_0 - \eta_r}{\xi_0 - \xi_r} = -\frac{\cos\theta_0 - \cos\theta_r}{\sin\theta_0 - \sin\theta_r} = \tan\left(\frac{\theta_0 + \theta_r}{2}\right) \tag{2.35}$$

由式 (2.35) 可知，在乳胶层内，$t(x,y,z)$ 相等的平面平分物光和参考波传输方向所构成的夹角，形成一组垂直于 xz 平面的体积光栅。在 $\theta_r = -\theta_0$ 时，即物光与参考光相对于 z 轴对称时，$\xi_r = -\xi_0$，$\eta_r = \eta_0$，光栅平面方程为

$$\begin{aligned}t(x,y,z)_{\max}&: 2\xi_0 x = m \\ t(x,y,z)_{\min}&: 2\xi_0 x = m + \frac{1}{2}\end{aligned} \tag{2.36}$$

当光栅平面垂直于 x 轴时，光栅间距 d 为

$$d = \frac{1}{2\xi} = \frac{\lambda}{2\sin\theta_0} \tag{2.37}$$

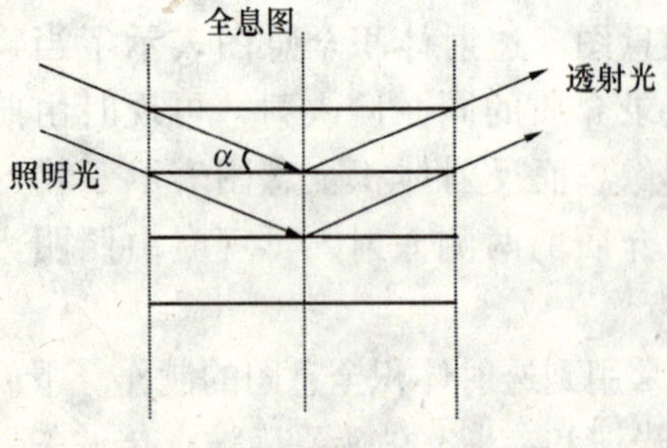

采用平面光波照明全息图来实现再现过程，将体积光栅中的每个银层看成是一面具有反射能力的平面反射镜，按照反射定律把一部分入射的光能量反射回去的原理图，如图 2.14 所示。

假设照明光波的传播方向与银层平面的夹角为 α，相邻银层平面反射光波之间的光程差为 $\Delta L = 2d\sin\alpha$。当 ΔL 为再现光波长的整数倍时，反射光波才能相干叠

图 2.14 再现光路

加,从而产生一个明暗相间的再现像,其条件为

$$2d\sin\alpha = \pm \lambda \tag{2.38}$$

上式称为布拉格条件,与式 (2.37) 对比可知,当 $\alpha = \pm \theta_0$ 或 $\alpha = \pm (\pi - \theta_0)$ 时,才能得到明亮的再现像。当用与参考光相同的光波照明时,再现波的传播方向与物光波传播方向一致,这时给出物体的虚像。当用一束与参考光传播方向相反的光波照射全息图时,则再现波的传播方向与原始物波相反,这种共轭物光波将产生原来物体的实像。由于记录时物光波与参考光波位于记录介质同侧,这种体积全息的银层结构近似垂直乳胶层表面,再现时反射光波位于全息图的两侧,因此,将这种全息图称为透射式体积全息图。

(3) 傅里叶变换全息图

物体和图像频谱的全息图,称为傅里叶变换全息图。由于物体的信息是由物光波携带,全息记录了物光波,也就记录了物体所包含的信息。物体信号可以在空间域和频率域中表示,即物体或图像的光信息既可以表现在他的物体光波中,也可以体现在空间频谱中。

傅里叶变换全息图不是记录物体光波本身,而是记录物体光波的傅里叶频谱。利用透镜的傅里叶变换性质,将物体置于透镜的前焦平面,在照明光源的共轭像面位置得到物光波的傅里叶频谱,再引入参考光与之干涉,通过干涉条纹的振幅和相位调制,在干涉图样中就记录了物光波傅里叶变换光场的全部信息,包括傅里叶变换的振幅和相位,这种干涉图称为傅里叶变换全息图。

采用平行光照明和点光源照明两种形式可以实现傅里叶变换,在实验上常用平行光照明方式,所以对此方式进行分析。设物光分布为 $g(x_0, y_0)$,则物光波的频谱公式为

$$G(\xi, \eta) = \int\!\!\!\int_{-\infty}^{+\infty} g(x_0, y_0) \exp[-j2\pi(\xi x_0 + \eta y_0)] dx_0 dy_0 \tag{2.39}$$

式中,$\xi = \frac{x}{\lambda f}$,$\eta = \frac{y}{\lambda f}$,$\xi$ 和 η 是空间频率,f 是透镜焦距;(x, y) 是后焦平面上的位置坐标。平面参考光是由位于物平面上的点 $(0, -b)$ 处的点光源产生的。点源的复振幅可以用 δ 函数表示为 $r(x_0, y_0) = r_0 \delta(0, y_0 + b)$,它在后焦平面上形成的场分布为

$$\psi\{r(x_0, y_0)\} = r_0 \exp[j2\pi b\eta]$$

后焦平面上总的光场分布为

$$u(\xi, \eta) = G(\xi, \eta) + r_0 \exp(j2\pi b\eta)$$

此时记录的曝光强度为

$$I(\xi, \eta) = r_0^2 + |G|^2 + \beta' r_0 G \exp(-j2\pi b\eta) + r_0 G^* \exp(j2\pi b\eta) \tag{2.40}$$

在线性记录条件下,全息图的复振幅透过率为

$$t = t_0 + \beta' |G|^2 + \beta' r_0 G \exp(-j2\pi b\eta) + \beta' r_0 G^* \exp(-j2\pi b\eta) \tag{2.41}$$

式中 β' 与曝光时间有关,假定用振幅为 C_0 的平面波垂直照射全息图,则透射光波的复振幅为

$$u'(\xi, \eta) = t_b C_0 + \beta' C_0 |G|^2 + \beta' r_0 C_0 G \exp(-j2\pi b\eta) + \beta' C_0 r_0 G^* \exp(j2\pi b\eta) \tag{2.42}$$

式中,第三项为原始物的空间频谱;第四项是共轭谱;这两个频谱分别由两列平面波为载波向不同方向传播。结果是以离轴全息的方式再现了物光波的傅里叶变换。要想得到物体的再

现像，需要对全息图的透射光场做一次逆傅里叶变换。也就是说在全息图后方放置透镜，使全息图位于透镜前焦面上，在透镜后焦平面上将得到物体的再现像。傅里叶变换全息图的记录与再现，如图 2.15 所示。

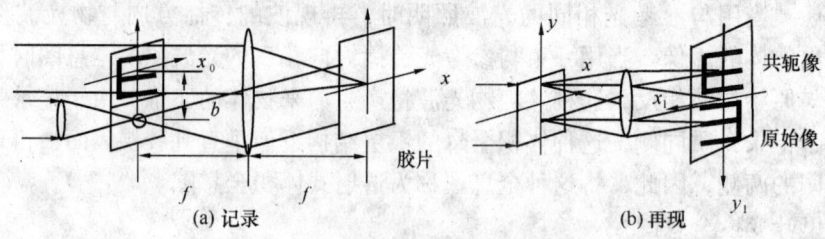

图 2.15　傅里叶变换全息图的记录与再现

第 3 章 光纤通信原理概述

3.1 光纤的传输理论

光纤的横断面,如图 3.1 所示,三种材料以圆柱的中心轴分层对称分布。纤芯和包层都是二氧化硅材料,纤芯的折射率略大于包层。涂覆层起保护作用,一般由有机材料和塑料构成。典型的单模光纤的纤芯直径为 8~12 μm,包层直径为 125 μm;多模光纤的纤芯直径为 50 μm,包层直径为 125 μm。下面讨论光纤的导光机理。

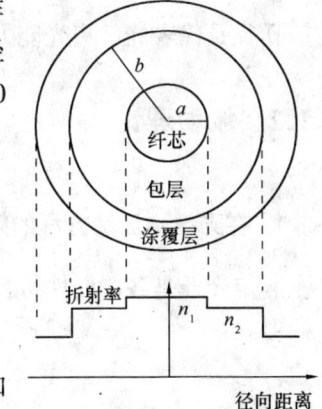

图 3.1 光纤的横断面结构与折射率分布

3.1.1 光线理论

1. 光在光纤中的全反射传输

假定光纤的纤芯和包层的折射率是均匀的,分别为 n_1 和 n_2,这种光纤被称为阶跃折射率光纤。

设一束光从折射率为 n_0 的空气射向光纤横断面的纤芯中心处,如图 3.2 所示。由斯涅耳定律

$$n_0 \sin\theta_i = n_1 \sin\theta_r \tag{3.1}$$

式中,θ_i 和 θ_r 分别为光线在光纤横断面空气一侧的入射角和纤芯一侧的折射角。如果以折射角 θ_r 折射的光线恰恰又以临界角 θ_c 投射到纤芯与包层的交界面上,光线将会全反射地在纤芯中向前传输。当然,在空气中入射角小于 θ_i 的光线,进入纤芯后也都会以全反射的方式在纤芯中传输,而在空气中入射角大于 θ_i 的光线,折射进入纤芯并到达纤芯与包层交界面时,由于入射角小于临界角,有一部分光会透入包层中损失掉,剩余的反射光在以后的反射传输中,每次反射都会有光能量损失,所以这种光线传不远能量就被耗尽了。

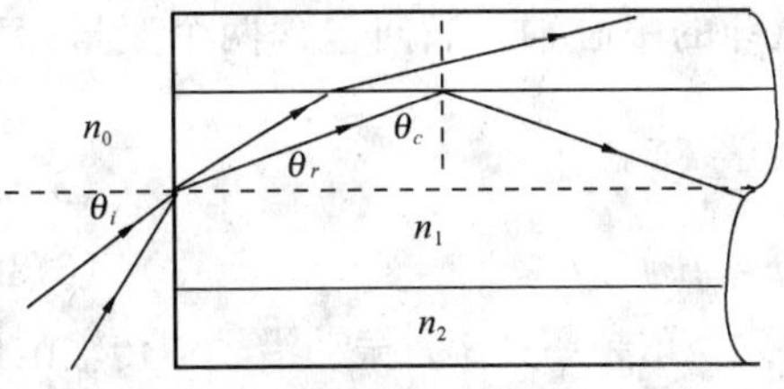

2. 光纤中的数值孔径

临界角 θ_c 满足

图 3.2 光在光纤中的传输

$$\sin\theta_c = \frac{n_2}{n_1} \tag{3.2}$$

由图 3.2 的几何关系，并考虑式 (3.2) 可得

$$n_0\sin\theta_i = n_1\sin\theta_r = n_1\cos\theta_c = n_1\sqrt{1-\sin^2\theta_c} = \sqrt{(n_1+n_2)(n_1-n_2)}$$

由于光纤的 $n_1 \approx n_2$，空气的折射率 $n_0 \approx 1$，上式可近似为

$$\sin\theta_i = n_1\sqrt{2\frac{n_1-n_2}{n_1}} = n_1\sqrt{2\Delta} \tag{3.3}$$

其中，相对折射率

$$\Delta = \frac{n_1 - n_2}{n_1} \tag{3.4}$$

θ_i 是光能够在光纤中形成全反射传输的最大入射角，定义该角的正弦为光纤的数值孔径 NA，则根据式 (3.3) 有

$$NA = \sin\theta_{\max} = n_1\sqrt{2\Delta} \tag{3.5}$$

数值孔径是代表光纤集光能力的一个参量。

3.1.2 波动理论

1. 在光纤中波动方程的解

假定光纤是各向同性材料，其中不存在传导电流和自由电荷，则麦克斯韦方程组具有如下的形式：

$$\nabla \times \boldsymbol{E} = -\frac{\partial \boldsymbol{B}}{\partial t} \tag{3.6a}$$

$$\nabla \times \boldsymbol{H} = \frac{\partial \boldsymbol{D}}{\partial t} \tag{3.6b}$$

$$\nabla \cdot \boldsymbol{D} = 0 \tag{3.6c}$$

$$\nabla \cdot \boldsymbol{B} = 0 \tag{3.6d}$$

在阶跃光纤中，由于磁导率 $\mu = \mu_0$，介电常数 ε 等于常量，由式 (3.6a) ~ 式 (3.6d) 可以得到光纤中的亥姆霍兹方程：

$$\nabla^2 \boldsymbol{E} - \varepsilon\mu_0 \frac{\partial^2 \boldsymbol{E}}{\partial t^2} = 0 \tag{3.7a}$$

$$\nabla^2 \boldsymbol{H} - \varepsilon\mu_0 \frac{\partial^2 \boldsymbol{H}}{\partial t^2} = 0 \tag{3.7b}$$

在圆柱形光纤中建立柱坐标系。设纵向 z 轴沿光纤的中心轴，横向包含两个变量 r 和 φ。假定方程 (3.7a) 和方程 (3.7b) 的解具有形式：

$$\boldsymbol{E} = \boldsymbol{E}_0(r,\varphi)\exp[j(\omega t - \beta z)] \tag{3.8a}$$

$$\boldsymbol{H} = \boldsymbol{H}_0(r,\varphi)\exp[j(\omega t - \beta z)] \tag{3.8b}$$

式中，$\boldsymbol{E}_0$ 和 $\boldsymbol{H}_0$ 分别为电场和磁场的振动幅度；ω 为振动角频率；β 为振动沿轴向传输的传播常数。

式（3.7a）和式（3.7b）可分解为横向分量和纵向分量的方程。其中满足柱坐标系的纵向分量在纤芯和包层中的两个方程分别为

$$\frac{\partial^2 \psi_z(r,\varphi)}{\partial r^2} + \frac{1}{r}\frac{\partial \psi_z(r,\varphi)}{\partial r} + \left(k_1^2 - \beta^2 - \frac{m^2}{r^2}\right)\psi_z(r,\varphi) = 0 \quad (\text{纤芯}) \quad (3.9a)$$

$$\frac{\partial^2 \psi_z(r,\varphi)}{\partial r^2} + \frac{1}{r}\frac{\partial \psi_z(r,\varphi)}{\partial r} + \left(k_2^2 - \beta^2 - \frac{m^2}{r^2}\right)\psi_z(r,\varphi) = 0 \quad (\text{包层}) \quad (3.9b)$$

式中，$k_1^2 = \omega^2 \varepsilon_1 \mu_0$；$k_2^2 = \omega^2 \varepsilon_2 \mu_0$；$m$ 为整数；$\psi_z(r,\varphi)$ 既可以表示 $E_z(r,\varphi)$，也可以表示 $H_z(r,\varphi)$；下脚标 1 和 2 分别代表纤芯和包层。

考虑 $\psi_z(r,\varphi)$ 的边界条件，在 $r = 0$ 处有限，在 $r \to \infty$ 时趋于 0，可得方程（3.9a）和方程（3.9b）的解为

$$E_{1z} = AJ_m(ur)e^{jm\varphi}e^{-j(\omega t - \beta z)} \quad (\text{纤芯}) \quad (3.10a)$$

$$E_{2z} = BK_m(vr)e^{jm\varphi}e^{-j(\omega t - \beta z)} \quad (\text{包层}) \quad (3.10b)$$

$$H_{1z} = CJ_m(ur)e^{jm\varphi}e^{-j(\omega t - \beta z)} \quad (\text{纤芯}) \quad (3.10c)$$

$$H_{2z} = DK_m(vr)e^{jm\varphi}e^{-j(\omega t - \beta z)} \quad (\text{包层}) \quad (3.10d)$$

式中，$J_m(ur)$ 为 m 阶第一类贝塞尔函数；$K_m(vr)$ 为 m 阶第二类变态贝塞尔函数，$u^2 = k_1^2 - \beta^2$，$v^2 = \beta^2 - k_2^2$；A、B、C、D 是由初始条件入射光强决定的常数。

电场和磁场的纵向分量解与横向分量解有特定的关系，利用式（3.10）可求出电磁波在光纤中的横向分量解。

2. 阶跃光纤中的光传输模式

利用电磁场在纤芯与包层交界处的连续性，可以得到确定传播常数 β 的本征值方程：

$$\left(\frac{J'_m(ua)}{uJ_m(ua)} + \frac{K'_m(va)}{vK_m(va)}\right)\left(\frac{J'_m(ua)}{uJ_m(ua)} + \frac{n_2^2}{n_1^2}\frac{K'_m(va)}{vK_m(va)}\right) = \left(\frac{m\beta}{k_0 n_1 a}\right)^2\left(\frac{1}{u^2} + \frac{1}{v^2}\right) \quad (3.11)$$

式中，a 为纤芯最大半径；$k_0 = 2\pi/\lambda_0$，λ_0 为光在真空中的波长。

方程的解是分立的，对于每一个整数 m（$m = 0, 1, 2, \cdots$），β 有 n（$n = 0, 1, 2, \cdots$）个解，每一个解记为 β_{mn}。每一个 β_{mn} 对应一个可能在光纤中传输的光波，称为模式或模。所以光能有很多可能的模式在光纤中传输。

3. 多模光纤和单模光纤

若光能在光纤中形成传导模式，要求式（3.10b）和式（3.10d）中的 $K_m(vr)$ 满足：在 $r \to \infty$ 时，$K_m(vr) \to 0$。而当 $r \to \infty$ 时，$K_m(vr) \to \exp(-vr)$，且前面定义过 $v^2 = \beta^2 - k_2^2$ 及 $k_2^2 = \omega^2 \varepsilon_2 \mu_0$，可以看出，在光纤中要形成传导模式必须满足 $v > 0$ 和 $\beta > k_2$。当 $v = 0$ 时不能形成导模，所以将 $v = 0$ 定义为导模截止条件。

当 $v = 0$ 时，考虑前面定义的 $u^2 = k_1^2 - \beta^2$ 及 $k_1^2 = \omega^2 \varepsilon_1 \mu_0$，导模截止条件可写为

$$u = (k_1^2 - k_2^2)^{1/2} = k_0(n_1^2 - n_2^2)^{1/2} \quad (3.12)$$

式中，$\varepsilon_1 = \varepsilon_0 n_1$；$\varepsilon_2 = \varepsilon_0 n_2$；$k_0 = \frac{\omega}{c} = \frac{2\pi}{\lambda_0}$；$c = \frac{1}{\sqrt{\varepsilon_0 \mu_0}}$ 为真空中的光速。

若定义归一化频率 $V = au$，定义归一化传播常数 $b = \frac{\beta/k_0 - n_2}{n_1 - n_2}$，根据本征值方程

(3.11) 解出的结果 β 可绘制出 b 与 V 的变化关系，如图 3.3 所示。图中，HE_{mn} 和 EH_{mn} 分别表示导模以磁场为主和以电场为主。当 $m = 0$ 时，HE_{0n} 和 EH_{0n} 分别表示为 TE_{0n} 和 TM_{0n}。

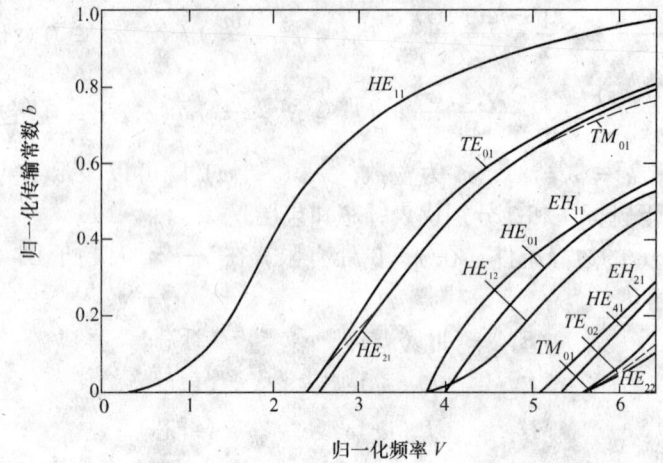

图 3.3 几个低阶模式的归一化传输常数 b 与归一化速率 V 的关系

从图中可以看出，V 越小，所对应的可传输导模越少。对于 n_1 和 n_2 都确定的光纤，在一定的传输光波长情况下，纤芯的半径 a 越小，V 也越小，导模的数量也越少。可以传输多个导模的光纤叫多模光纤，只能传输一个导模（基模 HE_{11}）的光纤叫单模光纤。

求解方程 (3.11)，单模光纤的直径 D 应满足

$$D < \frac{2.4\lambda_0}{\pi\sqrt{n_1^2 - n_2^2}} \tag{3.13}$$

式中的 λ_0 为形成导模的光在真空中的波长。

4. 光纤的截止波长

分析式 (3.13)，对于波长为 λ_0 的光，单模光纤有一个最大芯径。如果芯径取最大值，则波长大于 λ_0 的光可以形成单模传输。若波长小于 λ_0 则可能导致多模传输的状态。由式 (3.13) 得

$$\lambda_c = \frac{\pi D \sqrt{n_1^2 - n_2^2}}{2.4} \tag{3.14}$$

式中，λ_c 是单模传输的临界波长，也叫单模光纤的截止波长。

5. 单模光纤的模场直径

用光的波动理论分析的结果指出，单模光纤的基模光强在光纤中的分布存在于纤芯和包层中，其场沿径向的分布为一高斯函数

$$E_0(r) = G\exp[-(r/w)^2] \tag{3.15}$$

式中，G 为 $E_0(r)$ 的最大值；w 为基模场 $E_0(r)$ 衰减到最大值的 $1/e$ 时的场分布半宽度，称为模场半径。模场直径可表示为

$$2w = \sqrt{2a/(k_0 NA)} \tag{3.16}$$

模场直径是基模场强在空间分布集中程度的一种量度。在两段光纤相互熔接在一起时要注意模场直径的匹配，如果两段光纤的模场直径相差很大，则熔接接口处光传输的损耗将很大。

3.2 光纤的传输损耗

光在光纤中传输时会产生损耗，光能量不断地减少。光纤损耗系数定义为

$$\alpha = \frac{10}{L}\lg\frac{P_i}{P_o} \tag{3.17}$$

式中，L 为光纤的长度；P_i 和 P_o 分别为光在光纤入射端的光功率和出射端的光功率。光纤的损耗情况如图 3.4 所示。

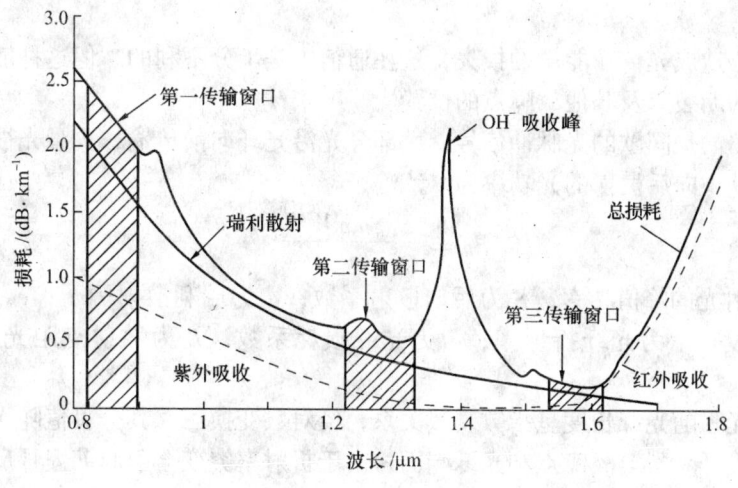

图 3.4 光纤的损耗

3.2.1 材料的吸收损耗

1. 红外和紫外吸收损耗

在紫外波段处，材料原子的电子会吸收光能跃迁到高能级；在红外波段处，材料分子会吸收光能产生共振。这种吸收特性是二氧化硅材料固有的，所以叫做本征吸收损耗（图 3.4）。

2. OH^- 离子吸收损耗

OH^- 离子的 $O-H$ 键在一些光波长处产生谐振吸收造成光能量的损耗（图 3.4）。这种损耗可通过降低材料中的 OH^- 浓度来减小。

3. 金属离子吸收损耗

材料中含有 Fe^{3+}、Cu^{2+}、Mn^{3+}、Ni^{3+}、Co^{3+}、Cr^{3+} 等金属离子，会造成对光能的吸收

并引起损耗。由于这些杂质的含量可以降得很低，所以损耗不大。

3.2.2 光纤的散射损耗

1. 瑞利散射损耗

在光纤的制作过程中，SiO_2材料处于高温熔融状态，分子进行无规则的热运动。在冷却时，分子运动逐渐慢下来，当凝固成固体时，这种随机的分子位置就在材料中"冻结"下来，形成物质密度的不均匀，从而引起折射指数分布不均匀。这相当于在材料中形成了许多小颗粒，当然这些小颗粒的尺寸很小，远小于光的波长。光在材料中传输时，就要受到这些小颗粒的散射，使光向各个方向传播，造成光能量的损失，这种散射叫做瑞利散射。瑞利散射的大小与光波长的4次方成反比，对光的损耗较大，特别是对短波长的光，损耗更加严重（图3.4）。

瑞利散射会造成光传输能量的损失，这在通信中是十分不利的。但这种散射可以用来检测光纤线路中的断裂点及其他故障点的位置。

设光源发出的是间歇的光脉冲信号，大部分光沿光纤向前传输，少量光被瑞利散射向四面八方传播，其中向后散射的光功率为

$$P_{sb} = \frac{P_0 S a_s c W}{2n} e^{-2aL} \tag{3.18}$$

式中，P_0为入射光的峰值功率；S为后向散射系数；a_s为瑞利散射因子；c为真空中光速；W为光脉冲宽度；n为光纤折射率；α为光纤损耗系数；L为散射点距光入射端的光纤长度。

后向散射光强随光纤长度呈指数衰减关系，经对数变换后，其分贝值随光纤长度呈线性下降关系。在光纤断裂等故障点和光纤端面，由于折射率突变会引起菲涅耳反射。菲涅耳反射光的强度与传输光的功率以及反射端面的状况有关，一般较后向散射光强得多。若在光源处检测脉冲光瑞利散射光返回的状况，可以测出光纤断裂或故障点的位置。

式（3.18）说明，离光源较近的点瑞利散射后向光较强，同时散射返回的时间较短。相反，离光源较远的点瑞利散射后向光较弱，同时散射返回的时间较长。返回时间可表示为

$$t = \frac{2nL}{c} \tag{3.19}$$

式中，L为散射点距光源的距离；c为真空中光速；n为光纤折射率。

若以准连续的时间间隔检测返回的光脉冲强度，在光纤正常的情况下，光强的对数与时间的增加成线性下降关系，只有光纤末端的端面会发生菲涅耳反射，使测到的返回光强突然增加。此时，根据式（3.19）可通过时间t计算出光纤的长度L。同样道理，如果光纤线路上有断裂处或其他非正常处，也可以用同样的方法测出。光纤断裂处与其他各种非正常处的反射光状况一般是各不一样的，所以，通过测量返回光的状况，可以判断光纤的故障性质和故障位置。这就是光时域反射仪（OTDR）的测量原理。

2. 波导散射损耗

光纤直径的不均匀可以造成导模变为辐射模，光能被损失掉。由于目前光纤制造的工艺

水平较高,这一损耗很小。

3. 非线性散射损耗

当传输的光较强时,在光纤中会产生非线性受激拉曼散射和受激布里渊散射,造成光能量的损失。对于一般的光纤通信系统,由于光源的输出功率较低,所以这一损耗很小。

3.2.3 光纤的辐射损耗

在实际应用中,光纤总是会被弯曲,此时,导模会变成辐射模,光能量被辐射出去。光纤弯曲得越厉害,光能量损失越严重。

3.3 光纤的色散

光纤色散会引起传输信号的畸变,使通信质量下降,从而限制了通信的容量和距离。所以,在技术上要注意解决色散的问题。

3.3.1 光纤的模间色散

前面波动理论已得出,在阶跃折射率多模光纤中,不同的模式对应不同的β值。定义模式折射率或有效折射率

$$\overline{n} = \frac{\beta}{k_0} \tag{3.20}$$

实际上,不同的模式以不同的折射率在光纤中传输。

由于折射率的不同,在光纤中,不同模式的脉冲以不同的速度传输。折射率小的模式传输速度快,先到达光纤末端,而折射率大的后到达,叠加的结果使光脉冲发生了展宽。图3.5给出了这个展宽的过程。

图3.5 多模光纤的模间色散引起的传输脉冲展宽

模间色散只存在于多模光纤中,在单模光纤中不存在。

1. 阶跃折射率多模光纤色散的光线理论分析

在阶跃折射率多模光纤中,不同模式的导模传输速度的不同对应于图3.6所示的情况。传输速度较快的模式,其纵向分速度较大,光线方向与光纤轴线间的夹角较小。相反,传输速度较慢的模式,光线方向与光纤轴线间的夹角较大。一般规定,传输速度较快的模式阶数

较低，0阶模即为近似沿光纤轴线传输的模式。对于单模光纤，只存在0阶导模。

2. 渐变折射率多模光纤色散的光线理论分析

图3.7给出的是一种折射率分层分布的介质，其折射率从下到上依次为 n_0、n_1、n_2、$\cdots$、n_n，且折射率按递减规律变化。由斯涅耳定律

$$n_0\cos\theta_0 = n_1\cos\theta_1 = n_2\cos\theta_2 = \cdots = n_n\cos\theta_n \tag{3.21}$$

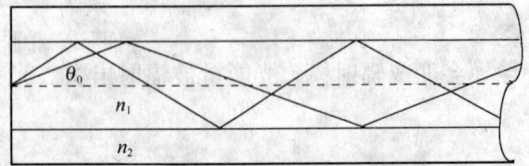 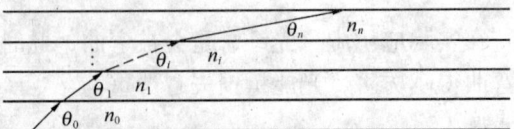

图3.6 阶跃折射率多模光纤的不同导模   图3.7 在折射率分层分布介质中光线传输的特性

在各分层的厚度趋于0的情况下，材料折射率变为渐变的，弯折的传输光线也变为平滑的曲线。

图3.8给出的是一种渐变折射率分布的多模光纤，折射率随径向的分布为

$$n(r) = n(0)\left[1 - 2\Delta\left(\frac{r}{a}\right)^2\right]^{1/2} \tag{3.22}$$

式中，$n(0)$ 为光纤中心轴处的折射率；a 为纤芯半径，其中

$$\Delta = \frac{n(0) - n(a)}{n(0)} \tag{3.23}$$

$n(a)$ 为纤芯与包层交界处的边缘折射率。折射率如式（3.22）分布的光纤称为折射率抛物线分布光纤。

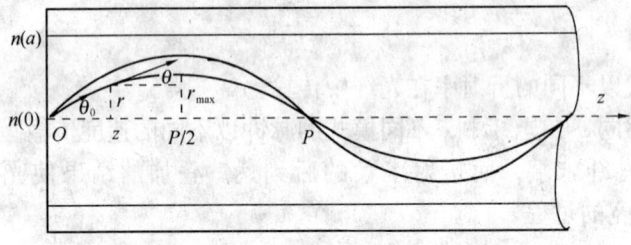

图3.8 渐变折射率多模光纤的不同导模

图3.9 光纤中的子午光线和非子午光线

光在光纤中传输，光线可分为子午光线和非子午光线，如图3.9所示。为简单起见，假定在折射率抛物线分布光纤中传输的是子午光线。如图3.8，设某一模式的光线与光纤中轴线相交于 O 点，交角为 θ_0，光线再次与光纤中轴线相交于 P 点。O 点与 P 点间的距离

$$OP = 2\int_0^{P/2} dz = 2\int_0^{r_{max}} \cot\theta\, dr = 2\int_0^{r_{max}} \frac{\cos\theta}{\sqrt{1-\cos^2\theta}} dr \tag{3.24}$$

式中，r_{max} 是光线距光纤中心轴最远处所对应的半径；θ 为半径为 r 处光线方向与轴向间的夹角。

由式（3.21）得

$$\cos\theta = \frac{n(0)}{n(r)}\cos\theta_0 \quad (3.25)$$

式中，$n(r)$ 为半径为 r 处光纤的折射率。

将式（3.25）代入式（3.24）得

$$OP = 2\int_0^{r_{max}} \frac{\cos\theta_0}{\sqrt{[n(r)/n(0)]^2 - \cos^2\theta_0}} dr \quad (3.26)$$

将式（3.22）代入上式，并考虑 θ_0 很小，$\cos\theta_0$ 约等于 1，有

$$OP = 2\int_0^{r_{max}} \frac{1}{\sqrt{\sin^2\theta_0 - 2\Delta(r/a)^2}} dr = \frac{2a}{\sqrt{2\Delta}} \arcsin\frac{r_{max}\sqrt{2\Delta}}{a\sin\theta_0} \quad (3.27)$$

在 r_{max} 处，由式（3.22）和式（3.25）得

$$\cos\theta_0 = \left[1 - 2\Delta\left(\frac{r_{max}}{a}\right)^2\right]^{1/2}$$

$$\sin\theta_0 = \sqrt{1 - \cos^2\theta_0} = \frac{r_{max}\sqrt{2\Delta}}{a}$$

将上式代入式（3.27），得

$$OP = \frac{\pi a}{\sqrt{2\Delta}} \quad (3.28)$$

式（3.28）结果为一常数，且与所分析的模式的 θ_0 角无关。所以，从 O 点传出的任何模式的光线都会在 P 点聚焦。

仍然取从 O 点以与轴线夹角为 θ_0 方向传输的某一模式来计算从 O 点传到 P 点所经历的时间。

设光束在半径 r 处的传输速度为 $v(r)$，其径向速度分量为

$$\frac{dr}{dt} = v(r)\sin\theta \quad (3.29)$$

光线从 O 点传到 P 点所经历时间

$$t = 2\int_0^{t/2} dt = 2\int_0^{r_{max}} \frac{dr}{v(r)\sin\theta} = 2\int_0^{r_{max}} \frac{n(r)}{c\sin\theta} dr \quad (3.30)$$

式中，c 为真空中光速。利用式（3.22）和式（3.25），式（3.30）变为

$$t = \frac{2an(0)}{c\sqrt{2\Delta}}\int_0^{r_{max}} \frac{1 - 2\Delta(r/a)^2}{\sqrt{r_{max}^2 - r^2}} dr = \frac{2\pi n(0)}{c\sqrt{2\Delta}}[1 - \Delta(r_{max}/a)^2]$$

由于 $\Delta \ll 1$，因此

$$t = \frac{2\pi n(0)}{c\sqrt{2\Delta}} \quad (3.31)$$

式（3.31）仍为与 θ_0 无关的常数，所以同时从 O 点发出的各模式的光同时到达 P 点。或者说可以同时到达光纤的末端。

从以上分析可知，渐变折射率分布多模光纤基本不产生传输的脉冲展宽现象。实际上，光在光纤中是以非子午光线方式传输的，模内色散引起的脉冲展宽现象还是存在的，只不过比折射率阶跃光纤小得多。

折射率抛物线分布多模光纤在导光距离 L 后产生的时延差（速度最慢的模式与速度最快的模式传输的时间差）可近似表示为

$$\Delta t = \frac{n(0)L}{2c}\Delta^2 \quad (\varepsilon = 2) \tag{3.32a}$$

$$\Delta t = \frac{(\varepsilon - 2)n(0)L}{(\varepsilon + 2)c}\Delta \quad (\varepsilon \neq 2) \tag{3.32b}$$

式中，ε 是光纤的参数；$\Delta = \dfrac{n(0) - n(a)}{n(0)}$。

3.3.2 光纤的模内色散

定义光在光纤中传输的群速度为

$$v_g = \frac{d\omega}{d\beta} \tag{3.33}$$

角频率为 ω 的光通过长度为 L 的光纤所需的时间是

$$t = \frac{L}{v_g} \tag{3.34}$$

对式（3.34）进行微分，并考虑式（3.33），可得

$$\Delta t = L\frac{d(1/v_g)}{d\omega}\Delta\omega = L\frac{d^2\beta}{d\omega^2}\Delta\omega$$

由 $\omega = 2\pi c/\lambda_0, \Delta\omega = -(2\pi c/\lambda_0^2)\Delta\lambda_0$，得

$$\Delta t = -\frac{2\pi cL}{\lambda_0^2}\frac{d^2\beta}{d\omega^2}\Delta\lambda_0 \tag{3.35}$$

式（3.35）还可以写成

$$\Delta t = L\frac{d(1/v_g)}{d\lambda_0}\Delta\lambda_0 = DL\Delta\lambda_0 \tag{3.36}$$

对比式（3.35）和式（3.36）得

$$D = \frac{d(1/v_g)}{d\lambda_0} = -\frac{2\pi c}{\lambda_0^2}\frac{d^2\beta}{d\omega^2} \tag{3.37}$$

式中，D 称为色散参数，单位为 ps/(nm·km)。从式（3.37）可以看出，其意义为间隔 1 nm 的两个光波传输 1 km 距离后时间延迟差的值。这说明，由于光存在波长的宽度，在传输中也会造成脉冲的展宽。$\dfrac{d^2\beta}{d\omega^2}$ 称为群速色散（GVD），它直接决定了脉冲在光纤中传输的展宽程度。

模内色散在多模光纤和单模光纤中都存在。这主要是由材料折射率随光波长的变化形成的材料色散和传播常数随光波长的变化形成的波导色散引起的。模内色散比模间色散小得多，在多模光纤中可以忽略。

3.4 光纤无源器件

光纤无源器件是光纤网络中使用得非常多的最基本的器件。其中,结构简单的器件常常用光纤直接制成,如光纤耦合器、光纤波分复用器等。制作这种器件的设备常用熔融拉锥机。拉锥的意思是将两根相同的光纤并绕在一起并夹住两端,中间用氢气的火焰加热,边加热,边拉大两固定端的距离。这样,被加热部分的光纤逐渐呈对称锥状并变细,包层会熔融在一起,两根光纤的纤芯靠得很近。如此拉制出的器件,如果将其一根光纤通光,则在包层中传输的光能量会有一部分穿过极细的包层耦合到另一根光纤中去。

3.4.1 光纤耦合原理

利用麦克斯韦方程组可得适用于如图 3.10 所示的熔融拉锥光纤,即两纤芯靠得很近的光纤的耦合模方程

$$\frac{dP_1(z)}{dz} = -j\beta P_1(z) + C_1 P_2(z) \tag{3.38a}$$

$$\frac{dP_2(z)}{dz} = -j\beta P_2(z) + C_2 P_1(z) \tag{3.38b}$$

式中,P_1 为直通臂中的光传输功率;P_2 为进入耦合臂中的光功率;C_1 和 C_2 分别为由直通臂耦合到耦合臂和由耦合臂耦合到直通臂的耦合系数,一般情况 $C_1 = C_2 = C$。

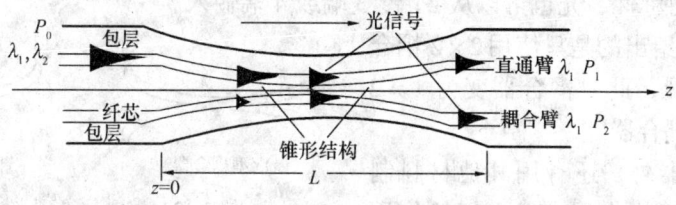

图 3.10 熔融拉锥光纤的光耦合

设光由图 3.10 中直通臂一侧注入,且在 $z = 0$ 处注入功率 $P_1(0) = P_0$,同侧的耦合臂没有光注入,初始功率 $P_2(0) = 0$。于是方程(3.38a)、方程(3.38b)的解为

$$P_1(z) = P_0 \cos^2(Cz) \tag{3.39a}$$

$$P_2(z) = P_0 \sin^2(Cz) \tag{3.39b}$$

式中,

$$C = \frac{\lambda_0}{2\pi n_1} \times \frac{u}{(Va)^2} \times \frac{K_0(vd/a)}{K_1^2(v)} \tag{3.40}$$

式中,λ_0 为真空中光波长;n_1 为纤芯折射率;a 为光纤半径;d 为两根光纤轴线间的距离;u 和 v 为纤芯和包层参量;V 为归一化频率;K_0 和 K_1 为零阶和一阶第二类变态贝塞尔函数。

3.4.2 光纤无源器件

1. 光纤耦合器

熔融拉锥型光纤耦合器是结构简单的光耦合器。如图3.10所示，在拉制过程中，只要控制耦合区的长度 L，就可获得在确定波长下，直通臂和耦合臂输出端具有不同比例光功率输出的器件。这一结果可从满足式（3.39a）、式（3.39b）所绘出的图3.11看出。

熔融拉锥型光纤耦合器的示意图如图3.12（a）所示。这种耦合器叫 2×2 耦合器或 X 型耦合器。若光从1端输入，则从3端和4端输出。两输出端的光功率比可以选择，一般为1:1到1:11，称为分光比。要求2端尽量不要有光输出，或者说尽量做到隔离度高。

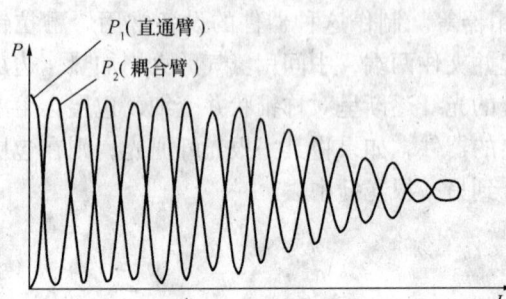

图3.11 不同耦合长度 L 所对应的直通臂和耦合臂输出的光功率

与图3.12（a）相关的隔离度这样定义：

$$C_{12} = 10\lg\frac{P_{1\text{in}}}{P_{2\text{out}}} \tag{3.41}$$

式中，C_{12} 为1端和2端的隔离度；$P_{1\text{in}}$ 为从1端输入的光功率；$P_{2\text{out}}$ 为从2端输出的光功率。由于结构的对称性，光也可以从2端、3端或4端输入。

图3.12（b）给出的是只使用 2×2 耦合器3个端口的情况，此时耦合器变为 1×2 耦合器或称 T 型耦合器。

除光纤耦合器外，还有用其他材料制成的其他结构的光耦合器，但它们的作用都是相同的。

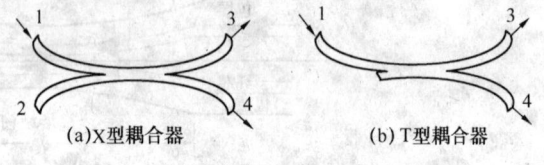

图3.12 熔融拉锥型光纤耦合器

2. 光纤波分复用器

如图3.10所示，如果从输入端输入两个波长不同的光，分别设为 $\lambda_1 = 1\,310$ nm 和 $\lambda_2 = 1\,550$ nm。由式（3.39a）和式（3.39b）可绘出与这两个波长相对应的两条从耦合臂输出的光的耦合比（耦合臂输出光功率与输入光功率之比）曲线，如图3.13所示。

图3.13中，耦合长度 L 等于4.5 mm处，波长为1 550 nm的光都从耦合臂输出了，而波长为1 310 nm的光则都从直通臂输出了。具有这种分波功能的器件叫波分复用器。在器件拉制过程中，只要控制合适的耦合长度 L 就可以获得这种器件。该器件在光路上允许可逆使用，此时具有合波功能。

除光纤波分复用器外，也有其他类型的波分复用器，但功能都类似。

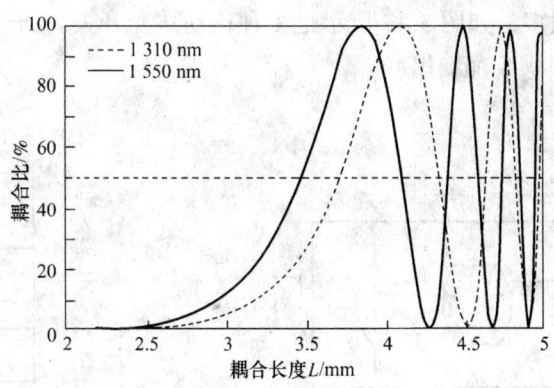

图 3.13 两种波长的、从耦合臂输出的
光耦合比随耦合长度 L 的变化

3. 光纤连接器

如图 3.14 所示是两段光纤进行活动连接的情况示意图。分别将两段光纤固定在两个连接插针上,再通过插座进行连接。活动连接的插入损耗一般为 0.5 dB。如果不需要活动连接的地方,可以用光纤熔接机将两段光纤熔接在一起,熔接处的损耗一般为 0.2 dB。

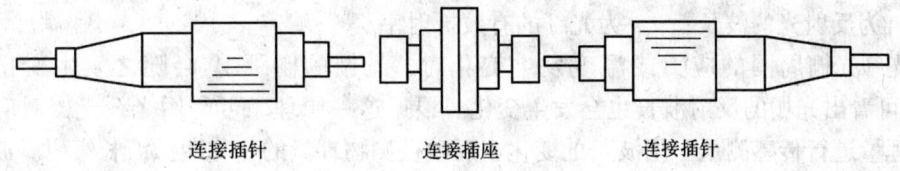

图 3.14 活动光纤连接器

4. 光隔离器

如图 3.15 所示是一个光隔离器。光隔离器只允许光单向传输(从 1 端传到 2 端),而相反方向基本不能传输。

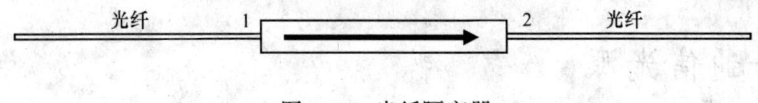

图 3.15 光纤隔离器

5. 光衰减器

如图 3.16 所示是固定光衰减器的结构。输入光经固定衰减器的衰减片后,输出获得了固定的功率衰减量,一般有 3 dB、5 dB、10 dB、20 dB、30 dB 等几种。光衰减器还可以做成具有衰减量可调的功能,这种器件一般通过旋转两个衰减片获得 0~65 dB 的连续功率衰减。

6. 光开关

光开关是具有两个或多个可选择的光传输通道,并可对这些通道进行转换或逻辑操作的器件。光开关的种类很多，如图 3.17 所示是一种移动式光开关。通过移动棱镜，使从 B 端输入的光可选择从 A 端或 C 端输出。

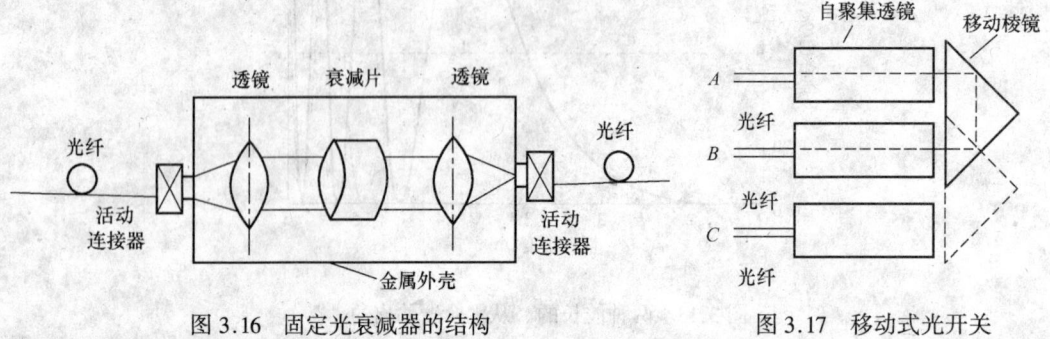

图 3.16 固定光衰减器的结构　　　　　　图 3.17 移动式光开关

7. 光纤光栅

图 3.18 是光纤 Bragg 光栅（简称光纤光栅）的示意图。在纤芯中有一段折射率周期变化的栅格，其长度周期为 Λ。该器件是一个窄带滤波器，若带宽较宽的光传输到栅格时，一部分带宽很窄的光被反射回去，其他波长的光透过栅格向前传输。反射光波长满足布拉格条件

$$\lambda_B = 2n_{eff}\Lambda \tag{3.42}$$

式中，λ_B 为反射光的波长；n_{eff} 为光纤的有效折射率。

当光纤光栅周围的应力或温度发生变化时，光栅的栅距 Λ 会随之发生变化，由式 (3.42) 可看出光栅的反射波长也会发生变化。根据这一原理，可利用光纤光栅对应力或温度等物理量进行传感测量。用波长的变化来反映被测物理量的变化叫做波长编码。波长编码量在传送过程中是不易受干扰的，所以光纤光栅具有很强的抗干扰能力。

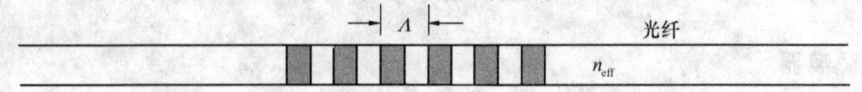

图 3.18 光纤 Bragg 光栅的结构示意图

3.5 光纤通信光源

光纤通信中最常用的光源是半导体激光器（LD），有的情况下也使用发光二极管（LED）。

3.5.1 半导体激光器

1. LD 的 $P-I$ 曲线

$P-I$ 曲线是 LD 的重要特性曲线，它描述了 LD 在电流驱动下光输出的特性。图 3.19（a）是典型的 $P-I$ 特性曲线。

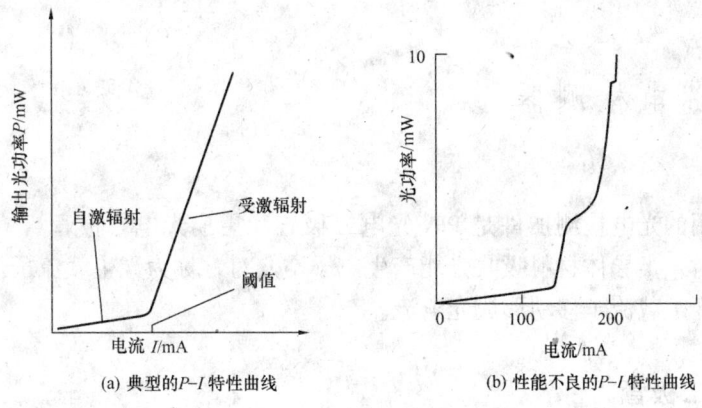

图 3.19 LD 的 $P-I$ 特性曲线

当 LD 的注入电流 I 小于阈值电流时,输出光功率很小,发出的是宽谱荧光。一旦注入电流达到阈值,LD 输出激光,而且光功率随注入电流的加大增长较快。性能好的激光器阈值电流较小,并且超过阈值电流后的曲线较直。图 3.19(b)描述的是性能不良的 LD 的 $P-I$ 特性曲线。

2. LD 的温度特性

LD 阈值电流易受温度影响,且随温度的升高而加大,所以在使用中经常要考虑恒温问题。图 3.20 给出了 LD 的温度特性曲线。

3.5.2 发光二极管

发光二极管(LED)没有谐振腔,发出的是荧光。从图 3.21 的 LED 的 $P-I$ 特性曲线可以看出,LED 输出线性度比较好,所以常被用于模拟通信。但在注入电流较大时曲线也有明显弯曲,所以在驱动电路里也常进行预失真补偿。

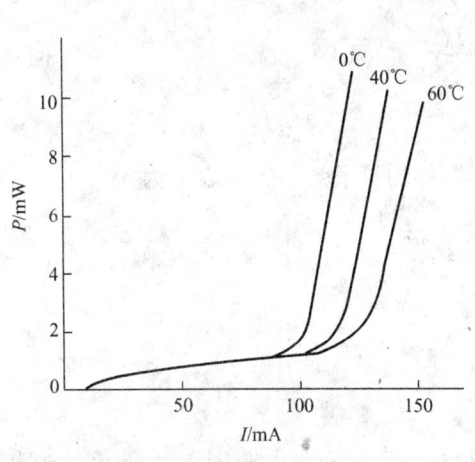

图 3.20 LD 的温度特性曲线

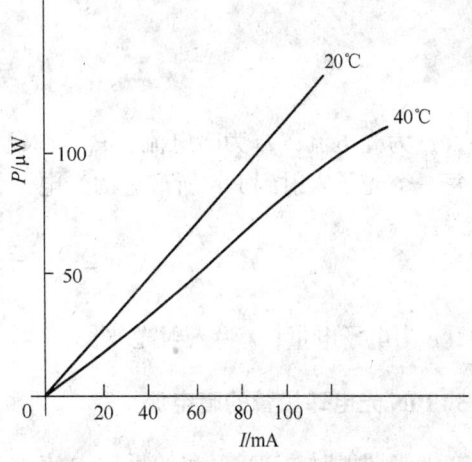

图 3.21 LED 的 $P-I$ 特性曲线

3.6 半导体光电检测器

光纤通信中常用的光电检测器件是 PIN 光电二极管和雪崩光电二极管（APD）。当光照射到光电检测器件时，半导体材料吸收光能产生电子空穴对，称为光生载流子。在半导体结区电场的作用下，光生载流子移动形成光电流。

3.6.1 PIN 光电二极管

如图 3.22 所示，PIN 光电二极管由 P、I、N 三个区域组成。较厚的 I 区掺有少量 N 杂质，其作用是加强对光子的吸收，同时在强电场的作用下加速光生载流子的移动，形成光电流 I_s。

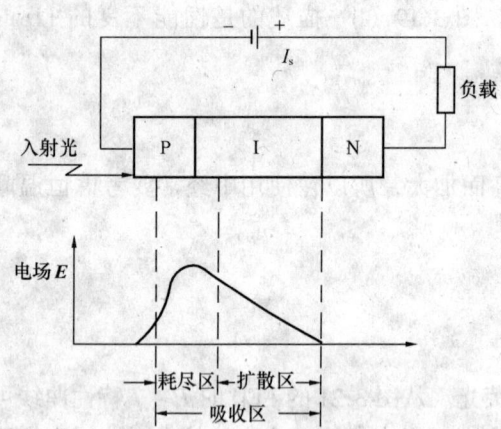

图 3.22 PIN 光电二极管的结构及电场分布

1. PIN 光电二极管的截止波长

PIN 光电二极管的截止波长

$$\lambda_c = \frac{hc}{E_g} \tag{3.43}$$

式中，h 为普朗克常数；c 为真空中光速；E_g 为材料禁带宽度。波长大于 λ_c 的光不能产生光电效应。

2. PIN 光电二极管的响应度和量子效率

定义单位入射光功率所产生的光电流为 PIN 的响应度。其表达式为

$$R_0 = \frac{I_s - I_d}{P_0} \tag{3.44}$$

式中，I_s 为光电流；I_d 为暗电流；P_0 为入射光功率。

每一个光子入射到 PIN 所产生的光电子数称为器件的量子效率，可表示为

$$\eta = \frac{(I_s - I_d)/e}{P_0/(hc/\lambda)} = \frac{hc}{\lambda e} R_0 \tag{3.45}$$

式中，e 为电子电量；λ 为入射光波长。

3. PIN 光电二极管的暗电流

在无光照射时，PIN 存在的反向电流称为暗电流，用 I_d 表示。暗电流是器件本身噪声的主要来源。

4. PIN 光电二极管的响应速度

PIN 的响应速度是光电流随入射光变化的速度，常用光电流的上升时间和下降时间即响应时间表示。若响应速度慢，则光电流的变化跟不上入射光强的变化速度。

3.6.2 APD 光电二极管

APD 的结构如图 3.23 所示。大部分光子在较厚的 π 区被材料吸收，并产生电子空穴对。当电子在 π 区电场的作用下，经过强电场的雪崩区时，受强电场加速发生碰撞电离，产生二次电子空穴对，光电流倍增放大。APD 常用在长距离的光纤通信系统中。

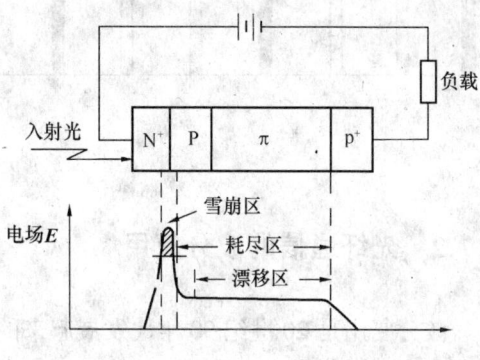

图 3.23 APD 的结构及电场分布

APD 也有与 PIN 类似的特征参数，另外它还有与光电流倍增放大特性相关的参数。

1. APD 的倍增因子

定义倍增因子

$$G = \frac{I - I_{md}}{I_P - I_d} \tag{3.46}$$

式中，I 为倍增时的总电流；I_{md} 为倍增后的暗电流；I_P 为无倍增的总电流；I_d 为初暗电流。

2. APD 的倍增噪声和过剩噪声

APD 的雪崩过程会对器件的初始噪声进行放大，称为倍增噪声。在雪崩碰撞过程中，由于碰撞的随机性造成光电流的附加随机起伏称为过剩噪声。

3.7 光纤通信的复用技术

光纤通信的复用技术有时分复用（TDM）、波分复用（WDM）、空分复用（SDM）、频分复用（FDM）、码分多址复用（CDMA）等。下面介绍时分复用和波分复用。

3.7.1 光纤通信的时分复用

脉冲编码调制（PCM）的通信技术出现以后，TDM 技术就被采用了。光纤通信出现后也沿用了这种技术。在光纤通信中，一根光纤可以传送多路信号，每路信号都由一组脉冲组成，相邻脉冲间存在一定间隙。若将各组脉冲信号按时间顺序错开后叠加在脉冲间隙中，可组成一组间隙更密的脉冲。将这个脉冲送入一根光纤中传输就可实现时分复用了。时分复用的原理如图 3.24 所示。

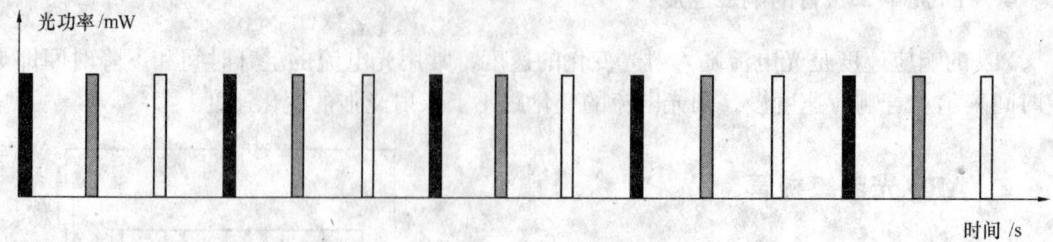

图 3.24 光纤通信的时分复用

3.7.2 光纤通信的波分复用

波分复用是 20 世纪 90 年代发展起来的复用技术,现在已被普遍与时分复用技术相结合使用在光纤通信中。

波分复用是将多个波长的光在同一根光纤中传输,每种波长的光都载有相应的信息,这样就大大增加了信息的传输量。图 3.25 是 WDM 系统的简单结构。

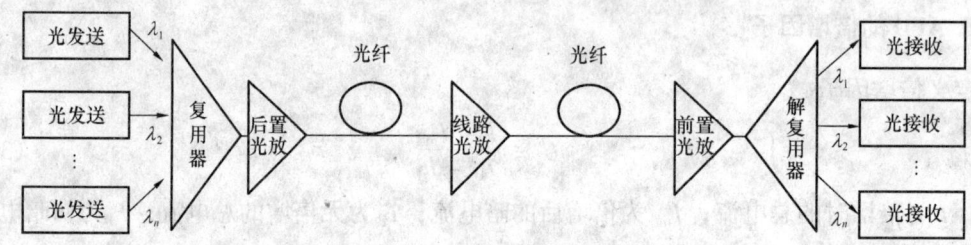

图 3.25 光纤通信的波分复用示意图

1. 波分复用的波长分配

最早的波分复用是利用 1 310 nm 和 1 550 nm 两个波长进行复用。目前的复用波长都是分布在 1 550 nm 波段内。该波段又进一步分为 S、C、L 三个波段,S 波段的波长范围为 1 400~1 510 nm,C 波段的波长范围 1 525~1 565 nm,L 波段的波长范围为 1 570~1 620 nm。当前大量使用的是 C 波段。一般波长间隔 $\Delta\lambda \leq 0.8$ nm(约 100 GHz)的波分复用系统称为密集波分复用(DWDM)系统,其 16/32 通道波长分配情况如表 3.1 所示。序号从 01 到 16 的波长通道组成 16 波长通道的 DWDM 系统。

表 3.1 DWDM 系统的 16/32 波长通道分配

序 号	频率/THz	波长/nm	序 号	频率/THz	波长/nm
01	192.1	1 560.61	06	192.6	1 556.55
02	192.2	1 559.79	07	192.7	1 555.75
03	192.3	1 558.98	08	192.8	1 554.94
04	192.4	1 558.17	09	192.9	1 554.13
05	192.5	1 557.36	10	193.0	1 553.33

续表

序 号	频率/THz	波长/nm	序 号	频率/THz	波长/nm
11	193.1	1 552.52	22	194.2	1 543.73
12	193.2	1 551.72	23	194.3	1 542.94
13	193.3	1 550.92	24	194.4	1 542.14
14	193.4	1 550.12	25	194.5	1 541.35
15	193.5	1 549.32	26	194.6	1 540.56
16	193.6	1 548.51	27	194.7	1 539.77
17	193.7	1 547.72	28	194.8	1 538.98
18	193.8	1 546.92	29	194.9	1 538.19
19	193.9	1 546.12	30	195.0	1 537.40
20	194.0	1 545.32	31	195.1	1 536.61
21	194.1	1 544.53	32	195.2	1 535.82

2. 波分复用技术用于波长交换

波分复用技术不单单可以增加信息的传输量，还可以利用这种技术进行波长交换。比如，信息传输到某一交换节点时可按波长分组，各组传输到不同的方向。另外，还可以在交换节点处改变载波波长，使波长交换变得更加灵活。

3.8 光纤通信的光放大器

光放大器是一种不需要经过光/电和电/光转换而直接对光信号进行放大的器件，有半导体光放大器、掺杂光纤（EDF）放大器（如掺铒、钕、镨、铥等）、非线性放大器（如光纤拉曼放大器、光纤布里渊放大器等）。下面只对掺铒光纤放大器和光纤拉曼放大器进行介绍。

3.8.1 掺铒光纤放大器

掺铒光纤放大器（EDFA）是目前使用最多的光放大器，图 3.26 给出了 EDFA 的结构。在泵浦光的激励下，如图 3.27 所示，铒离子（Er^{3+}）的电子从基态能级 $^4I_{15/2}$ 跃迁到高能级。常用 980 nm 或 1 480 nm 波长的 LD 泵浦，电子分别跃迁到 $^4I_{11/2}$ 或 $^4I_{13/2}$ 能级。由于 $^4I_{13/2}$ 能级是亚稳能级，很快在该能级和基态之间形成粒子数反转。当波长为 1 550 nm 附近的信号光通过掺铒光纤时，亚稳能级的电子以受激形式跃迁到基态，大大增加了信号光中的光子数量，实现了信号光的

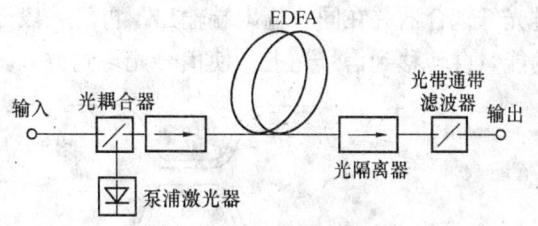

图 3.26 EDFA 的结构示意图

放大。

图 3.26 中的光隔离器的作用是隔离反馈光信号,提高稳定性。光滤波器的作用是滤除放大过程中产生的噪声。EDFA 的增益

$$G(\text{dB}) = 10\lg \frac{P_\text{o}}{P_\text{i}} \tag{3.47}$$

式中,P_i 和 P_o 分别为 EDFA 输入端和输出端的光功率。

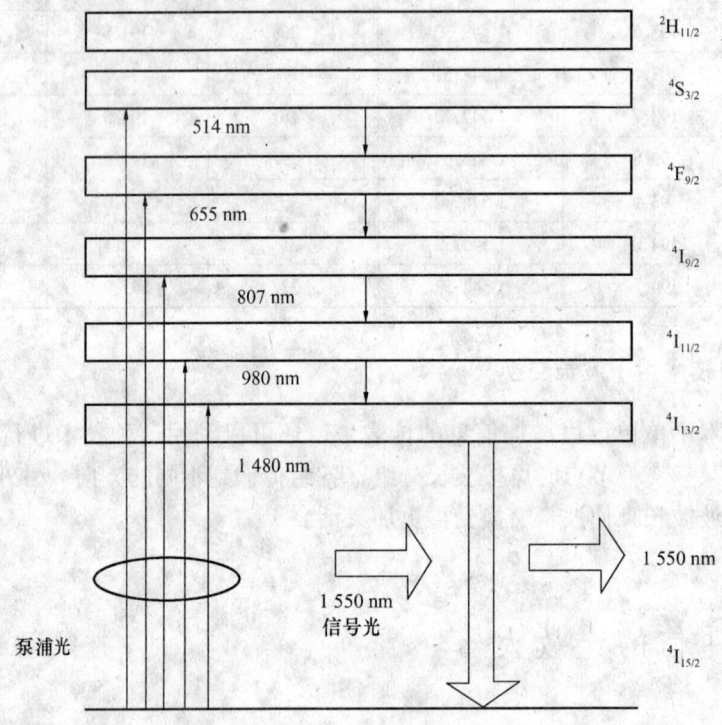

图 3.27　Er^{3+} 的能级分布及光放大图

3.8.2　光纤拉曼放大器

EDFA 虽有增益高、噪声低、与光纤耦合容易等优点,但其放大带宽较窄,一般为 80 nm。为加大放大带宽,光纤拉曼放大器(FRA)成了当前的研究热点。

图 3.28 是 FRA 的结构图。当角频率分别为 ω_p 和 ω_s 的强泵浦光和弱信号光从输入端通过光纤耦合器并在同一输出端输出,再经一段光纤共同传输时,由于受激拉曼效应,泵浦光的能量会转移到信号光上,使信号光得到放大。

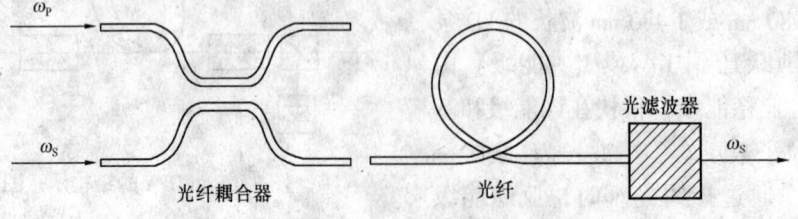

图 3.28　FRA 的结构示意图

图 3.29 是 FRA 的能级图。一个入射泵浦光子通过非线性拉曼散射产生一个低频的信号光子，剩下的能量被介质以分子振动（光学声子）的形式吸收，光学声子的角频率（斯托克斯频率）$\Omega_R = \omega_p - \omega_s$。在石英光纤中，$\Omega_R$ 的范围是很大的，所以可以获得很宽（几百纳米）的放大带宽。如果改变泵浦光的频率，则放大带宽还会大大加宽。

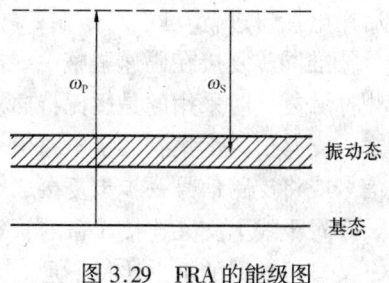

图 3.29　FRA 的能级图

3.9　光纤通信的同步数字体系

在光纤通信中，大多采用数字通信，而数字通信最初又采用时分复用（TDM）技术。20 世纪七八十年代，光纤通信网络属于准同步数字体系（PDH），经八九十年代的发展，已形成了同步数字体系（SDH）。

3.9.1　数字光纤通信的三大标准

1976 年，世界上数字光纤通信在不同地区所采用的数字信号的速率和帧结构等不完全一样，已形成了北美、日本、欧洲（中国也采用此标准）三大标准。在 TDM 技术中，多个低速率的帧逐级向高速率的帧复接，或说低次群向高次群复接，以此加大传输容量。北美的速率标准是：1.5 Mbit/s ~ 6.3 Mbit/s ~ 45 Mbit/s ~ $N \times 45$ Mbit/s，日本的速率标准是：1.5 Mbit/s ~ 6.3 Mbit/s ~ 32 Mbit/s ~ 100 Mbit/s ~ 400 Mbit/s，而欧洲的速率标准是：2 Mbit/s ~ 8 Mbit/s ~ 34 Mbit/s ~ 140 Mbit/s，三者互不兼容，造成国际互通困难。

3.9.2　光纤通信的准同步数字体系

在数字光纤通信三大标准形成以前，传输速率和帧结构等非常混乱。国际电信联盟标准部（ITU–T）的前身国际电报电话咨询委员会（CCITT）提出建议，给出了三大标准的速率及帧结构。低速率群的复接容易采用共同的时钟，而高次群的信号往往来自不同的时钟系统，速率具有一定差别，不能直接复接。ITU–T 建议在一定的时钟偏差允许范围内（准同步），进行插入比特的码速调整，使各路信号速率相同后再进行复接，这就是准同步复接。所形成的三大标准系列即为 PDH。

3.9.3　光纤通信的同步数字体系

随着光纤通信网络的不断发展和扩大，三大标准系列的网络需求更高质量的互联。在这种情况下，PDH 暴露出越来越多的问题：
①PDH 没有世界统一的光接口，无法进行光互联。要进行互联只能先进行光/电转换，

然后用电接口进行互联。

②准同步复接在码速调整中要插入位置带有随机性的无信息的插入比特，解调时还要将其删掉。复接时采用的是逐比特插接，复杂零乱。由于这些原因，少量支路信号从干路上分下来或支路信号汇集到大量干路信号中去的过程，只能将高速干路信号一步步解复用取出支路信号或将支路信号一步步复接成干路信号，其结构复杂，灵活性差。

③对干线上交叉连接设备的管理采用人工的方法，测试时要停止业务。如要改变这种状况，又显得预留的辅助比特不足。

④由于建立在点对点的传输基础上，通道设备利用率很低，很难经济地提供各种新业务。

由于以上原因，ITU-T 于 1988 年提出同步数字体系的建议，并命名为 SDH。从 1988—1995 年，分别通过了 16 个 SDH 标准，基本确立了 SDH 框架。

SDH 有以下特点：

①首先采用主从同步方式将时钟同步，然后将低速率帧向高速率帧进行同步复接。

②有世界统一的光接口标准及相应的接口速率和数据帧结构，可以直接在光域进行互联。

③采用按字节为单位的复接方式，规律性强，可利用软件一次从干路信息中直接分离出支路信号或一次将支路信号复接到干路信号中。

④有丰富的开销比特，利于开发新的网络特性，加强了网络的管理功能。

⑤对干线上交叉连接设备的管理采用自动的方法，避免了人工管理。

⑥采用先进的指针技术对网络出现的不同步进行校准，并能吸收网络出现的频率抖动和漂移。

⑦引入虚容器，可将 PDH 的 1~4 次群信号、ATM 信元、IP 数据帧等映射到虚容器中，利用 SDH 网络进行传输，具有强大的业务兼容性。

当然 SDH 也存在不足之处，如频带利用率不高，某些设备结构复杂，软件存在不安全性，对分组交换业务适应性差等。但 SDH 已是目前实际应用最广泛的光纤通信网络，其不足之处也在不断地改进。

3.9.4　SDH 的网络单元

SDH 网络主要由传输线路和网络节点构成。传输线路主要是光纤、节点设备或称网络单元（NE）主要由终端复用器（TM）、分插复用器（ADM）、数字交叉连接器（DXC）和再生中继器（REG）组成。

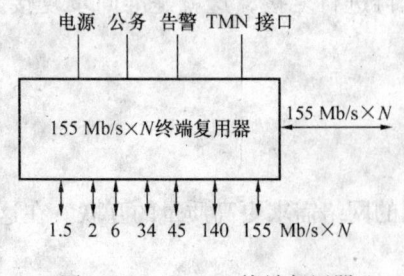

图 3.30　STM-N 终端复用器

1. 终端复用器

TM 的位置处于 SDH 网络的终端边缘，其主要任务是将 PDH、ATM、IP 等信号纳入 155.520 Mb/s × N，即基本光接口速率 × N 的 STM-N 帧结构中（其中 N = 1, 4, 16, 64），并经电/光转换变为光脉冲信号。该设备还可以将信号按相反的过程处理。STM-N 终端复用器如图 3.30 所示。

2. 分插复用器

ADM 的位置处于 SDH 网络的边缘与核心干网之间，多为环形网上的节点设备。ADM 主要用于支线信号对干线信号的上、下路，在这个过程中需要对信号进行光/电和电/光转换处理。ADM 也具有 TM 的功能。STM – N 分插复用器如图 3.31 所示。

3. 数字交叉连接器

DXC 的位置处于 SDH 网络的核心干网部分，多为网形或环形网中的节点设备。DXC 兼有复用、配线、保护/恢复、光/电和电/光转换、监控和网管等多项功能。DXC 对信号的交换很少是零散的，一般是大组量的，所以交叉连接是相对稳定的。数字交叉连接器如图 3.32 所示。

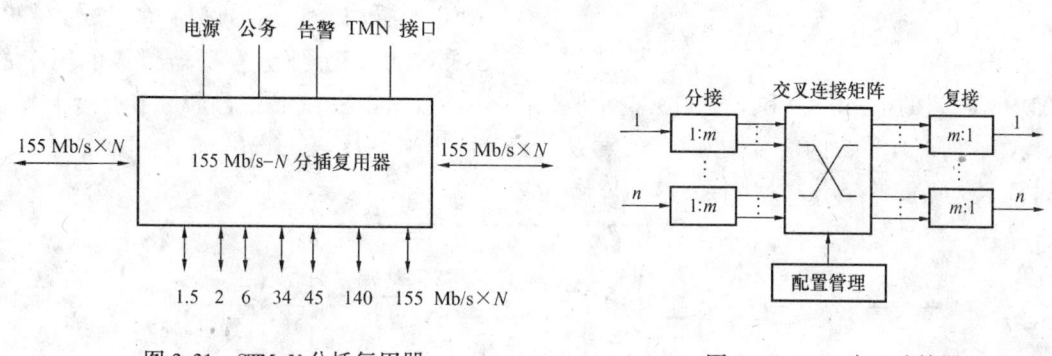

图 3.31　STM-N 分插复用器　　　　图 3.32　DXC 交叉连接器

4. 再生中继器

REG 的作用是将经光纤长距离传输后造成较大衰减和色散畸变的光脉冲信号转变为电信号，然后进行放大、整形，再生为原电脉冲信号，然后再调制光源变换成光信号后送入光纤中继续传输。再生中继器如图 3.33 所示。

3.9.5　光分插复用器

如上所述，ADM 进行分插的过程必须采取光/电和电/光的转换，这将导致设备结构复杂，而且降低了信号传输的速度。若能在光域实现信号的分插复用过程，则可克服以上缺点。光分插复用器（OADM）是实现此目的的重要设

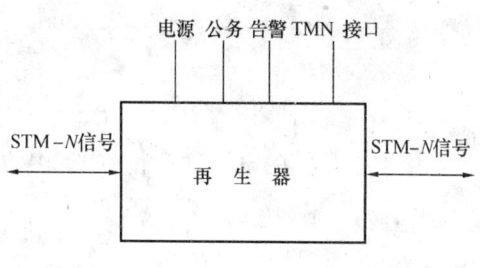

图 3.33　REG 再生中继器

备，而且也可能是最先在实际应用中取代 ADM 的光域处理节点设备。

如图 3.34 所示，OADM 的工作过程与 WDM 技术紧密相关，一般采用一定的波长载波进行信号的上、下路转换。图中的上、下路波长皆为 λ_k，当然可以有多个波长进行上、下路转换。

OADM 是将光复用、解复用、光直通、发/收端波长转换（TWC/RWC）、光预放大、光

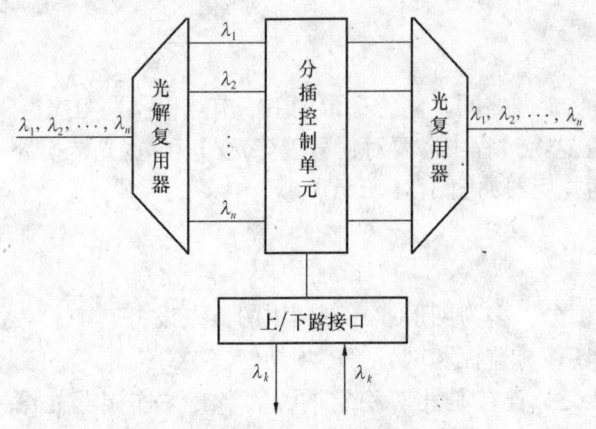

前置放大等功能综合为一体,具有灵活的上、下路波长分配功能的设备,可将输入的多个不同波长信号通过 TWC 转换成特定的波长信号,然后复用成多波长光信号送入光纤中传输。其逆过程相反。

图 3.34 的 OADM 是不能进行波长转换的。可进行波长转换的 OADM 在分插控制单元完成波长转换过程。这种 OADM 的波长利用率高,而且具有很强的交换灵活性。

简单的光分插复用功能可以用 1 310 nm 和 1 550 nm 两个波长来实现。图 3.35 为由两个波分复用器组成的简单的 OADM。输入的 1 310 nm 和 1 550 nm 两个波长信号中,1 550 nm 波长信号通过节点沿干线继续传输,而 1 310 nm 的信号作为下路信号从节点分离出来。另一个 1 310 nm 上路信号进入节点与 1 550 nm 信号复用为干线信号共同传输。

图 3.34 OADM 光分插复用器

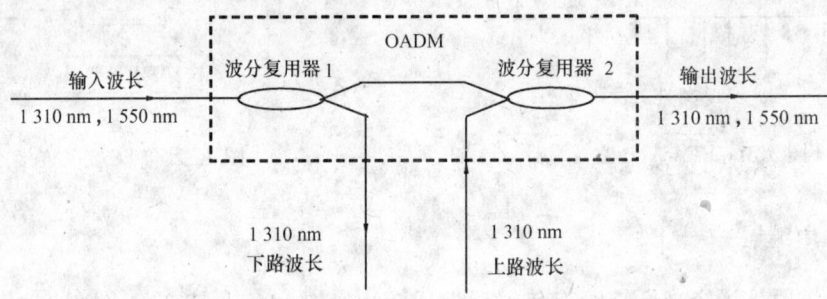

图 3.35 由两个波分复用器构成的简单的 OADM

3.9.6 SDH 的信号编码

在 SDH 系统中,传输的脉冲不是原始的信号码,而是经过码型变换的编码信号,其中,包括在电路中传输的电路码型和在光纤中传输的线路码型。

1. 电路码型

电路码型一般采用非归零码(NRZ)和三阶高密度双极性码(HDB_3)。为了便于对比,下面也介绍归零码(RZ)。

(1)RZ

归零码如图 3.36 所示。"1"是脉冲的峰,"0"是脉冲的底,每个码之间都要回到"0"。

(2)NRZ

非归零码如图 3.37 所示。其与归零码的区别是每一位不回"0"。虽然 NRZ 的表示不如 RZ 那么清晰,但频带的利用率却要高 1 倍。

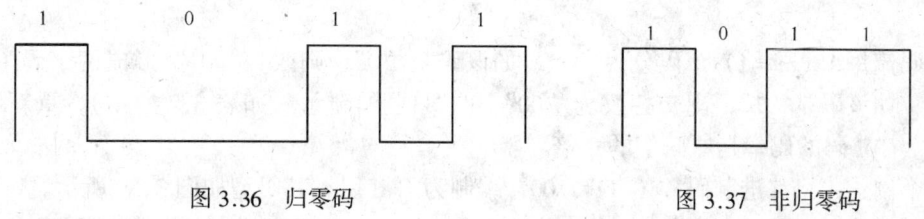

图 3.36 归零码　　　　　　　　图 3.37 非归零码

(3) HDB$_3$

NRZ 有直流分量，在电路中信号不能完整通过电容器等元器件。另外，还会出现长连"0"和长连"1"的现象，在接收端不利于时钟提取。为了解决这些问题，电路中常采用 HDB$_3$ 码。

图 3.38 给出的是二进制原码"0100001100000101"的 HDB$_3$ 码的编制过程。原码的 NRZ 码型如图 3.38（a）所示，编制好的 HDB$_3$ 码如图 3.38（b）所示。HDB$_3$ 码是具有正（1）、负（-1）和零（0）三个极性（分别对应三个电平）的码，假定"0"称为 0 码，用"0"表示，"1"称为 B 码，用"B$_+$"表示，"-1"也称为 B 码，用"B$_-$"表示，其编码规则如下：

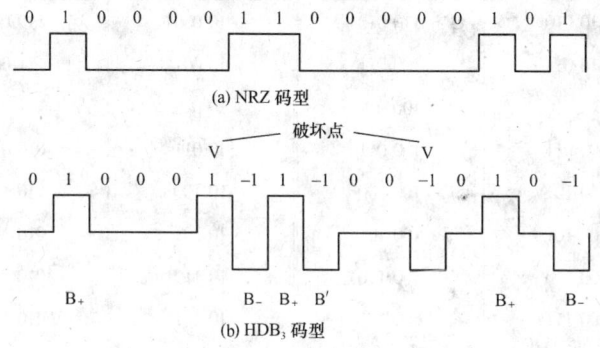

图 3.38 HDB$_3$ 码的编制过程

在不出现四连"0"的情况，B 码（也称信码）+、- 极性交替变化。遇第一个四连"0"（或大于四连"0"）时，第四个"0"改为与前面 B 码同极性的非"0"码，称为 V 码或破坏点。第一个破坏点与第二个四连"0"间的 B 码要求是奇数个，而且前面所有 B 码（不算 V 码）极性交替变化，同时第二个四连"0"中的第四个"0"改为与前一个 V 码极性相反的 V 码。若 B 码是偶数个（本例即如此）或 0 个，则除第二个四连"0"的第四个"0"改为与前一个 V 码极性相反的 V 码外，四连"0"的第一个"0"改为与第二个 V 码同极性的非"0"码，称为 B'码或补码。后面的码皆按此规则编制，要求所有 B 码（B$_+$、B$_-$ 和 B'）和 V 码分别都是交替改变极性的。

HDB$_3$ 码无直流分量，无连"1"，最多三连零。这种码容易通过电路的元器件，而且频率稳定，易于时钟提取。另外，这种码还具有纠错功能。

2. 线路码型

线路码型是适合在光纤中传输的二极性码，其码型很多，这里只介绍常用的 CMI 码和 5B6B 码。

CMI 码实际上是 1B2B 码，是 $mBnB$ 码的特例，这里 $m=1$，$n=2$。CMI 码的编码规则

如下:

将码流每 1 ($m=1$) 个码分为一组,如该码是"0",则改为"01"形成两个码 ($n=2$) 的新组;如该码是"1",则交替改为"00"和"11"的新组(如表 3.2 所示),重新组成新的码流。CMI 码的码率是原码率的 2 倍。

举个例子,将二进制码"1001111100"编制为 CMI 码,其码型如图 3.39 所示。

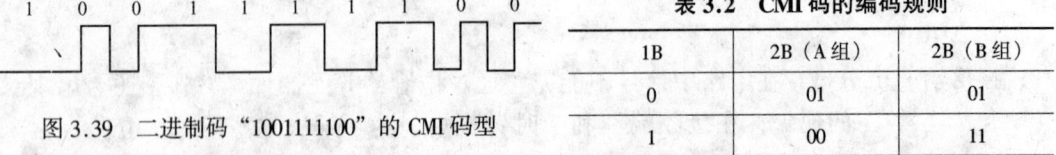

图 3.39 二进制码"1001111100"的 CMI 码型

表 3.2 CMI 码的编码规则

1B	2B(A 组)	2B(B 组)
0	01	01
1	00	11

从上面可以看出,CMI 码的信号带宽利用率很低。为了克服这一缺点,在实际应用中 5B6B ($m=5$, $n=6$, $n=m+1$) 码使用得最多。表 3.3 给出了 5B6B 码的编码规则。

表 3.3 5B6B 码的编码规则

5B	6B(模式 1)	6B(模式 2)	5B	6B(模式 1)	6B(模式 2)
00 000	110 010	110 010	10 000	110 001	110 001
00 001	110 011	100 011	10 001	111 001	010 001
00 010	110 110	100 010	10 010	111 010	010 010
00 011	100 011	100 011	10 011	010 011	010 011
00 100	110 101	100 100	10 100	010 100	110 100
00 101	100 101	100 101	10 101	010 101	010 101
00 110	100 110	100 110	10 110	010 110	010 110
00 111	100 111	000 111	10 111	010 111	010 100
01 000	101 011	101 000	11 000	111 000	011 000
01 001	101 001	101 001	11 001	011 001	011 001
01 010	101 010	101 010	11 010	011 010	011 010
01 011	001 011	001 011	11 011	011 011	001 010
01 100	101 100	101 100	11 100	011 100	011 100
01 101	101 101	000 101	11 101	011 101	001 001
01 110	101 110	000 110	11 110	011 110	001 101
01 111	001 110	001 110	11 111	001 101	001 101

对于 6B 码,若包含 3 个"0"和 3 个"1",则称码组是均匀的。从表中可以看出,模式 1 有 13 个码组包含 2 个"0"和 4 个"1",是不均匀的。同样,模式 2 也有 13 个码组包含 2 个"1"和 4 个"0",也是不均匀的。在编码时,当出现均匀码组时,下一个码组在上一个码组的同模式中选择。当出现不均匀码组时,下一个码组交换到另一个模式中选择。总之,要保持"0"、"1"码在数量上的平衡。

第二篇 基本实验

实验 1 He–Ne 激光器纵、横模测量

一、实验目的

(1) 了解共焦球面扫描干涉仪的工作原理并掌握其使用方法。
(2) 观察 He–Ne 激光器的频谱结构,测量其相邻纵横模间隔。
(3) 观察 He–Ne 激光器的频率漂移及跳模现象。

二、实验原理

1. He–Ne 激光器的纵、横模

根据光学腔模理论,激光器谐振腔内可以有多种形式的电磁场存在,激光技术中称为腔的模式,不同模式的电磁波,其频率不同。圆形孔径稳定球面腔 TEM_0 模的谐振频率为

$$\nu_{mnq} = \frac{c}{2\eta L}\left\{q + \frac{1}{\pi}(m+n+1)\arccos\left[\left(1-\frac{L}{R_1}\right)\left(1-\frac{L}{R_2}\right)\right]^{\frac{1}{2}}\right\} \tag{1}$$

式中,m、n 为横模阶次;q 为纵模阶次;L 为腔长;R_1、R_2 分别为两反射镜曲率半径;η 为工作物质的折射率;c 是光速。

对于 $m=n=0$ 的模,称为基横模;m 或 n 不为 0 的模,称为高阶横模。由式(1)可知,相邻纵模的频率间隔为

$$\Delta\nu_q = \nu_{m,n,q+1} - \nu_{m,n,q} = \frac{c}{2\eta L}$$

不同横模的频率间隔

$$\Delta\nu_n = \frac{c}{2\eta L}\left\{\frac{1}{\pi}(\Delta m + \Delta n)\arccos\left[\left(1-\frac{1}{R_1}\right)\left(1-\frac{1}{R_2}\right)\right]^{\frac{1}{2}}\right\}$$

式中,$\Delta m = |m_1 - m_2|$,$\Delta n = |n_1 - n_2|$。因此,利用频率上的差异可以精细地分析激光的模式结构。

另外,根据激光原理,激光的产生还受到工作物质增益线宽的限制。只有处于增益线宽以内的各种模式,才可能获得增益,保持稳定的光波场。因此,观察激光模式所占据的频率范围,可以估算出该激光器的增益线宽。

2. 共焦球面扫描干涉仪

共焦球面干涉仪是一个没有激活介质的光学谐振腔,它由两块曲率半径相等、镀以高反射率膜层的球面镜组成。两镜之间的距离 L 等于曲率半径 R,构成一共焦系统,如图实 1.1 所示。两面镜子中有一面(M_1)是固定不动的,另一面(M_2)固定在压电陶瓷环上。压电

陶瓷环的长度变化和其上所加电压大小成正比。当用一定幅度的锯齿波电压调制压电陶瓷环时，扫描干涉仪的腔长将在 L 附近发生微小变化（波长量级）。

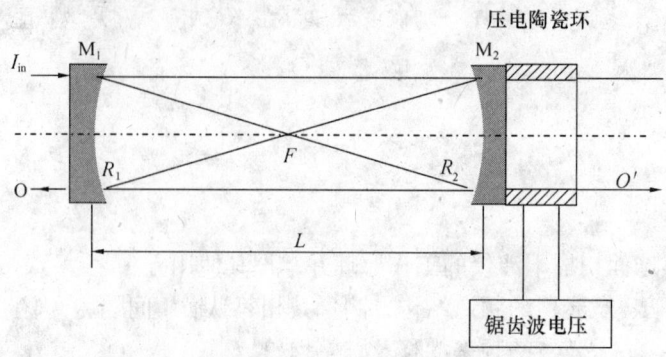

图实1.1　共焦球面扫描干涉仪简图

当有一波长为 λ 的光束近轴入射到干涉仪上，可以证明：光线在干涉仪内经四次反射恰好闭合（图实1.1），其光程差为 $\Delta = 4\mu L$，式中，μ 为两反射镜间的折射率。当介质为空气时，$\mu = 1$，$\Delta = 4L$。当满足 $4L = m\lambda$ 时，干涉仪对入射光有最大透过率。因此，改变腔长 L 即可以实现光谱扫描。具体地说，用压电陶瓷环驱动 M_2，使镜片在轴线方向做微小的周期性振动，从而使各个激光模式依次通过干涉仪。透过干涉仪的光由光电接收器转换成电信号，经放大后接至专用示波器的 Y 输入端；同时将改变腔长的锯齿波电压接到示波器的 X 输入端，这样示波器的横向坐标就对应干涉仪的频率变化。从而在示波器的荧光屏上就可显示出透过干涉仪的激光模式的频率谱，如图实1.2所示。

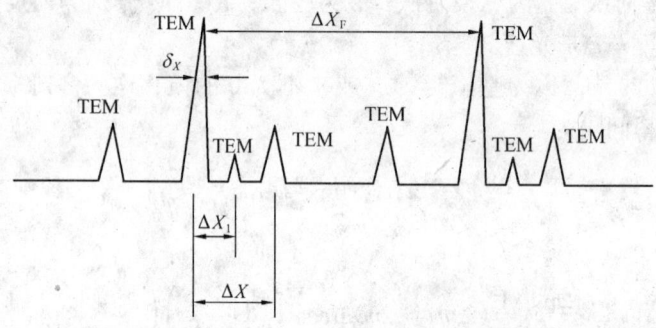

图实1.2　示波器上的激光模谱

扫描干涉仪有以下性能指标：

（1）自由光谱区

由共焦球面干涉仪的干涉方程式 $4L = m\lambda$ 可知，当共焦腔长变化 $\lambda/4$ 时，波长为 λ 的模可再次透过干涉仪。通常把腔长改变 $\lambda/4$ 所对应的频率变化量 $\Delta\nu_F = C/4L$ 称为干涉仪的自由光谱区，用波长表示就是 $\Delta\lambda_F = \lambda^2/4L$，自由光谱区是扫描干涉仪的主要性能指标之一。它决定了扫描干涉仪能够测量的不重序的最大波长差或频率差。当入射波长范围小于自由光谱区时，随着腔长的变化，入射波长的干涉极大值将周期性地出现。

（2）仪器带宽 $\delta\nu$

仪器带宽 $\delta\nu$ 是指干涉仪透射峰的频率宽度，也就是干涉仪能分辨的最小频差。通常，反射镜的反射率越高,调整精度越高,腔内损耗越小,则仪器能分辨的带宽越窄。为了分辨相隔很近的谱线,要求干涉仪有足够窄的带宽。

(3) 有效精细常数 N_e

$$N_e = \Delta\nu_F / \delta\nu$$

表征一个自由光谱区内能够分辨的谱线数。它取决于反射镜的加工质量,仪器的工作孔径以及调整精度等因素,可由实验测定。

实验所用扫描干涉仪的主要性能指标如表实 1.1 所示。

表实 1.1　扫描干涉仪的主要性能指标

$L(r)$	$\Delta\nu_F = C/4L$	$\delta\nu$	$N_e = \Delta\lambda_F / \delta\nu$
42 mm	1 800 MHz	30 MHz	60

三、实验装置及调整

实验装置包括 He–Ne 激光器(及电源)、共焦球面干涉仪和与之配用的电子系统。如图实 1.3 所示。干涉仪的入射端有一透镜,出射端装有光电探测器;电子系统为一专用系统。

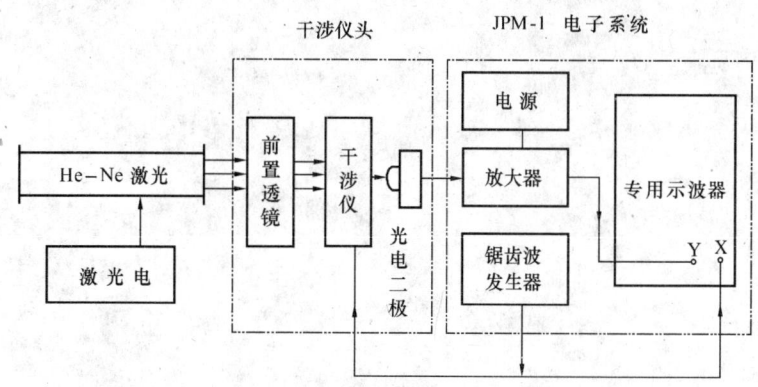

图实 1.3　实验装置示意图

示波器,锯齿波发生器给出扫描电压,同时接到示波器的 X 轴上和干涉仪的压电陶瓷上。光电探测器接收透过干涉仪的光信号,并将其转换成电信号,经放大后接到示波器的 Y 轴上。在激光束与扫描干涉仪已准直的情况下,即可在示波器的荧光屏上观察到激光模谱的波形。锯齿波电压幅度(可调)决定扫描的光谱范围,一般显示 1~2 个级次的模谱即可。准直调整,先使被测激光束射向干涉仪前置透镜的中心,然后取下光电接收头,从后孔观察干涉仪内的光斑。因为在未加扫描电压时干涉仪的初始腔长未必恰好与激光器的谱线谐振,所以有时看不到光斑,这时可加上锯齿波电压,幅度约 100 V,周期在 50 ms 左右。若看到两个光斑,说明激光束与干涉仪尚未准直,旋转干涉仪支座上的两个测微头,使两光斑重合,则激光束与干涉仪已基本准直,此时若在干涉仪出射端放一屏,可看到一红色光斑,增长锯齿波周期,会看到闪动的光斑,且闪烁频率与锯齿波频率一致,此时即可装上光电接收头进行观测。如发现波形的幅度不够大,则可稍许调整干涉仪的测微头或提高示波器的灵敏度，以便清晰观测模谱。

四、实验内容及要求

（1）首先打开激光器电源，使多模内腔式 He–Ne 激光器出光，预热一段时间，并与干涉仪准直。

（2）分辨扫描干涉仪的自由光谱区，确定示波器横轴上每格所对应的频率数。

（3）观察多模激光器的模谱，记下其波形。

①区分哪些谱线属于同一纵模，哪些谱线属于同一横模，哪些是基横模，哪些是高阶横模。

②分别测出纵模间距和横模间距，并标记出所有模式的模序。

（4）由干涉仪的自由光谱区计算激光器相邻纵模间隔，并与理论值比较。

（5）估测 He–Ne 激光器工作物质的增益线宽。

（6）估测所用扫描干涉仪的有效精细常数 N_e。

实验 2 KD*P 晶体的电光效应及其应用

本实验主要研究 KD*P（磷酸二氘钾）晶体的一次电光效应，并研究如何利用它控制光波的强度完成光通信的模拟实验。

一、实验目的

(1) 本实验主要研究 KD*P 晶体一次电光效应。
(2) 掌握电光调制的工作原理及光路调整方法。
(3) 了解 KD*P 晶体纵向电光效应在光通信中的应用，并通过实验对光通信中的调制、传输和解调过程有一感性认识。

二、实验原理

1. KD*P 晶体电光效应

KD*P 晶体是人工生长的负单轴晶体，属四方晶系，42m 晶类。在主轴坐标系中，其折射率椭球方程为

$$\frac{x^2}{n_x^2} + \frac{y^2}{n_y^2} + \frac{z^2}{n_z^2} = 1 \tag{1}$$

式中，$n_x = n_y = n_o, n_z = n_e$。

沿 KD*P 晶体光轴 z 方向施加外电场 E_z（图实 2.1）且只考虑一次电光效应时，折射率椭球方程变为

$$\frac{x^2}{n_o^2} + \frac{y^2}{n_o^2} + \frac{z^2}{n_e^2} + 2\gamma_{63} E_z xy = 1 \tag{2}$$

式中，γ_{63} 为纵向电光系数。

在感应主轴坐标系中可以写成

$$\frac{x'^2}{n'^2_x} + \frac{y'^2}{n'^2_y} + \frac{z'^2}{n'^2_z} = 1 \tag{3}$$

式中，x'、y'、z' 为椭球新主轴（感应轴）之方向；x'、y' 与 x，y 方向呈 45°夹角（逆时针旋转），且在新主轴下，主折射率分别为

$$n'_x = n_o + \frac{1}{2} n_o^3 \gamma_{63} E_z$$

$$n'_y = n_o - \frac{1}{2} n_o^3 \gamma_{63} E_z \tag{4}$$

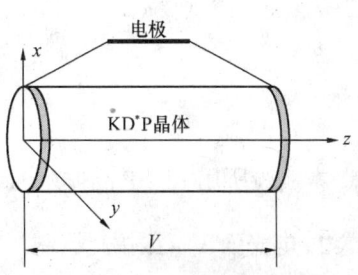

图实 2.1 沿 KD*P 晶体光轴 z 方向施加外电场

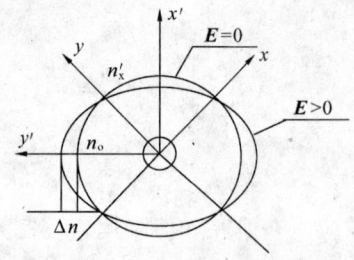

图实 2.2 KD*P 纵向效应

$$n'_z = n_z = n_o$$

式（4）表明：在晶体的光轴方向（z 方向）加上电场后，原来的单轴晶体变成为双轴晶体、折射率椭球的 xy 截面半径为 n_o 的圆变为椭圆，如图实 2.2 所示，图中 $\Delta n = 1/2 n_o^3 \gamma_{63} E_z$。

当偏振光沿着晶体光轴方向（z 方向）传播时，沿 x' 轴振动的光波分量与沿 y' 轴振动的光波分量，由于其折射率不同，经过长度为 L 的晶体后，产生的相位差为

$$\varphi = \frac{2\pi}{\lambda}(n'_y - n'_x)L = \frac{2\pi}{\lambda}n_o^3 \gamma_{63} E_z L = \frac{2\pi}{\lambda}n_o^3 \gamma_{63} V \tag{5}$$

式中，$V = E_z L$ 是加在晶体两端的直流电压。

在电光效应中，使两个光波产生相差为 π（或使光程差为 $\lambda/2$）所需要的电压，称之为半波电压，用 V_z 表示。由式（5）可得

$$V_z = \frac{\lambda}{2n_o^3 \gamma_{63}} \tag{6}$$

将 V_z 值代入式（5），位相差可以写成

$$\varphi = \pi \frac{V}{V_z} \tag{7}$$

当电光晶体给定时，对于一定的波长，其半波电压 V_z 是一确定值。因此，只要知道加在晶体上的电压 V，即可求得该晶体产生的位相差 φ。

由式（7）可知，纵向效应相位差只与外加电压成正比，与晶体尺寸无关。可以将 N 节晶体按图实 2.3 所示方式串联起来则它们所产生的总相位差是各节晶体产生的位相差之和。这样，为产生相同相位差，N 节晶体所需电压只是单用一节晶体时所需电压的 $1/N$。

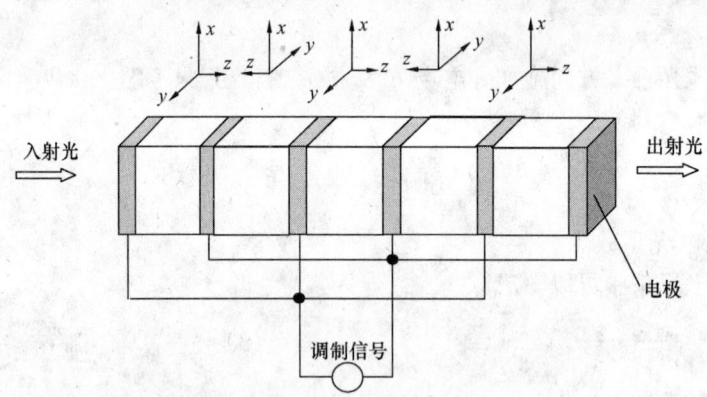

图实 2.3 串联式纵向调制器

本实验所用 KD*P 晶体系两节串联而成。

2. 电光强度（振幅）调制

设入射光波偏振面在晶体的输入面（$z = 0$ 处）与 x 平行，如图实 2.4 所示，所以它在 x 和 y 方向具有相等的振幅分量，其复数表达式为

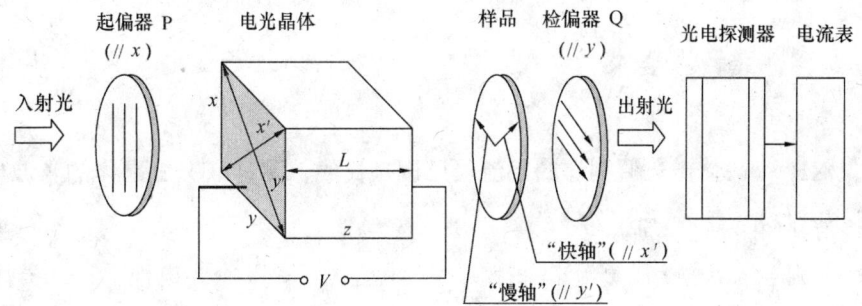

图实 2.4　KD^*P 晶体的纵向调制

$$E'_x(0) = A$$
$$E'_y(0) = A$$

输入强度为

$$I_i \propto \boldsymbol{E} \cdot \boldsymbol{E}^* = |E'_x(0)|^2 + |E'_y(0)|^2 = 2A^2 \tag{8}$$

在输出面（$z = L$ 处），按式（8），沿 x 和 y 轴振动的两光波分量间产生了有弧度的相对相移，所以可以将其写成

$$E'_x(L) = A \qquad E'_y(L) = Ae^{-i\varphi}$$

若检偏器平行于 y 轴，则从检偏器透出的总场强是 $E_x'(L)$ 和 $E; E_y'(L)$ 的 y 向分量之和为 $(E_y)_0 = \frac{A}{2}(e^{-i\varphi} - 1)$，与之相应的透射光强度为

$$I_o \propto [(E_y)_o(E_y^*)_o] = \frac{A^2}{2}[(e^{i\varphi} - 1)(e^{-i\varphi} - 1)] = 2A^2 \cdot \sin^2\frac{\varphi}{2} \tag{9}$$

定义透射光强与输入光强之比为器件的相对透过率，用 T 表示

$$T = \frac{I_o}{I_i} = \sin^2\frac{\varphi}{2} = \sin^2\left[\left(\frac{\pi}{2}\right)\frac{V}{V_\pi}\right] \tag{10}$$

其随外加电压（z 方向）变化的曲线如图实 2.5 所示。

为了使输出波形不失真并提高调制效率，需将调制波的工作点选在线性曲线域的中点（Q 点，$V = V_{\pi/2}$）。

当调制信号电压 $u = u_m\sin\omega_m t$ 时，透射光强

$$T = \sin^2\left(\frac{\pi}{4} + \frac{\varphi_m}{2}\sin\omega_m t\right)$$

$$= \frac{1}{2}[1 + \sin(\varphi_m\sin\omega_m t)] \qquad \varphi_m = \frac{\pi u_m}{V_\pi}$$

当 $\varphi_m \ll 1$ 时，上式可简化为

$$T = \frac{1}{2}(1 + \varphi_m\sin\omega_m t)$$

透射光强与调制信号近似线性。若 $\varphi_m \ll 1$ 不被满足则透射光强将产生畸变。

上述这种在晶体上加直流电压 $V_\pi/2$，以使其工作在线性区的方法称为电压偏置法。也可以在偏振器和 KD^*P 晶体间插入 1/4 波片以获得 $\pi/2$ 相位差，两种方法的作用是一样的。

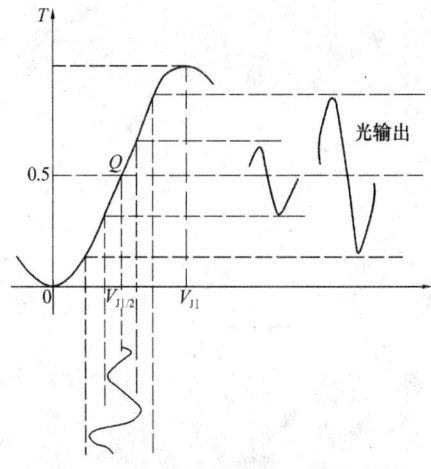

图实 2.5　纵向电光调制器的调制曲线及附加 1/4 波片延迟后的线性调制

三、实验内容、装置和要求

1. 测量 KD*P 晶体电光调制器的直流电压调制曲线，测量 KD*P 晶体的半波电压

实验装置：如图实 2.4 所示。

其中，直流电压由一高压直流电源提供，光电检测器是一个光电池，显示器用电流表，光源为 He-Ne 激光器。

光路调整要求：起偏器 P 垂直 Q（检偏器），P 平行 x（或 y）轴，光线沿光轴 z 方向传播并穿过晶体各光学元件中心，各反射面与光线垂直。

实验要求：直流电压在 0~3 000 V 内变动；测试 $T-V$ 的关系曲线，测点不少于 15 个，每点测量不少于 2 次；描绘 $T-V$ 曲线；确定半波电压 V 值，并与理论曲线对比。

2. 测量调制器正弦波电压调制曲线

实验装置如图实 2.6 所示。

调制信号由低频信号发生器提供，经低频电压放大后（幅值约为 90 V）直接加在晶体两端。光电探测器之输出与低频信号的输出分别加到双踪示波器两个输入端。在不加直流偏置条件下，观察调制光信号。与加上直流偏压 V 后的调制信号作比较，用 1/4 波片代替直流偏压（V_o）能否得到同样调制效果？

插入 1/4 波片后旋转波片，在示波器上比较调制器的输出信号和调制信号之间的波形关系。

光路调整要求同上：光线垂直 1/4 波片，且通过 1/4 波片的旋转中心，旋转 1/4 波片，可为调制器提供不同的直流偏置。

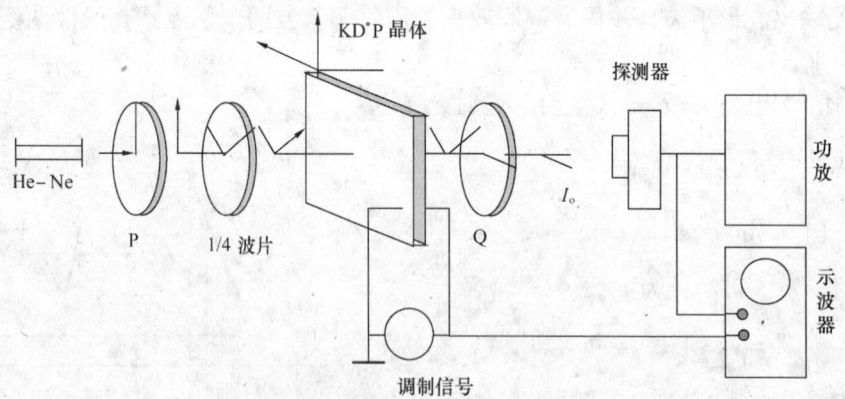

图实 2.6　测量调制器正弦波调制曲线

实验要求：

（1）测量 $\varphi_D = 0$，$\varphi_D = \pi/2$ 两种情况下的正弦被调制曲线，并记录波形。

（2）观察 φ_D 为其他情况时的调制曲线。

3. 加语音信号进行调制

语音信号从录音机"监听"孔取出送到低频电压放大器,然后加在晶体两端。1/4 波片工作 $\varphi_D = \pi/2$ 状态。用示波器监测其波形,用扬声器监听语音信号。

光路调整要求达到:

(1) 光线需严格平行于晶体的光轴（z 轴），光线通过各光学元件中心并与之垂直。

(2) 起偏器、检偏器正交,并使偏振轴分别平行于晶体的 x 轴、y 轴。

(3) 使用 1/4 波片建立 $\varphi_D = \pi/2$ 的工作点时,应使波片的快、慢轴分别平行于晶体的 x 和 y 轴。

调整方法:

(1) 调整激光器使激光束与光具座表面平行。注意激光器的左、右及上、下位置和其他元件相配合。

(2) 调整起偏器 P 和检偏器 Q，使它们的旋转中心与光束重合,表面与光束垂直,并使 P 与 Q 成正交偏振状态。

(3) 调整 KD*P 晶体的光轴与光束平行,并使光束从晶体中心穿过。方法:将晶体固定在调节架上,粗调晶体位置使光从晶体中穿过（保持 P 和 Q 正交）,在 Q 后面的白屏上可看到一亮光点,记下其位置,然后在晶体前面放一毛玻璃

图实 2.7 锥光干涉图

片,此时可在白屏上看到单轴晶体的锥光干涉图样,如图实 2.7 所示。这是一组明暗相间的同心圆环,一个暗十字形贯穿整个图形。暗十字的中心就是圆条纹的中心,它对应晶体的光轴方向。暗十字的方向对应起偏器和检偏器的偏振轴方向。调整晶体使该中心与未放毛玻璃时光斑的位置相重合。在反复调整过程中还应注意调整晶体的上、下位置和水平的左、右位置,使光束从晶体中心穿过。实际上当光线不是从晶体中心穿过时,出现的干涉图样是不对称的。当干涉图样对称并且十字中心与未放毛玻璃时的光斑相重合时,就达到了光束与光轴平行并从晶体中心穿过的要求了。

(4) 调整起偏器的起偏轴平行于晶体 x 轴在进行第三项调整时同时可以做到粗调偏振轴平行于晶体的 x 轴。晶体之 x 轴在晶体盒上用红线标出。调整晶体使暗十字线的一条平行于红线即可。起偏器偏振轴与晶体 x 轴的严格平行可在晶体上加直流电压进行调整；在晶体两端加电压至 V_0，用光电池和电流表接收指示输出光强,在上面粗调的基础上微调 P 和 Q,使输出达到最大,此时对应 $P // x$，且 $P \perp Q$。

(5) 1/4 波片快慢轴的调整。在调整好的光路中放入 1/4 波片,旋转 1/4 波片使输出光强为调制器最大输出光强的一半时所对应的位置为 1/4 波片快慢轴与 KD*P 晶体 x 轴,y' 轴平行的位置,即 $\varphi_D = \pi/2$ 的位置。

(6) 在实验时要尽早打开激光器,使之有足够的预热时间以保证输出功率稳定。

四、实验所用元件和仪器

KD*P 晶体一块,光电探测盒 1 个,偏振片 2 片,光电检流计 1 台,1/4 波片 1 片,电压表 1 块,光具座 1 台,正弦信号发生器 1 台,调节架 5 个,录音机 1 台,毛玻璃 1 块,功放音箱 1 台,白屏 1 个,(双踪)示波器 1 台,低压直流电源 1 台,He–Ne 激光器 1 台,高压直流电源 1 台。

实验3　脉冲激光器的装调及腔外倍频实验

一、实验目的

(1) 掌握固体激光器的装配和调试方法。
(2) 熟悉脉冲固体激光器的主要性能，掌握脉冲固体激光器基本参数的测试方法。
(3) 了解激光倍频的基本原理，掌握腔外倍频的调试技能。
(4) 了解影响倍频效率的主要因素。

二、实验原理和装置

1. $Nd^{3+}:YAG$ 晶体的光谱及物化特性

$Nd^{3+}:YAG$ 晶体是以钇铝石榴石（简称 YAG）晶体为基质，掺杂适量的三价稀土元素钕离子（Nd^{3+}）构成的。其中是以 Nd^{3+} 置换 YAG 中的部分钇离子（Y^{3+}），晶体呈淡紫色。Nd^{3+} 是激活离子，其掺杂浓度为 0.5%～1.5%。

$Nd^{3+}:YAG$ 的物理和化学性质主要取决于 YAG 的性质，值得特别提及的是它具有良好的导热性能，因此，可以作为连续运转或高重复频率运转的激光器件。

$Nd^{3+}:YAG$ 的能级图如图实3.1所示，吸收谱如图实3.2所示。它有五条主要吸收带，它们的中心波长及其相应的能级跃迁分别是 0.53 μm，0.58 μm，0.75 μm，0.81 μm，0.87 μm。

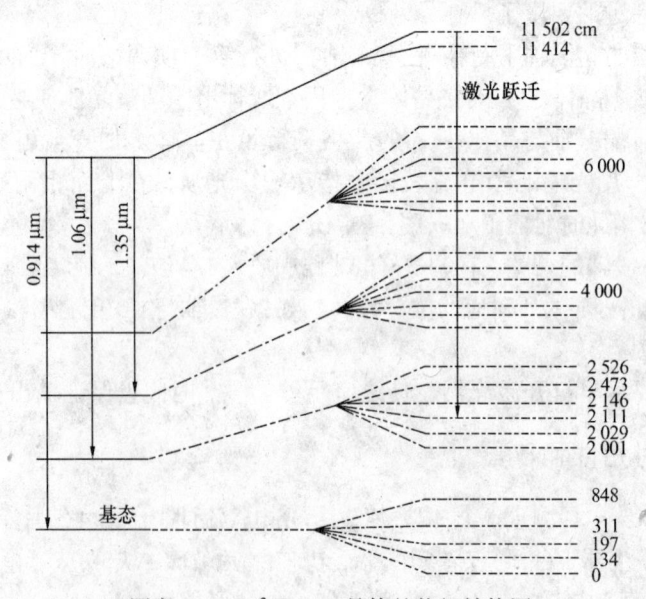

图实3.1　$Nd^{3+}:YAG$ 晶体的能级结构图

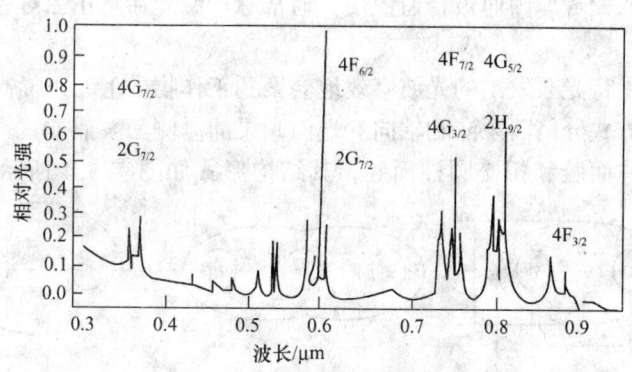

图实 3.2 吸收谱

其中,后两条吸收带较强。在各激发态中,Nd^{3+} 寿命较长(约 200 μs),称之为亚稳态,也是激光的上能级。Nd^{3+} 其余的激发态的寿命都很短,且不稳定,故在亚稳态上能够积累更多的粒子。在实现跃迁时有三条主要荧光谱线:中心波长为 0.914 μm,1.064 μm,1.35 μm。但终态上的粒子很不稳定很快弛豫到基态上,因此很容易实现粒子数的反转分布。其中 1.064 μm 的荧光谱线最强,在激光振荡过程中,由于粒子数竞争,抑制了其他谱线的振荡。这样就构成了激发态→亚稳态→激光下能级→基态的四能级系统。

2. 固体激光器基本结构

实验装置如图实 3.3 所示。对长脉冲固体激光器的结构可归纳为下列三个部分:

(1) 工作物质:Nd^{3+}:YAG 棒。为获得高的单程增益、降低阈值和减小发散角,激光棒可做得稍长些。为了泵浦均匀和较好散热,激光棒要做得细些。一般情况下,棒的长度与直径之比在 10:1~20:1。具体要求是:光学均匀性要好;两端面平行度要高(误差小于 10′);平面度要好(1/2~1/5 光圈);表面光洁度要高,棒的侧面要打毛,以利于均匀吸收光泵的能量和减少寄生振荡;棒的两端面要镀增透膜,以防自激振荡的产生(对调 Q 和锁模器件尤为重要)。

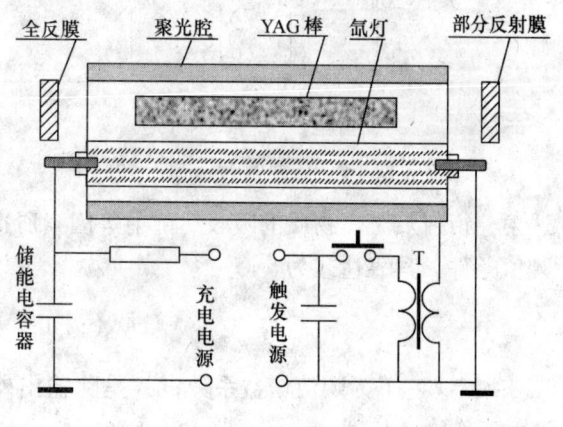

图实 3.3 长脉冲 Nd^{3+}:YAG 激光器的装置示意图

(2) 光学谐振腔。通常选用平行平面腔,它是由两个镀有干涉介质膜层的光学玻璃片(也称为膜片或腔镜)组成的。对于输出的激光波长(Nd^{3+}:YAG 为 1.064 μm),一片是全反镜,一片为部分反射镜,其透过率最好是通过实验来确定。平行平面腔是稳定腔中的一个特例,满足 $g_1 g_2 = 1$,也称为介稳腔。其特点是调整精度高,模体积大。

(3) 泵浦源系统。其作用是为工作物质达到粒子数反转分布提供必要的能量,并控制激光器按使用要求正常运转。它主要由泵浦光源、聚光胶和电气系统组成。常用的泵浦光源是弧光放电灯,其中氙灯和氪灯因辐射强度大和辐射效率高、较宽的发射谱带、与 Nd^{3+}:YAG

59

等的吸收光谱较好匹配等原因而被普遍使用。通常脉冲激光器选用氙灯，连续激光器则选用氪灯。

聚光腔的作用是将光泵发出的光波有效地会聚到工作物质上，以提高泵浦效率。固体激光工作物质的泵浦方式分侧面泵浦和轴向（端面）泵浦。侧面泵浦方式常用的聚光腔有单椭圆柱面腔、双椭圆柱面腔和相交圆柱面腔。其结构形式如图实 3.4 所示。为了提高聚光效

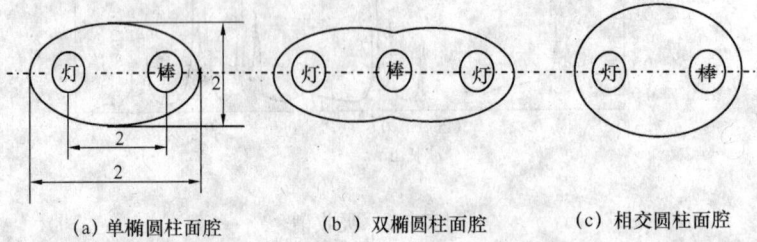

(a) 单椭圆柱面腔　　(b) 双椭圆柱面腔　　(c) 相交圆柱面腔

图实 3.4　聚光腔结构示意图

率，腔内反射面抛光后还要镀以金、银或铝等高反射膜层。电气系统的作用是为光泵提供能量。其主要部分是储能电容器的充、放电回路的触发电路。根据使用要求的不同，可加上控制回路、预燃电路和调制电路等，如图实 3.5 所示给出了外触发式电源原理图。

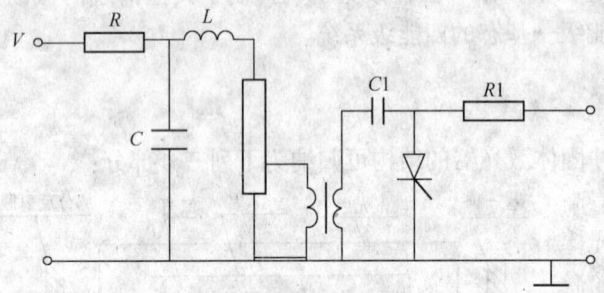

图实 3.5　外触发式电源原理示意图

3. 激光器的运转特性

在光泵作用下，实现了粒子数反转分布的激活介质，由于处在激光上能级上的粒子的自发辐射，使腔内某些模式得到光子，在其感应下，将产生受激辐射。在腔镜作用下往返得到放大，光子数急剧增加，犹如雪崩过程。当其增益至少能补偿由于腔镜的透射、衍射及工作物质的吸收、散射等因素所造成的损耗时，就可形成激光振荡，此条件为阈值条件。其表达式为

$$G_{th}(\nu_{21}) \geq \alpha_i \frac{1}{2L} \ln \frac{1}{R}$$

式中，$G_{th}(\nu_{21})$ 为阈值增益系数；α_i 是除输出外的腔内总损耗系数；R 为输出镜的反射率；L 为工作物质长度。

理论分析可得，四能级系统脉冲激光器的阈值能量为

$$E_{th} = \frac{\Delta N_{th} \times V_r \times h\nu_Q}{\eta_L \eta_C \eta_{ab} \eta_l}$$

激光器的阈值能量与很多环节有关（其中首推为激光棒的质量）。为此，在设计、制造、装配和调试时，都必须把好各环节的质量关。评价激光器水平的主要参数之一是总体效率 η_{tot}，即输出能量与输入能量之比。

$$\eta_{tot} = \frac{E_{out}}{E_{in}}$$

4. 最佳输出耦合条件的选取

最佳输出耦合条件即输出腔镜透过率的最佳条件。理论分析得出，最佳透过率 T_{opt} 应满足下式：

$$2G^*(\nu_{21})L = \frac{-(1-\alpha_i-T_{opt})[\ln(1-\alpha_i-T_{opt})]^2}{(1-\alpha_i-T_{opt})[\ln(1-\alpha_i-T_{opt})]+T_{opt}}$$

可见，最佳透过率与工作物质的长度 L，腔内总损耗及搞号增益系数 $G^*(\nu_{21})$ 有关。实际应用中，除凭经验粗选外，必须通过实验来确定。在要求不严格的情况下，$Nd^{3+}:YAG$ 连续器件的透过率 T_{opt} 为 $5\% \sim 20\%$；脉冲器件的 T_{opt} 可为 $60\% \sim 80\%$。

5. 激光倍频

利用某些晶体在强光作用下的非线性效应，使频率为 ω 的光通过晶体后，变为频率为 2ω 的倍频光，称为倍频技术或二次谐波振荡。倍频技术扩展了相干光波段，扩大了激光的应用范围。光和物质相互作用时，介质被极化，且极化强度的大小和方向随外电场的变化而变化，极化场作为次波源会再产生电磁波。

介质极化场强度 P 与入射光电场 E 的关系标量形式为

$$P = \chi_1 E + \chi_2 E^2 + \chi_3 E^3 + \cdots \qquad (1)$$

忽略三次以上的高阶非线性效应，只来分析光场通过非线性晶体时的二次非线性效应。设 $E = E_0\cos(\omega t - Kz)$ 的光波入射到介质。由式（1），介质极化强度为

$$P = \chi_1 E + \chi_2 E^2 = x_1 E_0\cos(\omega t - Kz) + \frac{1}{2}x_2 E_0^2\cos(2\omega t - 2Kz) + \frac{1}{2}x_2 E_0^2$$

极化波中出现了频率为 2ω 的成分。光波在非线性介质内，是通过基波、极化波及由极化波所产生的相互作用而传播的。根据非线性介质中波的耦合方程，当频率为 ω、功率为 P^ω 的强光通过长度为 L 的晶体时，可导出倍频光输出功率为

$$P^{2\omega} = 2\left(\frac{\mu_0}{\varepsilon}\right)^{3/2} \frac{\omega^2 d^2 L^2}{n^3} \frac{(P^\omega)^2}{A} \left(\frac{\sin\frac{\Delta KL}{2}}{\frac{\Delta KL}{2}}\right)^2$$

式中，μ_0，ε，n 分别为磁介质常数、电介常数和晶体的折射率；ω 为入射光频率；d 为晶体的有效非线性系数；L，A 分别为晶体通光长度和光斑面积；ΔK 是晶体中基频光和倍频光的波矢之差。在光束共线条件下，$\Delta K = \frac{4\pi}{\lambda^\omega}(n^\omega - n^{2\omega})$，式中，$n^\omega$，$n^{2\omega}$ 分别为晶体对基频光和倍频光的折射率。定义倍频输出光对基频输入光的比值为倍频效率，用 η_{SHG} 表示则有

$$\eta_{SHG} = 2\left(\frac{\mu_0}{\varepsilon}\right)^{3/2} \frac{\omega^2 d^2 L^2}{n^3} \frac{(P^\omega)}{A} \left(\frac{\sin\frac{L\Delta K}{2}}{\frac{L\Delta K}{2}}\right)^2$$

由上式可知，倍频效率与基波功率密度（P^ω/A）成正比，式中 $\left(\sin\frac{L\Delta K}{2} \Big/ \frac{L\Delta K}{2}\right)$ 称为相位因子。当 $\Delta K < 0$ 时，$\left(\sin\frac{L\Delta K}{2} \Big/ \frac{L\Delta K}{2}\right) = 1$，称为相位匹配，此时倍频效率最大。

图实 3.6 给出了倍频效率与 $L\Delta K/2$ 的关系曲线。为使倍频效率最高，要求 $\Delta K = 0$。在波束共线的条件下，$\Delta K = 2K^\omega - K^{2\omega} = 4\pi(n^\omega - n^{2\omega})/\lambda$。即要求 $\Delta K = 0$，必须满足

$$n^\omega = n^{2\omega} \tag{2}$$

式中，n^ω，$n^{2\omega}$ 分别为晶体对基频光、倍频光的折射率。式（2）是倍频必须满足的条件，称为相位匹配条件。它说明只有基频光和倍频光折射率相等时，才有好的倍频效果。对于一般介质而言，其折射率随频率而变。在透明区存在正常效应：$n^\omega > n^{2\omega}$，是不能实现相位匹配的。对于各向异性晶体，由于存在双折射，可以利用不同偏振态之间的折射率关系实现相位匹配。目前常用的是负单轴晶体，它对基频光和倍频光的折射率可以用图实 3.7 的折射率面表示。图中实线是倍频光的折射率面，虚线是基频光的折射率面。球面为 o 光的折射率面，椭球为 e 光折射率面。折射率面定义为：它的每一个根矢径方向为波法线方向的折射率。从图实 3.7 可看出，如果基频光是 o 光，倍频光是 e 光，那么当波面沿着跟光轴成 θ 角方向传播时，二者折射率相等，即 $n_o^\omega = n_e^{2\omega}$，即可实现位相匹配。$\theta$ 为匹配角。使用 $LiNbO_3$（LN）作倍频晶体时，对 1 064 nm 的光，其相位匹配角约为 84°。角度相位匹配的方法简单易行，在倍频技术及其他二次效应器件中被广泛采用。但是由于存在：①离角效应；②基频光发散引起的相位失配；③温度影响等问题，导致角度相位匹配效率不高。为此常用温度相位匹配方法予以改善。本实验中采用角度匹配方式。激光器在基横模（TEM_{00} 模）和单纵模工作时，亮度最高。因此，采用单模激光器得到的倍频光效率最为理想。

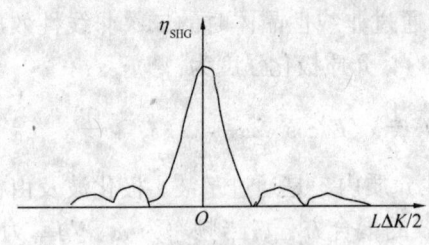

图实 3.6 倍频效率与 $L\Delta K/2$ 关系曲线

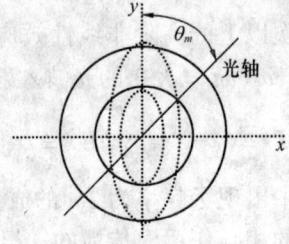

图实 3.7 负单轴晶体的折射率面

三、实验内容与步骤

1. 激光器安装与调整

（1）用酒精或乙醚棉球将氙灯和激光棒擦净后，分别安放在椭圆聚光腔的两条焦线位置上，既要牢固，又不宜过紧。

（2）全反射和部分反射镜分别装在两端可调的支架上。

（3）调节光轨上的 He - Ne 激光器，使其小孔光束与光轨面平行。

（4）调节两腔镜架和聚光腔架，使小孔光束尽量通过两腔镜和激光棒的中心，并使它们的反射光点落回小孔。

（5）接好电气系统，检查无误后使激光器运转。再微调腔镜，使输出光在感光相纸上打出完整均匀的焦斑为止。

2. 测量输出光能量与输入电能量

通过测量，计算激光器的转换效率。

3. 激光脉冲波形的测量

将激光加以适当衰减后，用光电接收器接收之，并接入示波器的 Y 轴输入。微调高频示波器的有关旋钮，使荧光屏上显示出清晰的脉冲波形，观察长脉冲激光的尖峰序列结构并记录之。

4. 调整 YAG 激光器

使其在一定的工作电压下有最大输出，利用格兰棱镜判断激光器输出的偏振态。将 LN 晶体正确放置在转台上，如图实 3.8 所示。

5. 观察倍频现象

旋转平台（连带 LN 晶体）目测找到绿色的倍频光最强时的位置。

(1) 测量失配曲线。在倍频光最强时，在转台位置附近测量倍频光脉冲能量随转台角度的变化。每次转角不大于 5′。每个角度下至少测量 5 次能量值。接近最佳位置时，转角要逐渐减小。最佳值附近时，测量间隔取 0.5′。

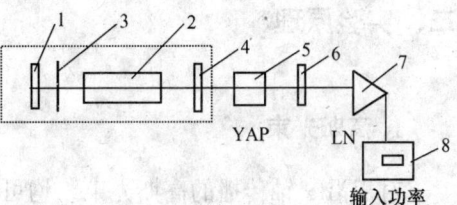

1—全反镜；2—工作物质；3—染料片；4—输出镜；
5—晶体；6—偏振镜；7—探测器；8—功率计

图实 3.8　YAG 激光器倍频
实验装置示意图

(2) 根据实验数据，画出倍频光能量与角度的关系曲线。并由此求出角度匹配的半宽度值，并求出最佳匹配时倍频光的输出能量。

(3) 估算倍频光能量的转换效率，并分析不同输入功率对转换效率的影响。

实验4 高斯光束参数的测量

一、实验目的

(1) 了解高斯光束基本性质。
(2) 学习使用 LS-2000 激光光束分析仪。
(3) 测量高斯光束的强度（功率、能量）的二维分布、测量光束半径等基本参数。

二、实验原理

1. 高斯光束

对于沿 z 轴传播的高斯光束，均可以表示成

$$E(x,y,z) = \frac{A_0}{\omega(z)}\exp\left(-\frac{r^2}{\omega^2(z)}\right) \times \exp\left[-\mathrm{i}k\left(z+\frac{r^2}{2R(z)}\right)+\mathrm{i}\varphi(z)\right]$$

式中，$E(x,y,z)$ 为 x，y，z 上的电矢量振幅；$\dfrac{A_0}{\omega(z)}$ 为 z 轴上（$x=y=0$）各点的电矢量振幅；$\omega(z)$ 为与传播轴线相交于 z 点的高斯光束等相面的光斑半径；$R(z)$ 为与传播轴线相交于 z 点的高斯光束等相面的曲率半径；$\varphi(z)$ 高斯光束在点 z 处相对于原点处的相位滞后因子。

高斯光束的基本特性：

Total Intensity	光束图像的总强度（各点光强的总和）
Peak Intensity	光束峰值强度（以百分比计算）
Centroid	"光心"：光束强度"质心"的坐标位置
Plot Pos	x、y 轴交点的坐标位置
FWHM	光强减为最大强度一半时的光束直径（沿 x、y 轴）
$1/e^2$	光强减为最大强度的 $1/e^2$ 时的光束直径
knife edge (10%)	光强减为最大强度的 10% 时的光束直径
$1/e^2$ Fit	被测光束与高斯曲线的拟合度（沿 x、y 轴）

2. LS-2000 基本组成和功能介绍

(1) 基本系统

LS-2000 包括专用图像采集卡及专用软件包。专用图像采集卡用于处理来自光图像探测器模拟信号，将其变为 PC 机可接受的数字信号后送入 PC 机处理。

LS-2000 专用软件包由实时探测、存储功能、分析测试等几部分组成。

(2) 图像探测器

根据被测激光的使用波长，可选以下探测器，可见及近红外波段（400~1 100 nm）常用激光器如 He-Ne，氩离子、YAG、YVO4 及其倍频光，半导体发光管及激光管，染料及钛宝石激光器的输出波长均在此波长范围内。这一波段的图像探测器可选用通常的硅 CCD（电荷耦合器件）摄像机，根据测试的需要可选标准型、专用型等不同档次的摄像机。

(3) 光学暗箱

由于被探测的激光强度通常高出图像探测器接收灵敏度若干个量级，因此，必须将被测激光强度衰减到探测器的线性工作区内，并妥善屏蔽高灵敏度的图像探测器使其不受杂散光的影响。光学暗箱由箱体、电源及全息分束器、反射器、中性衰减片组、光陷阱及相应光学调节架组成。

全息分束器是在光学石英基片上刻蚀的全息光栅，其不同级别的衍射光的强度大体依 10^{-2} 的系数倍率逐级衰减，其强度分布保持不变。选择合适的衍射级别，可以将入射光衰减到探测器可承受的功率、能量水平。中性衰减器由两组旋臂式衰减片组串联组成，每组 4 片，其透过率分别为：1#组 $T \approx 66\%$、55%、47%、28%，2#组 $T \approx 12\%$、8%、3%、0.2%，利用旋臂，可方便组合衰减倍率以细调进入探测器的光功率、能量。

* 光陷阱是用于吸收不用的衍射光束，以消除杂光干扰。

* 全息分束器、反射器均置于光学精密调节架上，以保证其平稳调节。

* 电源及信号输出线。

光学暗箱的空间按可同时放入两组光图像探测器的空间设计。

三、实验装置及调整

1. 光学暗箱的调配及使用

(1) 将调节台上（已装在入射光孔附近）的 2 个 M3 铜螺钉取下，将石英尖劈分光镜（分光镜已装在盒内）上的 2 个孔对准刚取走螺钉的 2 个孔，将螺钉装上即可。分光镜调节台上有 2 个紧靠的铁螺钉"一个拉"、"一个顶"，调节这两个螺钉即可微调分光镜转角。

另外，调节台有 2 个长孔，松开螺钉可前后整体移动分光镜位置，如果只用 1 个螺钉固定则分光镜的入射面亦可随意转动。

(2) 将 2 个具有一定夹角的光面平板镜装入调节"镜架"即可，希望利用前一表面反射的光点进入 CCD。

(3) 只要将镜架的长孔对准导轨旁的螺钉孔，用 M4 螺钉固定即可。配备 2 套衰减片组，每组配不同衰减系数的 6 片中性衰减片（可得到多种不同的衰减组合）。

2. 参数测量

(1) 确认摄像机已正确地连接到了图像卡的接口上，并将摄像机电源打开。

(2) 打开"LIVE"命令按钮，令经过适当衰减的激光束射入摄像机；或把摄像机（带镜头）指向室内的景物。请注意，在无镜头的情况下，室内的普通光线对于摄像机来说有可能很强，造成屏幕上只显示一个白色的区域，可适当增加衰减量；在有镜头的情况下，可调小光圈或降低周围环境的亮度，以得到合适的图像。

(3) 点击"X Profile"命令按钮和"Auto Calc"命令按钮（使用方法如前边的介绍），然后点击"LIVE"命令按钮。

(4) 这时将看到 x 轴数据框中显示出连续的分析图像。如果该分析图像是一条直线，有可能是由于 x 轴线没有定位到所要分析的光束上。可将鼠标光标置于所要分析的光束的适当的点上，并双击鼠标左键以重新定位 x 轴和 y 轴的交点位置（前提条件是"Cent"命令按钮处于关闭状态）。

(5) 接下来点击"Stats"命令按钮，数据框中将显示有关数据。如果FWHM、$1/e^2$、10% knife edge、$1/e^2$ Fit 等几项参数没有显示出来，可以按照上面说过的方法，通过"GFIT"和"DIAM"两个命令按钮进行设置。

(6) 点击"Snap"命令按钮，这时系统将采集一幅图像并显示在屏幕上。在图像上双击鼠标左键重新定位 x 轴和 y 轴的交点位置，点击"Redraw"命令按钮（或者直接用鼠标左键双击 x 轴和 y 轴的数据显示框），将看到数据框中的分析曲线按照新的坐标位置被更新了。

(7) 可以使用两种分辨率来采集图像：640×480 和 320×240；当试图使用 640×480 分辨率来采集图像时，显示器屏幕的分辨率至少应为 800×600。图像的分辨率显示在屏幕右下角的状态栏中。只要将图像显示框的面积调到最大，然后点击"LIVE"命令按钮，此时采集图像的分辨率即为 640×480。

(8) 图像采集完成后，可以适当减小图像显示窗口的面积，以便于显示其他的分析数据，但此时图像的分辨率仍将保持在 640×480 不变。

(9) 退出本程序，可以使用"File"菜单中的"Exit"命令；也可以利用将软件窗口最小化的方法来暂时中止本程序运行，此时其他Windows下的应用程序都可以正常使用。

实验 5　光纤通信 HDB_3 编码实验

一、实验目的

(1) 掌握 AMI、HDB_3 码的编码规则。
(2) 掌握从 HDB_3 码中提取位同步信号的方法。
(3) 了解 HDB_3（AMI）编译码集成电路 CD22103。

二、实验内容

(1) 用示波器观察信号交替反转码（AMI）、三阶高密度双极性码（HDB_3）、整流后的 AMI 码和整流后的 HDB_3 码。
(2) 用示波器观察从 HDB_3 码中和从 AMI 码中提取位同步信号的电路中有关波形。
(3) 用示波器观察 AMI 和 HDB_3 译码输出波形。

三、基本原理

本实验用到的电路模块为 HDB_3 编译码模块。
原理框图如图实 5.1 所示。本单元有以下测试点和输出点：

- NRZ　译码器输出信号；
- BS – R　锁相环输出的位同步信号；
- （AMI）HDB_3　编码器输出信号；
- BPF　带通滤波器输出信号；
- （AMI）HDB_3 – D　（AMI）HDB_3 整流输出信号。

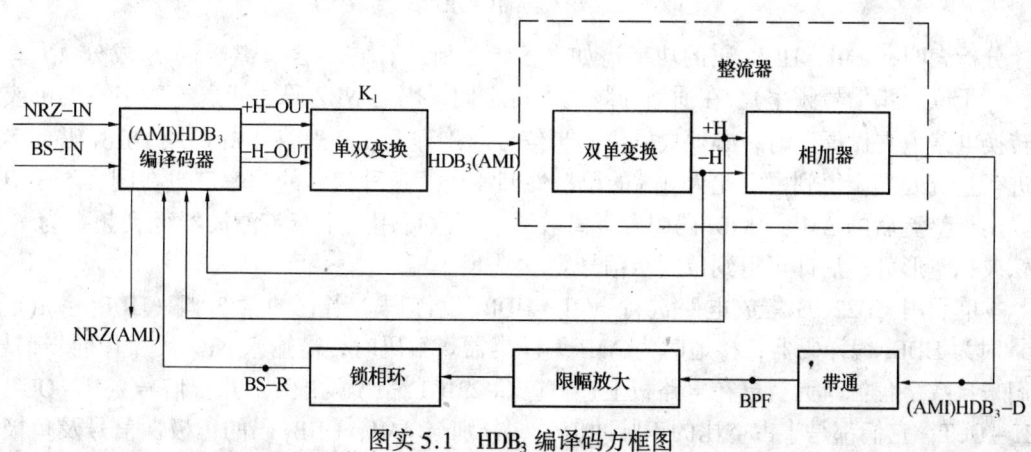

图实 5.1　HDB_3 编译码方框图

本模块上的开关 K_1 用于选择码型,当 K_1 位于左边,选择 AMI 码;位于右边,选择 HDB_3 码。

下面简单介绍 AMI、HDB_3 码编码规律。

(1) AMI 的编码规律

信息代码 1 变为带有符号的 1 码即 +1 码或 -1,1 的符号交替反转;信息代码 0 为 0 码。AMI 码对应的波形是占空比为 0.5 的双极性归零码,即脉冲宽度 τ 与码元宽度 T_S 的关系是 $\tau = 0.5 T_S$。

(2) HDB_3 码的编码规则

4 个连 0 信息码用取代节 000V 或 B00V 代替。当两个相邻 V 码中间有奇数个信息 1 码时取代节为 000V,有偶数个信息 1 码(包括 0 个信息 1 码)时取代节为 B00V,其他的信息 0 码仍为 0 码。信息码的 1 码变为带有符号的 1 码即 +1 码或 -1;HDB_3 码中 1、B 的符号符合交替反转原则,而 V 的符号破坏这种符号交替反转原则,但相邻 V 码的符号又是交替反转的;HDB_3 码是占空比为 0.5 的双极性归零码。

设信息码为 0000 0110 0001 0000,则 NRZ 码、AMI 码、HDB_3 码如图实 5.2 所示。

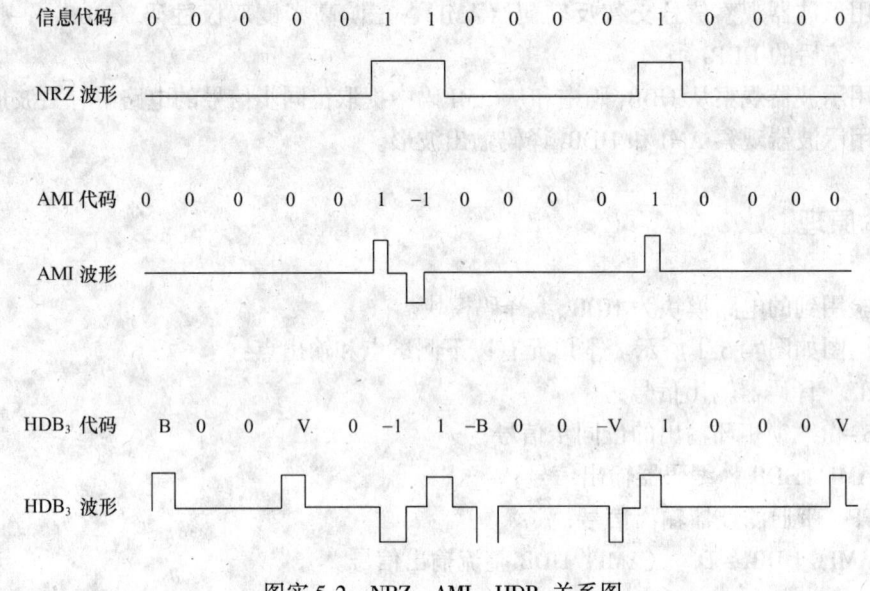

图实 5.2 NRZ、AMI、HDB_3 关系图

分析表明,AMI、HDB_3 码的功率谱如图实 5.3 所示,它不含有离散谱 f_s 成分($f_s = 1/T_s$,等于位同步信号频率)。在通信的终端需将它们译码为 NRZ 码才能送给数字终端机或数模转换电路。在做译码时,必须提供位同步信号。工程上,一般将 AMI 码或 HDB_3 码数字信号进行整流处理,得到占空比为 0.5 的单极性归零码。这种信号的功率谱也在图实 5.3 中给出。由于整流后的 AMI、HDB_3 码中含有离散谱 f_s,故可用一个窄带滤波器得到频率为 f_s 的正弦波,整形处理后即可得到位同步信号。

本单元用 CD22103 集成电路进行 AMI、HDB_3 编译码。当它的第 3 脚(HDB_3/AMI)接 +5V 时为 HDB_3 编译码器,接地时为 AMI 编译码器。编码时,需输入 NRZ 码及位同步信号,它们来自数字信源单元,已在电路板上连好。CD22103 编码输出两路并行信号 +H-OUT 和 -H-OUT,它们都是半占空比的正脉冲信号,分别与 AMI、HDB_3 码的正极性信号及负极性信号相对应。这两路信号经单/双极性变换后得到 AMI 码或 HDB₃ 码。

单/双极性变换器及相加器构成一个整流器。整流后的（AMI）HDB₃ – D 信号含有位同步信号频率离散谱。由于位同步频率比较低，很难将有源带通滤波器的带宽做得很窄，它输出的信号 BPF 是一个幅度和周期都不恒定的正弦信号。对此信号进行限幅放大处理后得到幅度恒定、周期变化的脉冲信号，但仍不能将此信号作为译码器的位同步信号。当锁相环的自然谐振频率足够小时，对输入的电压信号可等效为窄带带通滤波

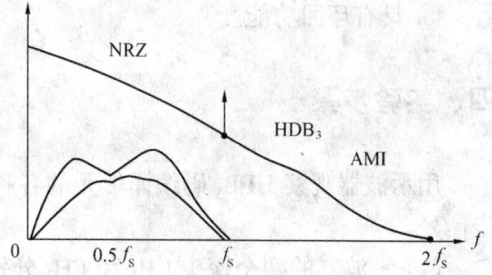

图实 5.3　AMI、HDB₃、NRZ/$\tau = 0.5T_S$ 功率谱

器。本单元中采用电荷泵锁相环构成一个 Q 值为 35 的窄带带通滤波器，它输出一个符合译码器要求的位同步信号 BS – R。

译码时，需将 AMI 码或 HDB₃ 码变换成两路单极性信号分别送到 CD22103 的第 11、第 13 脚，此任务由单/双极性变换电路来完成。

当信息代码连 0 个数太多时，从 AMI 码中较难提取稳定的位同步信号，而 HDB₃ 码中连 0 个数最多为 3，这时提取高质量的位同步信号是有利的。这也是 HDB₃ 码优于 AMI 码之处。HDB₃ 码及经过随机化处理的 AMI 码常被用在 PCM 的一、二、三次群的接口设备中。

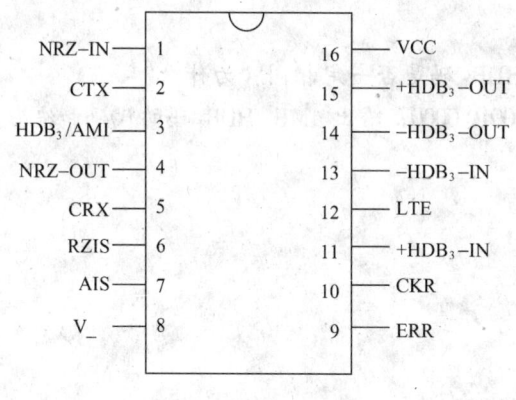

图实 5.4　CD22103 引脚

在实用的 HDB₃ 编译码电路中，发端的单/双极性变换器一般由变压器完成；收端的单/双极性变换电路一般由变压器、自动门限控制和整流电路完成，本实验目的是掌握 HDB₃ 编码规则，及位同步提取方法。故对极性变换电路作了简化处理，不一定符合实用要求。

CD22103 的引脚如图实 5.4 所示。

CD22103 主要由发送编码和接收译码两部分组成，工作速率为 50 kb/s ~ 10 Mb/s。两部分功能简述如下：

(1) 发送部分

当 AMI、HDB₃ 端接收高电平时，编码电路在编码时钟 CTX 下降沿的作用下，将 NRZ 码编成 HDB₃ 码；接收低电平时，编成 AMI 码。编码输出比输入码延迟 4 个时钟周期。

(2) 接收部分

① 在译码时钟 CRX 的上升沿的作用下，将 HDB₃（AMI）码译成 NRZ 码。译码输出比输入码延迟 4 个时钟周期。

② HDB₃ 码经逻辑组合后从 CKR 端输出，供时钟提取等外部电路使用。

③ 可在不中断业务的情况下，进行误码监测，检测出的误码脉冲从 ERR 端输出，其脉宽等于收时钟的一个周期，可用此进行误码记数。

④ 可检测出所接收的 AIS 码，检测周期由外部 RZIS 决定。根据 CCITT 规定，在 RAIS 信号的一个周期（500 s）内，若接收信号中"0"码个数少于 3，则 AIS 输出高电平，使系统告警电路输出相应的告警信号，若接收信号中"0"码个数不少于 3，AIS 输出低电平，表示

接收信号正常。

⑤ 具有环回功能。

四、实验步骤

用示波器观察 HDB_3 码编译单元的各种波形。用信源模块的 FS 信号作为示波器的外同步信号。

(1) 示波器的两个探头 CH_1 和 CH_2 分别接 NRZ – OUT 和（AMI）HDB_3，将信源模块 K_1、K_2、K_3 的每一位都置 1，观察并记录全 1 码对应的 AMI、HDB_3 码；再将 K_1、K_2、K_3 置为全 0，观察全 0 码对应的 AMI、HDB_3 码。观察 AMI 码时将开关 K_4 置于 A 端，观察 HDB_3 码时将 K_4 置于 H 端，观察时应注意编码输出（AMI）HDB_3 比输入 NRZ – OUT 延迟了 4 个码元。

(2) 将 K_1、K_2、K_3 置于 0111 0010、0000 1100、0010 0000 态，观察并记录对应的 AMI 码和 HDB_3 码。

(3) 将 K_1、K_2、K_3 置于任意状态，K_4 置于 A 端或 H 端，CH_1 接 NRZ – OUT，CH_2 分别接（AMI）HDB_3 – D、BPF、BS – R、NRZ，观察这些信号波形。

五、思考题

1. 与信源代码中的"1"码相对应的 AMI、HDB_3 码是否一定相同？为什么？
2. 设代码为全 1，全 0 及 0111 0010 0000 1100 0010 0000，给出 AMI、HDB_3 码的代码和波形。
3. 总结从 HDB_3 码提取位同步信号的原理。

实验6 数字信号电/光、光/电转换传输实验

一、实验目的

(1) 了解数字光纤系统的通信原理。
(2) 掌握各种数字信号的传输机理。
(3) 初步了解完整光纤通信系统的基本组成结构。

二、实验内容

(1) 用示波器观察各种传输信号的波形。
(2) 使用实验系统中提供的各种信号进行光传输实验,有170 kHZ方波、NRZ码、HDB_3码、CMI码。

三、基本原理

(1) 本次实验主要完成各种数据速率的光纤传输,其原理框图如图实6.1所示,本次实验所用到的数字信号主要有170 kHz方波、NRZ码、CMI码、HDB_3码。各种信号的光纤传输示意图分别如图实6.2~图实6.5所示。

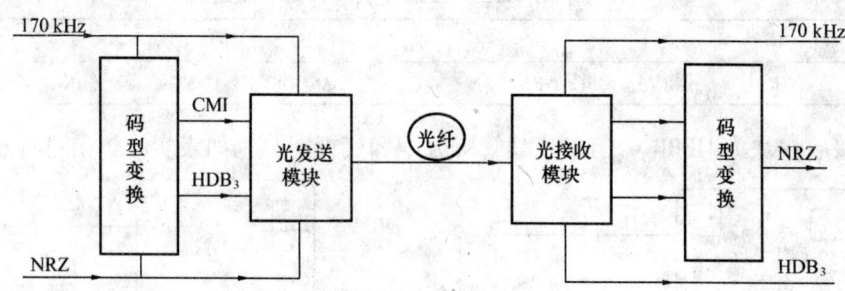

图实6.1 数字信号光纤传输框图

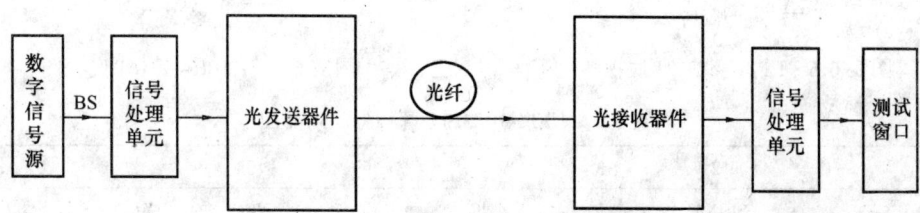

图实6.2 方波信号光纤传输示意图

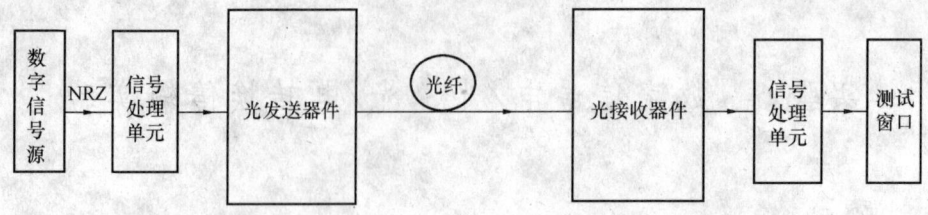

图实 6.3 NRZ 码光纤传输示意图

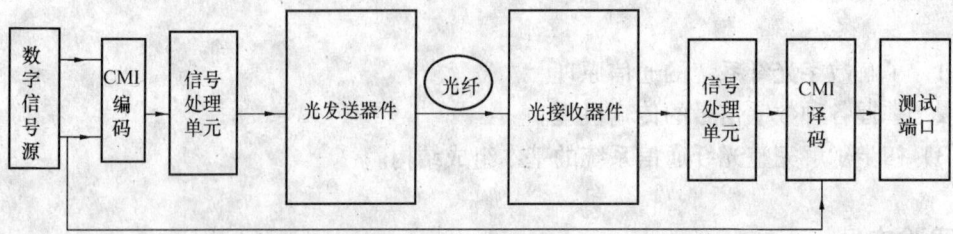

图实 6.4 CMI 码光纤传输示意图

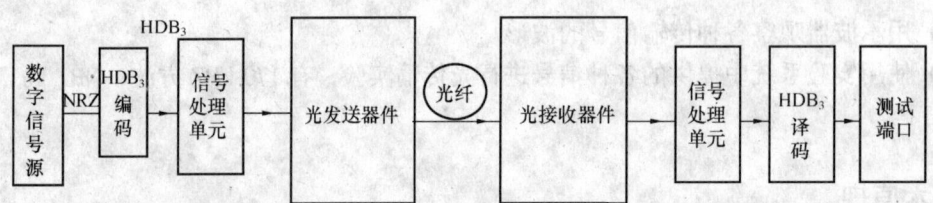

图实 6.5 HDB_3 码光纤传输示意图

(2) 本实验采用的发射模块是 HP 公司的高性能半导体通信光源 HFBR – 1312T，其接口电平为 TTL 或者 ECL，工作波长为 850 nm。其管脚分配和底视图分别如表实 6.1 和图实 6.6 所示。

表实 6.1 HFBR – 1312T 管脚分配功能图

管脚	1	2	3	4	5	6	7	8
功能	NC	ANODE	CATHODE	NC	ANODE	NC	NC	NC

(3) 接收模块为 HFBR – 2316T，其管脚分配和底视图分别如表实 6.2 和图实 6.7 所示。

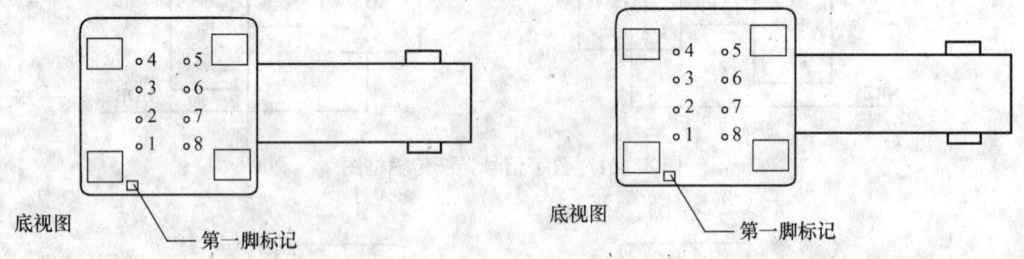

图实 6.6 HFBR – 1312T 底视图　　　图实 6.7 HFBR – 2316T 底视图

表实 6.2 HFBR – 2316T 管脚分配功能图

管脚	1	2	3	4	5	6	7	8
功能	NC	SIGNAL	VEE	NC	NC	VCC	VEE	NC

四、实验步骤

（1）认真阅读光器件操作说明。

（2）熟悉光发送模块和光接收模块的工作原理及结构组成，了解半导体激光器件 HFBR-1312T 和 HFBR-2316T 的性能及操作上应注意的事项。

（3）打开系统电源，观察电源指示灯是否正常。用示波器检测数字信号源的 NRZ、BS、CLK 输出是否正常。

（4）关闭系统电源，用实验导线把数字信号源的 BS 输出端与光发送模块的 DIGITAL-IN 相连接，检查光发送模块的切换开关 S2 是否处于弹起状态，同时检查 S5 是否处于弹起状态（因 S5 为发送使能开关，当按下时，即发送数据，为确保器件安全，故先弹起，用示波器观察其发送信号波形及电压值，其正常电压应该为 2.5 V 左右），接通电源，用示波器观察 T1 点的波形及电压，是否处于正常状态，正常状态时，此点的波形应该与输入点的波形一致，只是幅度变小。

（5）若 T1 点的信号电平正常，关闭电源，将 S5 按下，开启系统电源，用示波器观察接收电路输出断口 HFBR-OUT 的波形，并与光发送端输入波形相比较。

（6）T3 为 HFBR-2316T 的输出测试点，用示波器测量电压的幅度，用时将光纤从模块的 ST 接口中慢慢拔出，观察示波器的电压变化。

（7）将输出端口 HFBR-OUT 的波形与 T3 比较，可计算出电路的放大倍数。将示波器的 CH_1 接时钟信号，CH_2 接输出端口 HFBR-OUT，调整示波器，使其同步，若输入的为 PN 码，此时，可用示波器观察到原图。

（8）将输出接入误码测试仪，观察误码。

（9）重复以上步骤，分别对 NRZ 码、HDB_3 码、CMI 码进行光纤传输，对光纤输出的信号进行译码，观察译码后的波形。

（10）对于 CMI 信号的传输及译码，将 NRZ 送入 CMI 编码单元，从 CMI 编码单元 CMI OUT 引出 CMI 码信号，送入光发送模块的 DIGITAL-IN 输入口，从光接收模块的输出口 DIGITAL-OUT 引出信号，送入 CMI 译码单元的 CMI-IN 端口，观察译码后的波形（测试点：NRZ OUT），与输入的 NRZ 波形相比较。

（11）对于 HDB_3 码信号的传输及译码，从 HDB_3 编码单元 HDB_3（AMI）引出 HDB_3 码信号，送入光发送模块的 DIGITAL-IN 输入口，从光接收模块的输出口 DIGITAL-OUT 引出信号，送入 HDB_3 译码单元的 HDB_3-IN 端口，观察译码后的波形（测试点：NRZ-OUT），与输入的 NRZ 波形相比较。

五、思考题

1. 整理实验记录，画出相应的信号波形。
2. 总结出数字光纤传输系统的工作流程，设计出一种光纤传输系统，并画出结构图。
3. 总结出 NRZ 码经 CMI 码及 HDB_3 码编译码后波形的不同点，解释为什么。

实验 7 数字调制实验

一、实验目的

(1) 掌握绝对码、相对码概念及它们之间的变换关系。
(2) 掌握用键控法产生 2ASK、2FSK、2DPSK 信号的方法。
(3) 掌握相对码波形与 2PSK 信号波形之间的关系、绝对码波形与 2DPSK 信号波形之间的关系。
(4) 了解 2ASK、2FSK、2DPSK 信号的频谱与数字基带信号频谱之间的关系。

二、实验内容

(1) 用示波器观察绝对码波形、相对码波形。
(2) 用示波器观察 2ASK、2FSK、2DPSK 信号波形。
(3) 用频谱仪观察数字基带信号频谱及 2ASK、2FSK、2DPSK 信号的频谱。

三、基本原理

本实验使用数字信源模块和数字调制模块。信源模块向调制模块提供位同步信号和数字基带信号（NRZ 码），调制模块将输入的 NRZ 绝对码变为相对码、用键控法产生 2ASK、2FSK、2DPSK 信号。

数字调制单元的原理方框图如图实 7.1 所示。

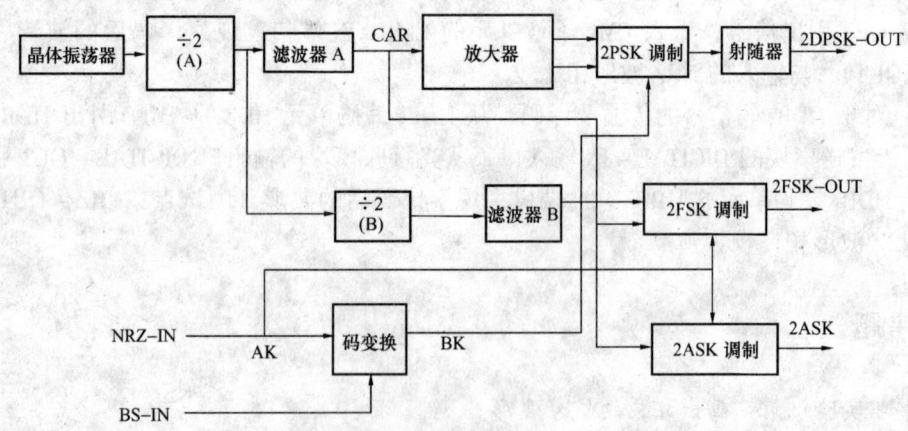

图实 7.1 数字调制单元的原理方框图

数字调制单元有以下测试点及输入输出点：
- BS – IN 位同步信号输入点
- NRZ – IN 数字基带信号输入点
- CAR 2DPSK 信号载波测试点
- AK 绝对码测试点（与 NRZ – IN 相同）
- BK 相对码测试点
- 2DPSK – OUT 2DPSK 信号测试点/输出点，$V_{P-P} > 5V$
- 2FSK – OUT 2FSK 信号测试点/输出点，$V_{P-P} > 5V$
- 2ASK 2ASK 信号测试点，$V_{P-P} > 5V$

图实 7.1 中晶体振荡器起信源功用，位于信源单元，其他各部分对应的主要元器件如下：
- ÷2（A） 双 D 触发器 74HC74
- ÷2（B） 双 D 触发器 74LS74
- 滤波器 A 运放 LF347，调谐回路
- 滤波器 B 运放 LF347，调谐回路
- 码变换 双 D 触发器 74LS74，异或门 74LS86
- 2ASK 调制 三路二选一模拟开关 4053
- 2FSK 调制 三路二选一模拟开关 4053
- 2PSK 调制 三路二选一模拟开关 4053
- 放大器 三极管 9013
- 射随器 三极管 9013

将晶振信号进行 2 分频、滤波后，得到 2ASK 的载频 2.216 5 MHz。放大器的发射极和集电极输出两个频率相等、相位相反的信号，这两个信号就是 2PSK、2DPSK 的两个载波，2FSK 信号的两个载波频率分别为晶振频率的 1/2 和 1/4，也是通过分频和滤波得到的。

下面重点介绍 2PSK、2DPSK。2PSK、2DPSK 波形与信息代码的关系如图实 7.2 所示。

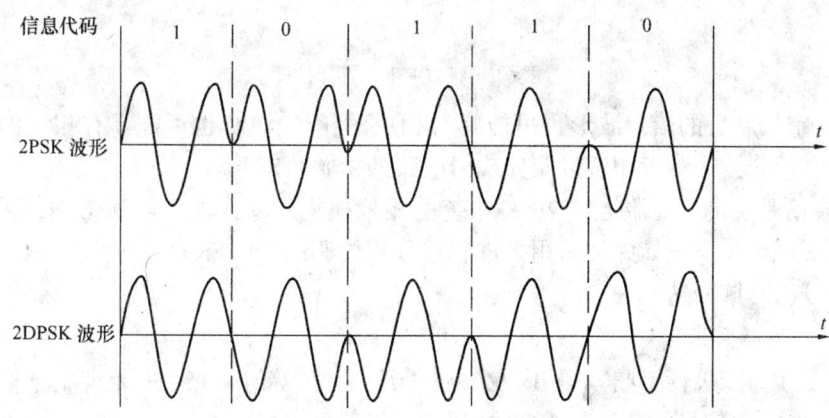

图实 7.2 2PSK、2DPSK 波形与信息代码对照

图实 7.2 中，假设码元宽度等于载波周期的 1.5 倍。2PSK 信号的相位与信息代码的关系是：前后码元相异时，2PSK 信号相位变化 180°；相同时，2PSK 信号的相位不变。这可简称

为"异变同不变"。相同时,2DPSK 信号的相位与信息代码的关系是:码元为"1"时,2DPSK 信号的相位变化 180°;码元为"0"时,2DPSK 信号的相位不变。这可简称为"1 变 0 不变"。

应该说明的是,此处说的相位变或不变,是指将本码元内信号的初相与上一码元内信号的末相进行比较,而不是将相邻码元信号的初相进行比较。实际工程中,2PSK 或 2DPSK 信号载波频率与码速率之间可能是整数倍关系也可能是非整数倍关系。但不管是哪种关系,上述结论总是成立的。

本单元用码变换——2PSK 调制方法产生 2DPSK 信号,原理框图及波形图如图实 7.3 所示。相对于绝对码 AK,2PSK 调制器的输出就是 2DPSK 信号,相对于相对码 BK,2PSK 调制器的输出就是 2PSK 信号。图中设码元宽度等于载波周期,已调制信号的相位变化与 AK、BK 的关系当然也是符合上述规律的,即对于 AK 来说是"1 变 0 不变"关系,对于 BK 来说是"异变同不变"关系,由 AK 到 BK 的变换也符合"1 变 0 不变"关系。

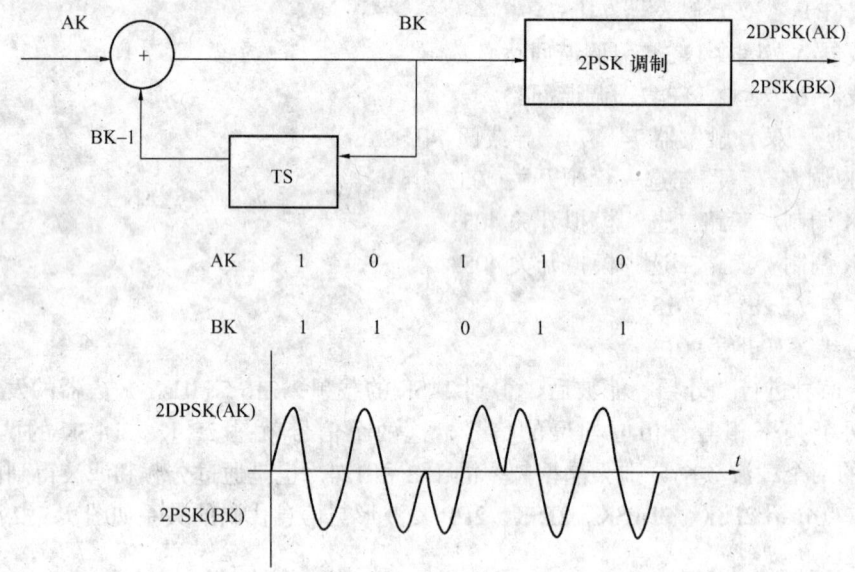

图实 7.3　2DPSK 调制器

图实 7.3 中调制后的信号波形也可能具有相反的相位,BK 也可能具有相反的序列,即 00100,这取决于载波的参考相位以及异或门电路的初始状态。

2DPSK 通信系统可以克服上述 2PSK 系统的相位模糊现象,故实际通信中,采用 2DPSK 而不用 2PSK(多进制下也如此,采用多进制差分相位调制 MDPSK)。

2PSK 信号的时域表达式为

$$S(t) = m(t)\cos\omega_c t$$

式中,$m(t)$ 为双极性不归零码 BNRZ,当"0"、"1"等时 $m(t)$ 中无直流分量,$S(t)$ 中无载频分量,2DPSK 信号的频谱与 2PSK 相同。

2ASK 信号的时域表达式与 2PSK 相同,但 $m(t)$ 为单极性不归零码 NRZ,NRZ 中有直流分量,故 2ASK 信号中有载频分量。

2FSK 信号(相位不连续 2FSK)可看成是 AK 与 AK 调制不同载频信号形成的两个 2ASK

信号相加。时域表达式为

$$S(t) = m(t)\cos\omega_c t + \overline{m(t)}\cos\omega_c t$$

式中，$m(t)$ 为 NRZ 码。

设码元宽度为 T_s，$f_s = 1/T_s$ 在数值上等于码速率，2ASK、2FSK、2DPSK（2PSK）的功率谱如图实 7.4 所示。可见，2ASK、2DPSK（2PSK）的功率谱是数字基带信号 $m(t)$ 功率谱的线性搬移，故常称 2ASK、2DPSK（2PSK）为线性调制信号。多进制的 MASK、MPSK（MDPSK）、MFSK 信号的功率谱与二进制信号功率谱类似。

本实验系统中 $m(t)$ 是一个周期信号，故 $m(t)$ 有离散谱，因而 2ASK、2FSK、2DPSK（2PSK）也具有离散谱。

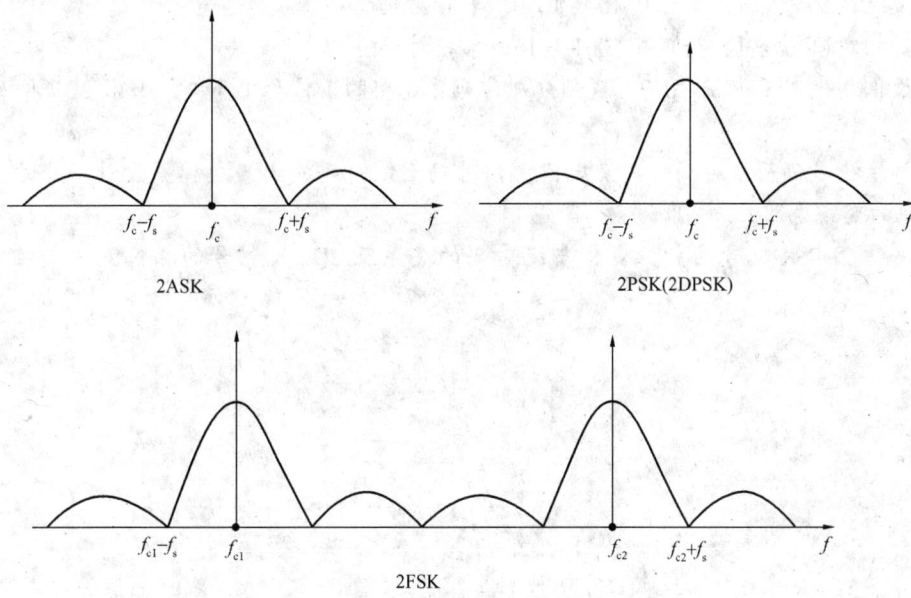

图实 7.4 2ASK、2PSK（2DPSK）、2FSK 信号功率谱

四、实验步骤

（1）熟悉数字信源单元及数字调制单元的工作原理。

（2）连线。数字调制单元的 CLK、BS - IN、NRZ - IN 分别连至信源单元 CLK、BS - OUT、NRZ - OUT。

（3）用数字信源模块的 FS 信号作为示波器的外同步信号，示波器 CH_1 接 AK，CH_2 接 BK，信源模块的 K_1、K_2、K_3 置于任意状态（非全 0），观察 AK、BK 波形，总结绝对码至相对码变换规律以及从相对码至绝对码的变换规律。

（4）示波器 CH_1 接 2DPSK - OUT，CH_2 分别接 AK 和 BK，观察并总结 2DPSK 信号相位变化与绝对码的关系以及 2DPSK 信号相位变化与相对码的关系（此关系即是 2PSK 信号相位变化与信源代码的关系）。注意，2DPSK 信号的幅度可能不一致，但这并不影响信息的正确传输。

(5) 示波器 CH$_1$ 接 AK、CH$_2$ 依次接 2FSK – OUT、2ASK – OUT；观察这两个信号与 AK 的关系（注意"1"码与"0"码对应的 2FSK 信号的幅度可能不一致，但这并不影响信息的正确传输）。

(6) 用频谱仪观察 AK、2ASK、2FSK、2DPSK 信号频谱（条件不具备时不进行此项观察）。

应该注明的是：由于示波器的原因，示波器中可能看不到很理想的 2FSK、2DPSK 波形。

五、思考题

1. 设绝对码为全 1、全 0 或 1001 1010，求相对码。
2. 设相对码为全 1、全 0 或 1001 1010，求绝对码。
3. 设信息代码为 1001 1010，载频分别为码元速率的 1 倍和 1.5 倍，画出 2DPSK 及 2PSK 信号波形。
4. 总结绝对码至相对码的变换规律、相对码至绝对码的变换规律并设计一个由相对码至绝对码的变换电路。
5. 总结 2DPSK 信号的相位变化与绝对码的关系及 2DPSK 信号的相位变化与相对码的关系。

实验 8　物质的差热与热重分析

一、实验目的

(1) 了解差热分析和热重分析的原理。
(2) 了解微机差热天平工作原理，学会使用微机差热天平。
(3) 测量一到两种物质的热谱线，并进行分析。

二、实验原理及设备

物质在加热或冷却过程中，当到达某一温度时，往往会产生物理化学变化，如熔化、凝固、晶型转变、分解、氧化、吸附、脱附等。热谱分析是判断这些物理化学变化的一种研究方法。而差热分析和热重分析是热谱分析中最常用的两种方法。热谱分析广泛用于物理、化学、材料、地学、生物学等基础科学领域以及化工、冶金、地质、电工、陶瓷、纺织、食品、医药、农林、消防等行业。

1. 差热分析（DTA）

物质在发生物理化学变化过程中，伴随着焓的改变，因而产生热效应。这个热效应可通过差热电偶测量出来，原理如图实 8.1 所示。

差热电偶是由两支热电偶 T_1 和 T_2 对接而成，并将差热电偶两端分别置入试样 A 和参比物（在测量温度范围内没有任何物理化学变化的物质）B 中，在控温炉升温（或降温）过程中，当试样没有发生物理化学变化时，没有热效应产生，差热电偶两端温度相等（两支热电偶的输出电势相等），此时差热电偶的输出端没有电势差，处于平衡状态。当试样在某一温度发生物理化学变化时，伴随的热效应使差热电偶两端产生温差，破坏了平衡，此时差热电偶的输出端有电势差产生，这个电势差可通过放大输入到记录仪，记录下这个变化过程，同时通过测温和控温热电偶 T_3 记录下这个变化所处的温度。

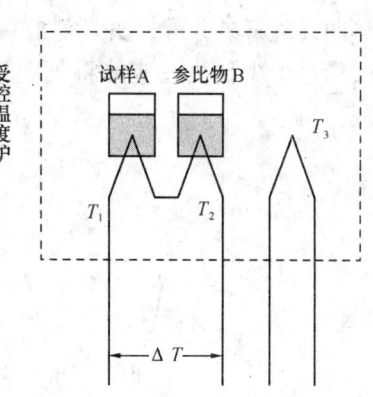

图实 8.1　差热电偶分析原理图

图实 8.2 为差热分析曲线示意图。图中，升温曲线斜率由升温速度决定，速度快，斜率大；速度慢，斜率小；升温速度是根据被测试样的要求确定的。在升温过程中，当试样没有热效应时，差热曲线应形成一条与基线重合或平行的直线，当试样在某个温度产生的热效应为吸热时，在曲线上形成低于平直线段的谷，为放热时则在曲线上形成高于平直线段的峰，曲线上的谷和峰常统称为"峰"。

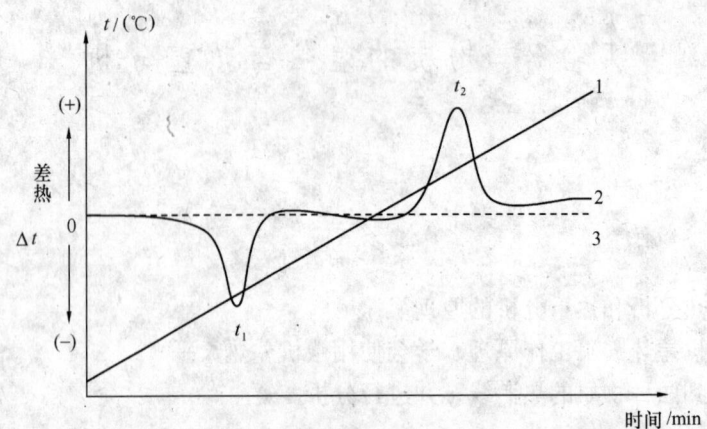

1—温升曲线；2—差热曲线；3—差热基线
图实8.2 差热分析曲线示意图

2. 影响差热曲线的因素

（1）加热速度的影响

加热速度过快时，热效应产生温度偏高，热效应峰的位置将向高温偏移，峰的形状比较窄。而加热速度较慢时，产生热效应的时间将加长，热效应峰的形状也比较宽。除特殊要求外，通常升温速度控制在每分钟 10～20℃。有时为了尽可能符合实际生产中的情况，可以根据生产中的升温速度进行测量。

（2）样品质量的影响

样品质量的大小对热效应峰的形状有一定影响。以白云石为例，当样品取 0.2 克时，它在 760℃和 900℃时的两个吸热峰在差热曲线上区分非常明显，而当样品取 3 克时，得到的差热曲线就不易分辨，如图实 8.3 所示。这是由于样品多时热传导迟缓的原因。但是如果样品质量过于少，热效应峰将不明显，特别是热效应较小的变化过程就可能被遗漏而不被发现。

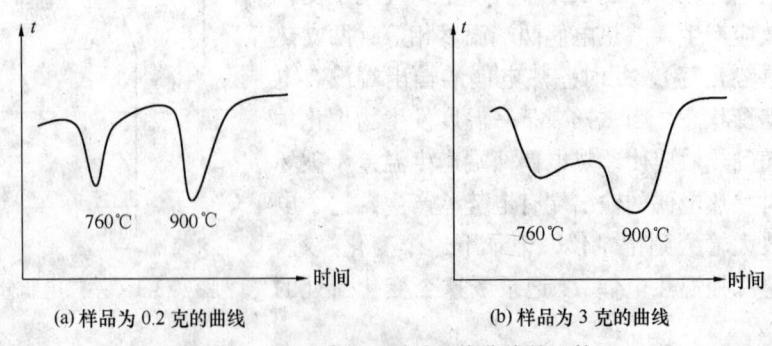

(a) 样品为 0.2 克的曲线　　　　　(b) 样品为 3 克的曲线
图实 8.3 样品质量不同时差热曲线的比较

应当指出，样品质量不同时，对由物理化学变化而产生热效应的开始温度影响不大。

（3）压力和气氛的影响

当两个以上的热效应重叠而它们的性质有相当差别时（如表现在转变前后的体积差），

压力的改变往往可以使我们有可能阐明这些热效应产生的原因。

不同压力对分解温度的影响是：随着压力的升高，分解温度上升。

为了排除空气中氧气对某种物理化学变化的影响，有时需要在真空中进行分析。例如，氧化铬在空气中和在真空中的差热曲线就有很大差别。在空气中，氢氧化铬脱水和氧化铬结晶的热效应恰与氧化铬氧化与所生成氧化物（CrO_2）分解的热效应相当。因此吸热与放热效应相互抵消了一部分。而在真空中，由于没有氧化铬氧化为 CrO_2 与后者的分解反应产生，所以热效应比较明显。氢氧化物的氧化所产生的放热效应消除了部分脱水反应的吸热效应，而吸热效应在空气中的热效应之面积比在真空中的小。有时为了避免其他气体的干扰常使用惰性气体进行测量。

(4) 样品颗粒度的影响

样品颗粒直径对所产生热效应峰的形状和所处的温度范围有直接关系，特别是物理化学变化与传质过程有关时，颗粒度对热效应的影响特别显著。通常，颗粒度越大，热效应峰产生的温度越高，范围越广，峰形趋于扁而宽。特别牵涉到固相反应、逸出气体的物质分解等过程时，传质的速度决定于扩散的速度，对热效应峰的产生有明显的位移。

3. 热重分析

物质在受热发生变化时，往往伴随着质量的变化，如分解反应、脱吸附水或结晶水、氧化反应等。热重分析，就是在控温条件下，测量物质质量变化与温度关系的一种测量技术。物质质量变化是通过热天平进行测量的。

热重分析的主要特点是定量性强，能准确地测量物质的变化及变化速率。从热重分析法派生出的微商热重法（DTG），即热重（TG）曲线对温度（或时间）的一阶导数，DTG 曲线能精确地反映出起始反应温度和终止反应温度。在 TG 曲线上，对应于整个变化过程中各阶段的变化互相衔接而不易开，同样的变化过程在 DTG 曲线上能呈现出明显的最大值，故 DTG 能很好地显示出重叠反应，区分各个反应阶段，而 DTG 曲线峰的面积精确地对应着变化的质量，因此，DTG 能精确地进行定量分析。图实 8.4 是热重分析曲线示意图。

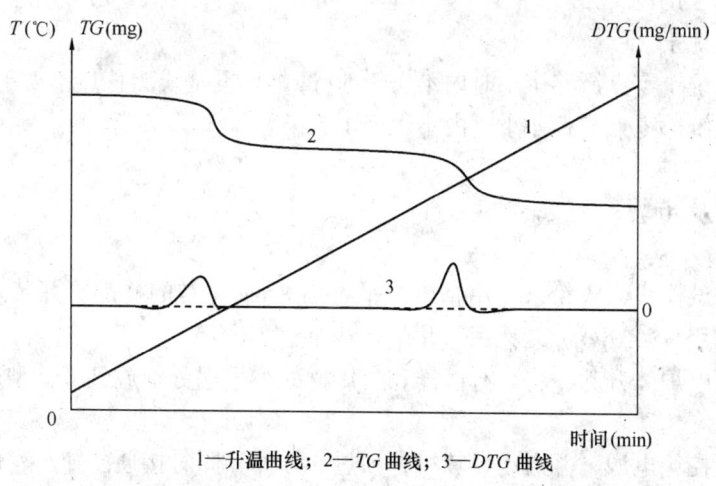

1—升温曲线；2—TG 曲线；3—DTG 曲线

图实 8.4 热重分析曲线示意图

4. 测量设备

本实验使用的是北京光学仪器厂生产的 WCT-2C 型微机差热天平，它是由差热天平主机（包括加热电炉）、电控机箱、计算机和打印机组成，如图实 8.5 所示。

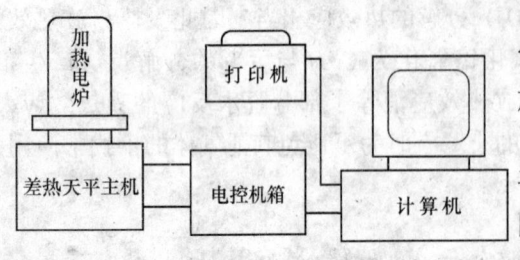

图实 8.5　微机差热天平控制系统示意图

差热测量系统采用哑铃型平板式差热电偶，它检测到的微伏级差热信号送入差热放大器进行放大，并将放大后的信号送入计算机进行采样。

热重测量系统采用上皿、不等臂、吊带式天平、光电传感器，电磁式平衡线圈以及电调零线圈等。当天平因试样质量发生变化而出现微小倾斜时，光电传感器就产生一个相应的极性信号，并送入测重放大器，测重放大器输出 0~5V 信号送入计算机进行采样。

温度测量系统是通过测温热电偶输出的热电势，经过温度放大器进行放大后，送入计算机，计算机自动将此电势值变换成摄氏温度记录下来。

差热分析和热重分析可在此设备上同时进行，曲线由计算机自动绘制，曲线分析是通过 RSZ 热分析系统软件在计算机上完成的。

WCT-2C 型微机差热天平技术参数与指标如下：

温度范围　室温~1 400 ℃

调温速度　0.312 5、0.625、1.25、2.5、5、10、15、20 ℃/min

差热量程　±10、±25、±50、±100、±250、±500、±1 000 μV

热重量程　1、2、5、10、20、50、100、200 mg

微分量程　2、5、10、20、50 mV/min

坩埚容积　0.06 ml

天平主机真空度　2.5×10^{-2} Pa

热重精度　±10 μg

差热精度　±1 μV

恒温精度　优于 2 ℃

热重测量系统　零点漂移 1 小时内不大于 50 μg，热重基线漂移量不大于 350 μg

差热测量系统　零点漂移 4 小时内不大于 1.5 μV

三、实验内容及步骤

（1）将被测试样研磨成粉末，用精密天平称出 8 mg 左右的样品，并装入小坩埚，同时将参比物（通常用 $\alpha-Al_2O_3$）装入另一坩埚。

（2）把加热电炉体升起，将装有试样和参比物的小坩埚分别放到哑铃型差热电偶上，放下加热炉体。

（3）打开电控箱电源，并启动计算机，预热 5 分钟。同时接通冷却水，使水源畅通。

（4）在计算机屏幕上，用鼠标双击 RSZ 热分析系统软件，显示器显示热分析仪器窗口，单击此窗口,弹出工具条,并隐藏在屏幕右上角。当鼠标移至屏幕右上角时,工具条出现。用鼠标点击"新采集",此时屏幕显示采样参数设置窗口。

(5) 输入试样名称、序号、重量、操作者,并根据试样要求,分别设置差热(DTA)、热重(TG)的取值范围、升/降温速率、终止温度等参数。然后点击"确定"按钮,屏幕显示存储窗口,点击"保存"后,微机差热天平主机开始运行。

(6) 测量结束后,从工具条中点击"曲线分析"按钮,屏幕弹出曲线分析窗口。从文件中打开历史数据,找到分析试样名称,打开后,屏幕将显示所要分析的曲线图。

(7) 点击"分析项目"按钮,如差热(DTA)、热重(TG)等,屏幕将显示对应曲线。

点击鼠标将峰的位置括在中间,然后点击"选定"按钮,此时屏幕中显示所选峰的图形,在窗口上方点击"选项"按钮,如外推温度、峰值温度等,图中将用线段显示对应位置,再单击"返回结果"按钮,画面回到曲线显示窗口。移动鼠标,拖动相关参数到对应峰的位置,点击鼠标后,参数将固定在图中。

(8) 所有峰分析结束后,可点击"打印"按钮,打印出分析报告。

实验9 晶体生长

一、实验目的

(1) 通过晶体生长实验，了解用提拉法生长单晶体的全部工艺过程。
(2) 对提拉法晶体生长原理、生长方法和生长设备有初步的感性认识。

二、实验原理及装置

1. 概述

随着材料科学及自动化技术、计算机技术、激光技术、半导体技术与空间技术等的发展，晶体的作用越来越被人们所重视。晶体不仅在工业生产和人民生活中起着重要的作用，而且也为科学家研究物质结构和各种物理性能，提供了很多方便。正如晶体生长专家 J.C.Brice 所说："晶体不仅是美丽的，而且也是有用的，它们是能够不断给人们带来实惠的科研对象"。

从人工培育单晶体的发展史来看，可以说："晶体生长既是一门科学，也是一门艺术。"就是说，要想生长出一块完美的晶体，不仅需要深入的基础理论研究来指导，也要积累丰富的经验。因此，晶体生长并不是简单的技术，而是一门综合性很强的学科。

晶体生长方法是多种多样的，但是无论哪种方法都包括对相变过程的控制，因此可把它们大体上分为三类：

① 固相生长。由固相向固相转变的过程，如用高压法生产人造金刚石。
② 液相生长。由液相向固相转变的过程，如熔体提拉法生长硅单晶等。
③ 气相生长。由气相向固相转变的过程，如用蒸发淀积法进行硅的外延生长。

晶体生长方法的选择，主要取决于所生长材料的热力学性质、物理学性质、化学性质及实际应用的要求。

本实验所采用的是熔体提拉法，它的创始人是 J.Czochralski。熔体提拉法是目前比较普遍使用的生长方法之一。它的主要优点是：可在生长过程中方便地观察晶体生长的状况，并能够以较快的速率生长出较高质量的晶体，如无位错的硅单晶体及高光学均匀性的红宝石晶体等。目前提拉法在技术上有了许多新的改进，其中以晶体直径的自动控制技术、导膜技术和高压技术等最引人注目。

本实验的目的，是使学生对提拉法生长晶体的整个工艺过程有一个概括了解，初步学会一些控制仪器和设备的使用，提高学生的动手能力、观察和分析问题的能力。

2. 熔体生长晶体的一般原理

熔体提拉法生长晶体属于液相生长，它涉及的问题较多，除热力学和晶体成核等一些基本理论外,还有温场的分布,热量的传输,溶质分凝,生长界面的稳定性和组分过冷等。而这些问题又与温度梯度,晶体的生长速率和旋转速率有关。这里不做详细介绍,只介绍一些简单原理。

(1) 结晶过程的驱动力

结晶团体与熔体的区别在于前者具有结构的对称性。一种或多种原子的规则排列构成了晶体点阵,点阵的对称性决定了各个原子的平均位置,原子之间的结合力使晶体成为刚性的固体。要使结晶的固体转变为熔体,需要提供能量来削弱这种结合力,使原子脱离点阵所决定的平均位置而随机分布。用加热的办法可使固体在其熔点温度完成这一转变,所需的热量就是熔化潜热。当熔体凝固时,这部分潜热又释放出来,以降低系统的自由能,只有自由能减小时,晶体才能生长。因此,被释放的自由能,即固、液两相之间自由能差值 ΔG 就是结晶过程的驱动力。

对于结晶过程

$$\Delta G = -\left(\frac{L}{T_e}\right)\Delta T$$

式中,L 为熔化潜热;T_e 为熔点温度;$\Delta T = T_e - T$ 是过冷度。从上式可以看出,只有当 $\Delta T > 0$ 时,$\Delta G < 0$ 结晶过程才可自动进行,这就意味着在生长晶体时必须有一定的过冷度。

(2) 组分的分凝与分凝系数

除了纯材料(纯元素或同成分熔化的化合物)之外,通常,熔体和其中生长的晶体具有不同的成分,这表明在凝固过程中存在着组分分凝问题。

结晶固体与熔体之间的平衡,可用溶质—溶剂的二元相图上的两条线(固相线和液相线)来表示,如图实 9.1 所示。

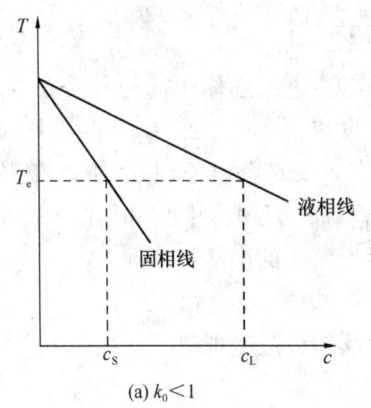
(a) $k_0 < 1$

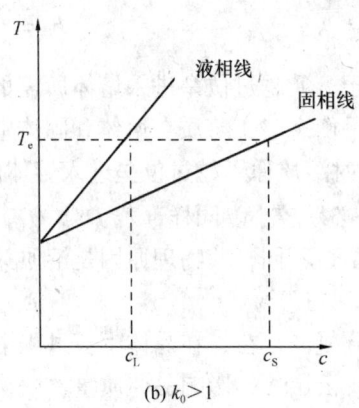
(b) $k_0 > 1$

图实 9.1 溶质—溶剂系统的固相线与液相线

图实 9.1 (a) 和 (b) 是相图的一部分,纵坐标表示温度 T,横坐标表示溶质浓度 c。液相线是熔体凝固点与溶质浓度的关系曲线,在液相线以上熔体是稳定相。固相线是固体的熔点与溶质浓度的关系曲线,在固相线以下固体是稳定相。两条线之间区域为固相和液相共存区。用平衡分凝系数 k_0 可以方便地阐明固相和液相平衡的特点。k_0 定义是:当固、液两相处于平衡时,固体中的溶质浓度 c_S 与熔体中的溶质浓度 c_L 之比,即

$$k_0 = \frac{c_S}{c_L}$$

式中，k_0 取决于材料体系的特性，对于确定的体系，除溶质浓度很低的情况外，通常 k_0 将随浓度变化。

对于图实 9.1（a）而言，$k_0 < 1$，即固体排拒溶质；另外，随着溶质浓度的增加，体系的平衡温度降低。对于图实 9.1（b）而言，$k_0 > 1$，即固体排拒溶剂；另外，随着溶体浓度的增加，体系的平衡温度升高。显然，如果 $k_0 = 1$，则表示一个纯材料体系。

从物理的角度分析，如果固体与液体处于平衡态，即固体不熔化，液体也不凝固，此时固液界面是静止的。从统计力学的观点看，在界面上固体的原子或离子仍然不断地进入熔体，同时，熔体中的原子或离子也不断地进入固液界面的晶格位置中，只不过在这时刻二者的速率是相等的。一般来说，界面处于晶格位置上的溶质原子所具有的势能与界面邻近溶液中的溶质原子所具有的势能是不等的。溶质原子由固体进入熔体时必须要克服其邻近原子的键合力，这个过程等价于翻越位垒 Q_S。同样，熔体中的溶质原子欲进入界面的晶格位置也要翻越位垒 Q_L。Q_S、Q_L 又称为溶质越过界面的扩散激活能。对于不同的溶液系统可能出现两种情况，如图实 9.2 所示。

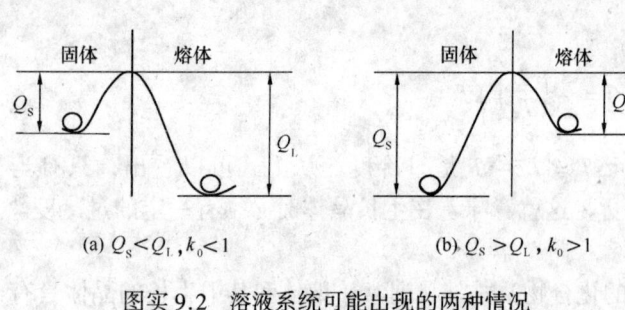

图实 9.2　溶液系统可能出现的两种情况

当固体与熔体处于平衡态，溶质由固体进入熔体的速率等于由熔体进入固体的速率时，分凝系数可表示为

$$k_0 = \frac{c_S}{c_L} = \exp\left(\frac{Q_S - Q_L}{kT}\right)$$

因此，由于溶质越过位垒进入熔体所需的激活能 Q_S 和进入固体所需的激活能 Q_L 不等，因此，处于平衡态时，溶质在熔体和固体中的平衡浓度也不等。如果 $Q_S < Q_L$，则 $c_S < c_L$，即 $k_0 < 1$。这时溶质原子越过位垒进入熔体的几率较大，要二者速率相等，溶质在固体中的平衡浓度 c_S 必须较小。同样，若 $Q_S > Q_L$，则 $c_S > c_L$，即 $k_0 > 1$。由此可知，不同溶液系统的平衡分凝系数不同，其物理原因是溶质穿越固液界面所需的激活能不同。

（3）组分过冷

由于分凝的存在，在晶体生长过程中很容易引起组分过冷现象，使晶体中产生缺陷，如胞状结构，云层等，影响晶体质量。

在提拉法生长晶体过程中，认为固液界面（生长界面）的温度为凝固点 T_e。由于组分偏离或掺入杂质（溶质）等原因，使该溶液系统出现分凝现象。若系统的分凝系数 $k_0 < 1$，在结晶过程中，由于杂质的析出，在固液界面附近的熔体中必有杂质富集，并随着晶体的不断长大，杂质越积越多。此时在离界面向熔体延伸的一段区域中，杂质的浓度是由高变低，形成了一个杂质浓度梯度场，当 $k_0 < 1$ 时，杂质的浓度越高，熔体的凝固温度越低，如图实 9.3 中曲线①所示。由于杂质浓度梯度的出现，导致了一个熔体凝固温度的梯度场，如图实 9.3 中曲线②所示。而在晶体生长时熔体的温度是随距固液界面的距离增加而增高的。当工

艺条件所给定的熔体温度梯度位于图实 9.3 中曲线③，熔体凝固温度梯度为曲线②时，可以看出有一个阴影区存在。这个区域表明在固液界面前沿某一段距离上，熔体中的实际温度要比熔体凝固温度还低。这个区域称为过冷区，这种现象被称为组分过冷。

由于过冷区的存在会破坏晶体生长界面的稳定性，容易在晶体中形成缺陷，使晶体失透，影响晶体质量。因此，从事晶体生长的技术人员对此非常重视，并提出了很多克服的方法。例如，提高熔体中的温度梯度，如图实 9.3 中曲线④所示。还有改变晶体的旋转速度，调整熔体中的对流状态，使边界层减薄，加快溶质向熔体中扩散等方法，这里就不详细讨论了，可参阅有关文献。

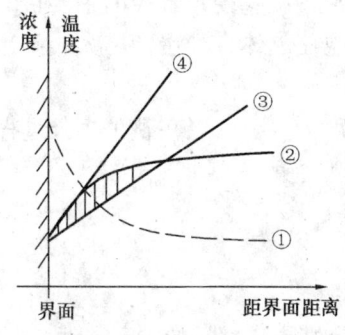

图实 9.3 过冷区的形成

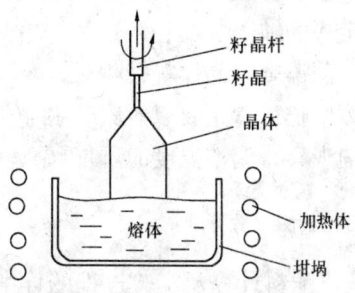

图实 9.4 晶体生长装置示意图

3. 提拉法生长设备及原理

提拉法生长晶体设备如图实 9.4 所示。将所要生长的材料装入坩埚中，然后加热使材料全部熔融，坩埚上方有一根可以旋转和升降的提拉杆，杆的下端装有籽晶（与生长材料相同的一根细长的晶体），降低提拉杆使籽晶头部浸入熔体表面，此时熔体表面的温度控制要适中，保证籽晶既不熔化也不长大。然后缓慢向上提拉籽晶杆，并同时旋转籽晶。这些操作都是由机械部分控制。旋转籽晶，一方面是为了获得热的对称性，另一方面也搅拌了熔体，改善熔体的对流状况，从而获得最佳的对流分布。晶体的生长速率和旋转速率参数与每种材料的热学性质和物理学性质有关，这些参数的选择，通常是通过实践经验并结合理论分析获得的。晶体直径的大小，可由调节温度来控制，温度低晶体直径变大，温度高晶体直径变小。温度的控制是由精密控温设备来完成的。

三、实验内容及步骤

1. 准备工作

（1）根据所要生长材料相图中标出的各化合物（或元素）的比例，或按所生长材料的分子式，计算出所需各种化合物（或元素）的百分比含量。然后按总投料量计算出所需各种化合物（或元素）的质量。

（2）用精密天平，按计算结果称量出各种化合物（或元素），在容器中混合均匀后装入坩埚。

(3) 将装有原料的坩埚装入单晶炉，坩埚的位置要尽量位于炉子发热体的中心，以保证温场的对称性。把籽晶牢牢地固定在籽晶杆的夹头上，然后旋转籽晶杆调整籽晶的旋转中心，直到旋转时籽晶不摆动为止。

2. 晶体生长控制

开启控温仪，将炉温逐渐升到材料的熔点以上，保温一段时间，使原料完全熔化均匀后，调整炉温使熔体表面温度到熔点附近，然后缓慢降下籽晶杆使籽晶端部浸入熔体表面，仔细调整温度，使籽晶既不熔化也不长大。籽晶浸入熔体5分钟后便可提升籽晶杆，这时晶体生长开始。在生长过程中，首先要在籽晶的尺度上进行一次收径，收径的主要目的是排除由籽晶带入的缺陷。收径结束后，开始扩肩，即缓慢降温使晶体直径慢慢增大，到达所需直径时，控制温度使晶体等径生长。

晶体生长过程主要以观察、调整温度和监视提拉速度为主，所以在整个生长过程中要经常和仔细观察，调整温度时不能幅度太大，否则就会前功尽弃。

3. 实验报告要求

(1) 将配料计算及实验过程的详细记录列入报告。
(2) 绘出下籽晶后到生长结束时，温度（或输出毫伏值）与时间的关系曲线。
(3) 分析控温曲线及观察到的一些现象。
(4) 分析实验成败原因。

实验 10 晶 体 定 向

一、实验目的

(1) 了解晶体取向规则。
(2) 了解 X 射线在晶体中的衍射原理及 X 射线定向仪工作原理。
(3) 学会用单色 X 射线法给晶体定向。

二、实验原理及装置

自然界的一切固体物质，按其原子或分子的排列，可分为两大类，即晶体和非晶体。晶体和非晶体的根本区别在于，晶体的组成有一定规律性，即晶体是由许多质点（包括原子、分子、离子或原子团等）在三维空间作有规则排列而形成的固体物质。晶体可以单晶体存在，也可由许多的小的单晶粒聚合成多晶体存在。

在自然界中，存在很多种天然单晶体，如石英、方解石、白云石等。另一方面，随着科学技术的发展，人造单晶体的种类越来越多，质量也越来越高。目前单晶体在科学技术和工农业生产中都有着极其重要的意义和应用。

由于单晶体具有一种独特的各向异性的性质，在使用晶体时必须按一定方向来切割，才能达到较好的应用效果。为此必须首先知道晶体的取向，以及各个取向上的晶体性质。

同一块晶体，由于切割方向不同，可以得到完全不同的效果。如图实 10.1 的压电石英晶体属于六方晶系，z 轴为光轴，a_1、a_2、a_3 轴称为电轴；b_1、b_2、b_3 轴称为机械轴。向图实 10.1 那样垂直于 a_3 轴切割的晶体薄片称为 X 切片，或称为居里切片。它具有负的温度系数，温度上升 1℃，用它做成的石英振荡器的频率减小百万分之十到百万分之二十五。图实 10.1 中与机械轴 b_2 垂直切割的晶体薄片称为 Y 切片，或称为 30°切片。它具有正的温度系数，温度每上升 1℃，用它做成的石英振荡器的频率增加百万分之二十五到百万分之一百。采取特殊切法——AT 切割时，这样的晶体切片制成的石英振荡器的温度系数在室温附近接近于零，即振荡器的频率几乎不随温度而变化。从这个例子可以看出晶体在实际应用中有其方向的限制，也就是说晶体的方向与用它制成的元器件性能好坏有着本质的联系。

晶体定向方法有多种，这个实验只是其中最常用的一种，称为单色 X 射线衍射法。在介绍这种方法之前，首先要

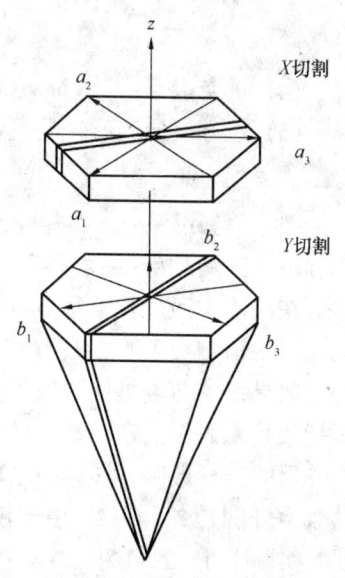

图实 10.1 压电石英晶体的 X 切割和 Y 切割

对晶体取向的表示方法有所了解,这也是晶体定向知识中重要的组成部分。

1. 晶面和晶面指数

为了准确地表示出地球上某处的地理位置,人们采用了经度和纬度来作为坐标,这样就能方便而迅速地确定某城市、某山脉、某岛屿等在地球上的位置。这个坐标系对于地理勘测、航海等来说是十分有用的,甚至是必不可少的。

在晶体学中,为了明确地表示出晶体中某些原子、分子或原子团等所组成的平面,或某些原子、分子或原子团所指示的方向,也选用了适当的坐标系来表示晶体中各族平面的位置、方向等,从而方便而迅速地确定出各个平面族的方向和位置,这种坐标系对于晶体制造或晶体应用是十分有用的,甚至是不可缺少的。这种坐标系的建立需要根据晶体结构特性来确定。

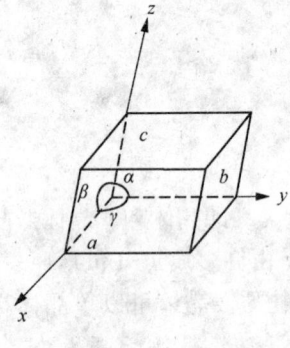

图实 10.2　晶胞

在晶体学中,选取与宏观晶体有着同样对称性的平行六面体来作为晶胞(构成晶体的最小单元),如图实 10.2 所示。选取晶胞三个相交于一点的棱线为晶轴,并用 x,y,z 表示。沿 x,y,z 轴方向上的单位矢量用 a,b,c 表示;三个晶轴间的夹角为 α,β,γ;单位矢量的长度用 a,b,c 表示,它通常被称为点阵常数(或称为晶格常数)。晶轴方向的正、负号是这样规定的:在 0 的右、上和前方者为正,反之为负。三条晶轴按右手螺旋定则来确定。

根据晶胞的 6 个参数可将晶体分为 7 个晶系:

(1) 立方(或等轴)晶系:$a = b = c$,$\alpha = \beta = \gamma = 90°$,晶胞体积 $V = a^3$。

(2) 四方(或正交)晶系:$a = b \neq c$,$\alpha = \beta = \gamma = 90°$,晶胞体积 $V = a^2 \cdot c$。

(3) 六方(或六角)晶系:$a = b \neq c$,$\alpha = \beta = 90°$,$\gamma = 120°$,晶胞体积

$$V = \frac{\sqrt{3}}{2} a^2 \cdot c$$

(4) 正交晶系:$a \neq b \neq c$,$\alpha = \beta = \gamma = 90°$,晶胞体积 $V = a \times b \times c$。

(5) 三方(或菱形)晶系:$a = b = c$,$\alpha = \beta = \gamma \neq 90°$,晶胞体积

$$V = a^3 \sqrt{1 - 3\cos^2\alpha + 2\cos^3\alpha}$$

(6) 单斜晶系:$a \neq b \neq c$,$\alpha = \gamma = 90° \neq \beta$,晶胞体积 $V = \sin\beta \times abc$。

(7) 三斜晶系:$a \neq b \neq c$,$\alpha \neq \beta \neq \gamma \neq 90°$。

在晶体中通过若干结点(原子、分子或原子团等所处位置)可构成一平面,该平面和 x,y,z 轴相交于 A,B,C 三点,这样的平面称为晶面(或称点阵平面),如图实 10.3 所示。如果每一节点是一个原子,则这个平面称为原子平面。一般晶面都是用密勒指数(或晶面指数)来表示。密勒指数就是一个平面在各晶轴上截距的倒数再取分母的最小公倍数进行通分后的分子数字,即截距之倒数的整数比。例如,在图实 10.3 中 S 平面在 x,y,z 轴上的截距分别是 2,4,2。由于仅对平面的方向感兴趣,因此用较小的截距 1,2,1 描述更方便(实际上 1,2,1 和 2,4,2 所定的平面是相互平行的)。它们的倒数是 1/1,1/2,1/1。通分后,其分子数为 2,1,2,用符号(212)作为 S 平面的晶面指数。如果平面是平行于 z 轴的,那么它将会在无穷远和 z 轴相交。此时它在 x,y,z 轴上的截距就是 1,2,∞。因

此它的晶面指数就是（210）。负的晶面指数表示晶面和晶轴的负方向相截，一般在数字顶上加一横来表示。例如，图实10.3中的 K 晶面和 x，y，z 轴的截距为 -2, 2, 2，其晶面指数为 ($\bar{1}$11)。

晶体中任意两个节点间连线所指的方向称为晶向。它和通过坐标原点的平行矢量的方向一致，常用 [uvw] 符号表示。u，v，w 是平行矢量上任意一点在 x，y，z 轴上坐标位置的最小整数比。例如 [210] 晶向就可视为从坐标原点到坐标 2，1，0 点连线的方向。一般 ($h_1k_1l_1$) 晶向是不垂直于 ($h_1k_1l_1$) 晶面的。只有三轴正交晶体和某些特殊情形的晶面（例如六方晶系的 (001)）的情况下 [$h_1k_1l_1$] 晶向是垂直于 ($h_1k_1l_1$) 晶面的。图实10.4表示立方晶体中晶面和晶向的关系。

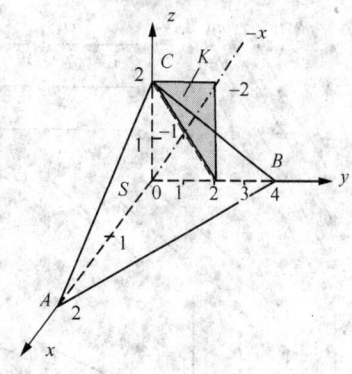

图实10.3　晶面指数表示法

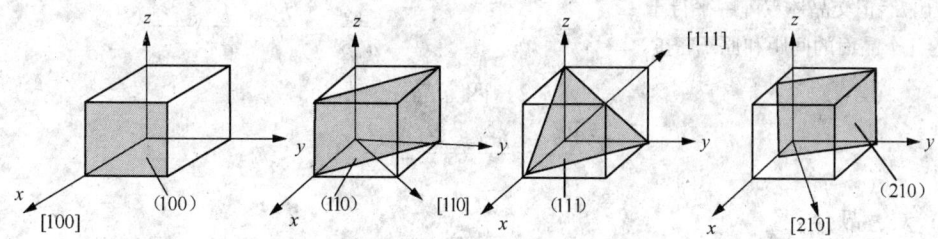

图实10.4　立方晶体中几个晶面和晶向的关系

在六方晶系中有四个结晶学轴。其中有三个长度相等，彼此间夹角为120°的水平轴，一个具有不同长度的垂直轴，因此一个晶面就会有四个指数（$hkil$）。图实10.5中 a_1，a_2，a_3 为水平轴，c 为垂直轴。平面 A 截 a_1 在无穷远处（即和 a_1 平行），截 a_2 为 +1，截 a_3 为 -1，截 c 为 1/2，因此，它的晶面指数是 (01$\bar{1}$2)。图实10.6中另一平面 B 截 a_1 和 a_2 都为 +1，截 a_3 为 -1/2，截 c 为无穷远处，它的晶面指数为 (11$\bar{2}$0)。由上面两种情况可以看到：第三个符号 i 是前面两个符号之和的负数，即 $i = -(h+k)$。因此，六方晶系的晶面指数也可用三个指数表示，第三个指数可用一圆点代替，有时圆点也可略去，对上述的两个晶面则可表示为 (01$\bar{1}$2) 和 (110)。

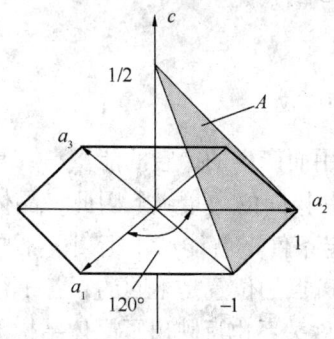

图实10.5　六方晶系的结晶学轴

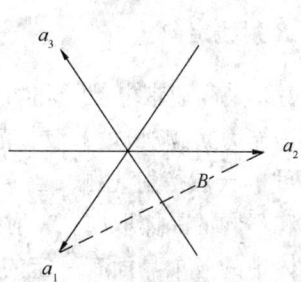

图实10.6　六方晶系中平行于 C 轴的晶面 (11$\bar{2}$0)

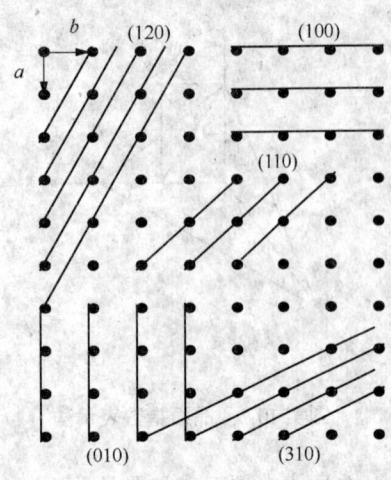

图实 10.7 正交晶体点阵中平行于 z 轴的几个晶面的间距和原子密度

晶体中最邻近的两个平行晶面间的距离称为晶面间距。晶面指数最低的晶面总是有最大的晶面间距。所以在点阵常数 a，b，c 相近的一些晶体中，属（100），（010）和（001）这类晶面的晶面间距最大，其值分别等于 a，b，c。对于简单点阵，在这些晶面上的格点密度也最大。图实 10.7 表示平行于 z 轴的几个晶面的晶面间距和格点密度的情况。从图中可看出（100）晶面的晶面间距为 a，（010）晶面的晶面间距为 b。它们的原子密度和晶面间距都要比（120），（110）和（310）大。

晶体的晶面间距通常用字母 d 表示。各个晶系的晶面间距可通过矢量运算求出，其结果如下：

（1）立方晶系：
$$\frac{1}{d_{hkl}^2} = \frac{h^2 + k^2 + l^2}{a^2} \tag{1}$$

（2）四方晶系：
$$\frac{1}{d_{hkl}^2} = \frac{h^2 + k^2}{a^2} + \frac{l^2}{c^2} \tag{2}$$

（3）六方晶系：
$$\frac{1}{d_{hkl}^2} = \frac{4}{3}\frac{h^2 + hk + k^2}{a^2} + \frac{l^1}{c^2} \tag{3}$$

（4）正交晶系：
$$\frac{1}{d_{hkl}^2} = \frac{h^2}{a^2} + \frac{k^2}{b^2} + \frac{l^2}{c^2} \tag{4}$$

（5）单斜晶系：
$$\frac{1}{d_{hkl}^2} = \frac{h^2}{a^2\sin^2\beta} + \frac{k^2}{b^2} + \frac{l^2}{c^2\sin^2\beta} - \frac{2hl\cos\beta}{ac\sin^2\beta} \tag{5}$$

（6）三方晶系：
$$\frac{1}{d_{hkl}^2} = \frac{(h^2 + k^2 + l^2)\sin^2\alpha + 2(hk + kl + hl)(\cos^2\alpha - \cos\alpha)}{a^2(1 - 3\cos^2\alpha + 2\cos^2\alpha)} \tag{6}$$

（7）三斜晶系应用极少，从略。

2. X 射线定向

X 射线是高速带电粒子和物质原子的内层电子相互作用而产生的，它的能量高（具有较强的穿透能力），波长短，波长范围与晶体中的原子间距有相同的数量级。因此，晶体可用作 X 射线的天然衍射光栅，当 X 射线照到晶体时，在一定条件下就能产生衍射。不同结构的晶体和不同的晶体取向，X 射线的衍射花样形状和衍射斑点的位置是不同的，各个衍射斑点和晶体中的各个晶面有一定的对应关系，衍射斑点的对称关系也反映出了晶体结构的对称情况。因此，根据这些衍射花样和衍射斑点的位置，就可确定晶体的方向。

当波长为 λ 的 X 射线以 θ 角入射到晶面间距为 d 的一组晶面上时，晶体将对 X 射线产生衍射。为方便起见,在此把衍射现象视为晶体点阵平面的反射现象,从而可利用下面的几何关系来进行计算(实质上衍射和反射有着本质的区别,见后面的叙述)。从图实10.8可以看出,如果光①和光②所走过的光程之差为波长的整数倍,经晶体反射后它们将"同步",即"相干涉"。由图实10.8中可知

$$AB = BC, AB = OB\sin\theta = d\sin\theta$$

则

$$AB + BC = 2d\sin\theta \tag{7}$$

设 n 为整数,光①′和光②′若要产生"相干",即发生衍射,光①,①′和光②,②′所走过的光程差 $AB + BC$ 必须满足相干条件,即

$$AB + BC = n\lambda \tag{8}$$

将式(8)代入式(7),则有

$$2d\sin\theta = n\lambda \tag{9}$$

式(9)称为布拉格定律,或称布拉格方程,式中的 θ 称为布拉格角,或衍射角。此公式形式简单,并能说明衍射的基本关系。它是 X 射线工作的基础。布拉格定律除必须满足入射角等于反射角的条件外,还要适合下列条件:

①入射线、衍射线和晶面法线需在同一平面内,且入射线和衍射线分别处于法线两侧。

②$\sin\theta$ 的绝对值只能等于或小于1,所以,$n\lambda/2d$ 必须等于或小于1。当 n 等于1时,λ 必须等于或小于 $2d$(hkl)方能得到(hkl)晶面的衍射。

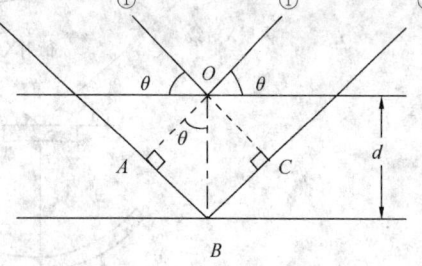

图实10.8 布拉格定律推导的几何条件

X 射线的衍射和可见光的反射有以下不同:

①在 X 射线的衍射中,仅有一定数目的入射角(满足式(9)条件)能引起衍射;而可见光被反射时,可以选择任意入射角。

②X 射线被晶体的原子平面衍射时,不仅晶体表面,而且晶体的内层原子平面也参与衍射作用,而可见光仅在物质表面产生反射。

将 X 射线用于晶体定向,可以得到极其满意的结果。首先,这种定向方法不只适用于一种或几种特殊的晶体的某些晶面,而是适用于各种晶体的许多晶面;其次,采用这种方法定向能达到其他一些定向方法(如光图像法,理解法等)难以达到的高准确度,例如,采用 X 射线定向仪定向可使定向准确度达到1′以内。

用 X 射线进行晶体定向有两种方法:一种是 X 照相法定向(或称劳厄法定向),一种是单色 X 射线衍射法定向。本实验采用的是单色 X 射线衍射法为晶体定向,定向工作是在一种专门用于晶体定向的 X 射线定向仪上完成的。

3. 单色 X 射线衍射法定向

(1)定向原理

如果用一固定波长的 X 射线(或单色 X 射线)入射到一块晶体上,要使其在某晶面上产生衍射,则必须使晶体的位置能连续改变。其晶面的放置位置(即 θ 角)满足布拉格方

程。对不同结构的晶体和不同的晶面其衍射线所出现的位置不同,可根据衍射线所出现的位置确定晶体的取向。因为,在实际应用中,往往只需在晶体中找出某个确定晶面,所以,用单色X射线在所要求的晶面上产生衍射,就足以确定该晶面的位置,而不必使其他晶面同时产生衍射。

根据布拉格方程,当波长为 λ 的 X 射线以 θ 角入射到晶体上时,若满足 $2d\sin\theta = n\lambda$,X 射线就会在晶面间距为 d 的一族平行晶面上产生衍射。图实 10.9 即为衍射原理图。入射 X 射线通过一套准直狭缝射在晶体上,晶体可在 P 点绕垂直于纸面(水平面)的轴(此轴是仪器转角装置的中心轴,晶体的定向断面需在此轴线上)转动,衍射 X 射线用一检测器(G–M 计数管或其他适当的检测仪)来检测。当晶体转动到某个位置时,入射 X 射线和晶体某点阵平面的夹角为 θ,置于 2θ 位置的检测器将指示出极大值。此时,晶体的放置位置即为所需点阵面的取向位置。晶体所处的位置可从样品台的角标尺上读出。检测器也可在 P 点绕垂直于纸面的轴转动,它放置的位置也可从它相应角标尺上读出。

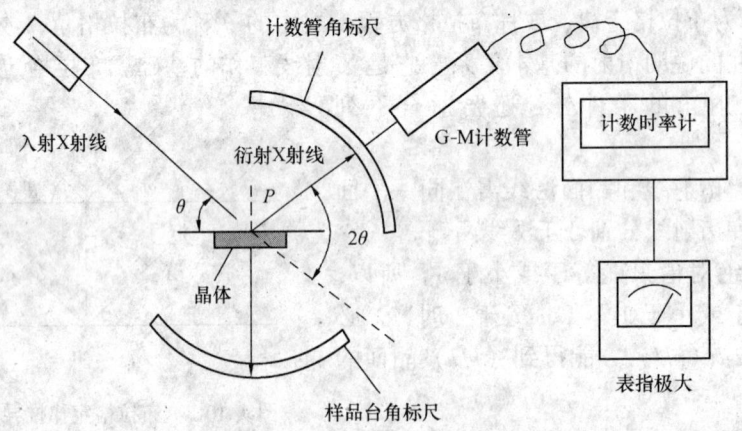

图实 10.9　单色 X 射线衍射法定向原理

(2) 一般定向程序

①在进行晶体定向之前,首先应确定所需定向的晶体是否是一块单晶体,这可以从晶体的外形,生长棱线等方面做大致的判断。对硅、锗、砷化镓等不透明的半导体晶体,在外观上不能确定是否是单晶体时,可用细砂布把晶体表面打磨粗糙(也可用适当的腐蚀液再进行腐蚀)。将晶体放到灯光或阳光下仔细观察。观察时应转动晶体,看其各处的光反射是否相同。如果是双晶或多晶,由于各块晶体的取向不同,它们对光的反射方向不同,可十分清楚地看到每块晶粒之间的分界线。而对单晶体则不能看到这种分界线。如用上述方法仍不能判定晶体是否是单晶,则需改用其他方法检测。

②查出需定向晶体的对称性,以及定向晶面与结晶学轴的对称关系,确定出所需定向晶面的结晶学等效面的数目,以便选取有利于定向切割的晶面。

③所需晶面的大致取向,可从晶体生长棱线,位错腐蚀坑形状,解理面间的位置关系等宏观特点来确定,也可以用橡皮泥把晶体粘在 X 射线定向仪上进行初步测定。对透明晶体,例如,石英、方解石、铌酸锂、钼酸铅等可放在正交偏光镜中检测,以确定出晶体的光轴方向,再根据光轴来判定所需晶面的方向。如果以上几种方法都不能大致确定所需晶面的取向,就需拍摄晶体的劳厄照片来确定所需晶面的取向。

④根据需定向晶体的晶体结构(所属晶系)和所需定向晶面的晶面指数,计算出它的晶面间距 d(参看式(1)~式(6)),再用布拉格方程算出该晶面的衍射角 θ,某些晶体的晶面间距和衍射角可从有关资料中直接查出。

⑤打开定向仪电源,预热10分钟后按下高压按钮,定向仪开始工作。

⑥将定向仪上的 G-M 计数管置于 2θ 角位置,样品台置于 θ 角左右,把所需定向晶体的大致取向磨出一个小平面,然后将磨出的面贴到样品台吸盘上,打开射线出射口挡片,红灯亮,这时有射线射出。转动样品台,观察 X 射线检测器指针,当指针偏转到最大值时,记下样品台角度位置,如果此时的角度与 θ 有差值,说明磨出的平面与所需定向的晶面不平行,此时需要确定磨面所偏的方向位置,然后进行研磨校正,直到样品台角度正好与 θ 角相等时,检测器指针也在最大值位置,这时磨出的平面就是所需定向的晶面。

(3) X 射线定向仪简介

单色 X 射线衍射法定向,需要一种专门的 X 射线衍射仪器,一般按 X 射线原理设计的仪器都可用来进行晶体定向。如 X 射线衍射仪、朗(Long)氏 X 射线形貌照相机、双晶分光计、X 射线定向仪等,由于这些仪器的主要用途各不相同,故它们所达到的定向准确度也不同。此实验中使用的是国产 YX-1 型专用 X 射线定向仪(如图实 10.10 所示),它主要由以下几部分组成:

①X 射线发生部分。它由一个高压变压器(电压可从 220 V 变到 30 kV(峰值),在同一个变压器箱内还包括有一个 X 光管的灯丝变压器)和一只封闭式 X 光管组成。

图实 10.10 YX-1 型 X 射线定向仪

当变压器的高压通过高压电缆加到灯丝已预热的 X 光管的阳极和阴极之间时,从 X 光管的窗口就会发射出 X 光。此仪器采用 X 光管自整流,阳极接地,X 光管阳极为铜靶。X 光管管流可从 0~5 mA 连续可调。

②X 射线检测部分。它由一个 G-M 计数管和一个计数时率计(或称记录放大器)组成。当衍射 X 射线进入 G-M 计数管时,将引起管内惰性气体的电离而输出一脉冲信号,此信号被计数时率计放大后转换成电流表指针的摆动。进入计数管的衍射 X 射线越强,表针的摆动越大,因此可根据表针的摆动来监视衍射 X 射线的强度和方位。

③转角测量部分。由主轴、蜗轮、蜗杆、读数鼓轮和转动手轮组成。通过蜗轮、蜗杆装置可将手轮的转动转换为仪器主轴的转动。读数鼓轮在转动手轮轴上,从它上面能读出主轴的转动角度,其转角精度为 5″,读数鼓轮上的最小分度值为 15″。

④吸气泵。它由一个转动电机和一个吸气泵组成,将它连接到样品台吸盘时,可方便地放置检测样品。

三、实验内容及步骤

（1）根据所需定向晶体的晶系、晶格常数和需要确定晶面的晶面指数，利用前面给出的公式，计算出晶面间距 d 值和衍射角 θ。

（2）打开定向仪电源开关，预热 10 分钟后接通高压。调整调零旋钮和满度旋钮，使计数时率表指针处于适当位置（一般在零点偏高一点位置）。

（3）将定向仪上的 G–M 计数管置于 2θ 角位置，样品台置于 θ 角附近。

（4）将事先磨好的晶体样品各面分别吸在样品台吸盘上，打开 X 射线窗口，旋转样品台，同时观察 X 射线衍射仪上的检测表指针，当指针摆到极大位置时，查看样品台角标尺，记下角度。

（5）如果此时样品台的角度正好是所需定向晶面的衍射角，那么此磨面就是需要确定的晶面。如果样品台的角度与衍射角有差值，记下此时的角度，并判断角度大时，晶体磨面的哪个位置应再磨去一些，才能使磨面与所需定向的晶面平行。

（6）如果样品台旋转了很大角度仍没有发现衍射峰值的出现，那么此磨面不是所需定向的晶面，这时应换一个磨面重复以上步骤。

四、注意事项

（1）操作定向仪时，身体不要正对 X 射线出射方向。

（2）取放样品时，应将 X 射线窗口关闭。

（3）实验结束后，先将仪器高压电源关闭，待 10 分钟后再关闭总电源。

实验 11　晶体折射率的测量

一、实验目的

（1）巩固晶体物理中所学的有关晶体折射率的知识。
（2）学会一种测量晶体折射率的方法。

二、实验原理及仪器

1. 实验原理

介质的折射率是介质的一个基本光学量。但是，晶体的折射率与各向同性介质的折射率是不一样的。对各向同性的介质，电矢量 D 及电场矢量 E 之间的关系是 $D = \varepsilon E$，D、E 是同方向的，介电常数 ε 是标量。而晶体属于各向异性的介质，晶体的 D、E 之间的关系不能用上面的式子表达，只能表示为

$$D_i = \sum_{i=1}^{3} \varepsilon_{ij} E_j \qquad (i,j = 1,2,3) \tag{1}$$

式中，D_i，E_j（$i, j = 1, 2, 3$）分别表示 D、E 的各个不同分量。由式（1），可以看到，在晶体中 D、E 的方向是不相同的，所以介电常数只能表示为张量形式 ε_{ij}（$i, j = 1, 2, 3$）。对各向同性的介质，它的折射率可以用介电常数表示为 $n^2 = \varepsilon$。而晶体的折射率无法用这样的式子表达。晶体的折射率比各向同性介质的折射率复杂得多，为了研究方便起见，引入光率体的概念。

首先，定义

$$E_i = \sum_{i=1}^{3} \beta_{ij} E_j \quad (i,j = 1,2,3)$$

式中，β_{ij} 称为逆介电张量。显然，$[\beta_{ij}]$ 与 $[\varepsilon_{ij}]$ 互为逆矩阵。β_{ij} 的示性面称为光率体，所以一般的光率体方程可以写为

$$\sum_{i=1}^{3}\sum_{j=1}^{3} \beta_{ij} x_i x_j = 1$$

由此方程可见，光率体是一个椭球体。在主轴坐标系中，光率体方程可以写为

$$\beta_1 x_1^2 + \beta_2 x_2^2 + \beta_3 x_3^2 = 1$$

式中，$\beta_i = \varepsilon_i^{-1} = n_i^{-2}$，$n_i$ 称为主折射率。要注意的是这个关系只能在主轴坐标系中才成立，在一般的坐标系中是不成立的。因此，在主轴坐标系中，光率体方程可以写为

$$\frac{x_1^2}{n_1^2} + \frac{x_2^2}{n_2^2} + \frac{x_3^2}{n_3^2} = 1$$

根据这个方程,可以发现光率体椭球半轴长分别为 n_1,n_2,n_3。如果晶体的主折射率找到了,晶体的折射率性质便确定了。

由晶体物理的知识可知,在晶体中每个光波矢 E,对应两个偏振方向互相垂直的线偏振光。这两个线偏振光有不同的折射率。而且,从麦克斯韦方程出发,经过一系列数学运算,可以证明下面一条重要的关系。如图实 11.1 所示,在晶体中,若光波矢 E 方向给定,那么过光率体的中心,作与 K 垂直的平面,此平面称为光率体的中心截面。此中心截面截光率体为一椭圆,这个椭圆的长短轴方向就是相对于光波矢 E 的两个线偏振光的电矢量 D 的方向,长、短轴的半轴长度值就是这两个线偏振光的折射率。

现在要做的工作是测定晶体的主折射率,知道了主折射率,晶体的折射率性质便确定了。单轴晶光率体是回转椭球,如图实 11.2 所示,所以在单轴晶中,有两个主折射率是相同的。这两个主折射率定义为 n_o,它是 x_1,x_2 轴的主折射率。因为 x_1,x_2 平面截光率体为一圆,在这个平面内过圆心的任意两个互相垂直的轴都可作为光率体的主轴,即 x_1,x_2 轴。把 x_3 轴的主折射率定为 n_e。对单轴晶来说,x_3 轴与晶体的光轴方向一致,如果设法使晶体中传播的光波矢 k 垂直于光轴,这时 k 必然与 x_3 轴垂直,令 x_2 轴与 k 平行,那么,与 k 垂直的中心截面椭圆的长短轴方向恰好也是光率体的两个不等长的主轴方向,如图实 11.3 所示。因此,与 k 相应的两个线偏振光方向分别是 x_1 向,x_3 向。沿 x_3 轴向的线偏振光为 e 光,它的折射率为 n_e,沿 x_1 轴向的线偏振光为 o 光,它的折射率为 n_o。

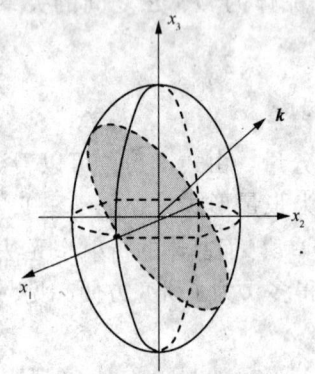

图实 11.1 光率体 E 向的中心截面

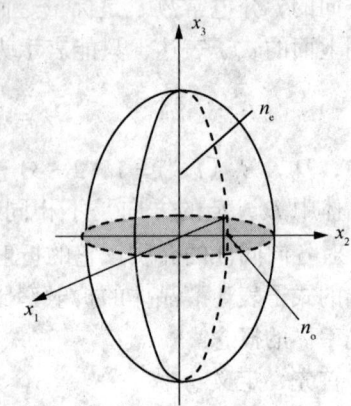

图实 11.2 单轴晶光率体

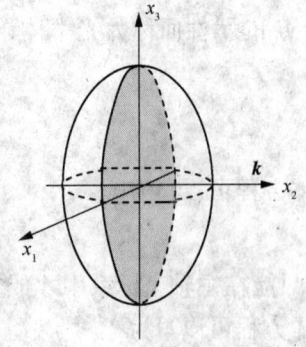

图实 11.3 E 垂直光轴时中心截面

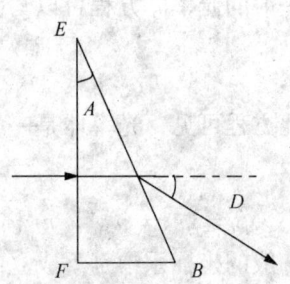

图实 11.4 测量棱镜

具体测量单轴晶体主折射率，是将一块被测晶体制成棱镜，如图实 11.4 所示。这块棱镜是一直角棱镜，光轴位于 EF 面之内，当光线沿与 EF 面垂直方向射入晶体时，晶体内的光线不会发生偏折仍与 EF 面垂直。此时，晶体内光波矢 $\boldsymbol{k}$ 方向与光轴垂直，而相对于 $\boldsymbol{k}$ 有两个偏振方向相互垂直的线偏振光，这两个偏振光对应着不同的主折射率 n_e，n_o。当这两束线偏振光在 EH 面发生折射时，它们的偏折角必定不一样，可以根据不同的偏折角 D 测得相应的主折射率为

$$n = \frac{\sin(A+D)}{\sin A} \quad (n \text{ 为 } n_e \text{ 或 } n_o) \tag{2}$$

式中，A 为棱镜的顶角。如果想要判断出哪束是 o 光，哪束是 e 光，可在 EF 面前放一偏振镜。当偏振镜方向转到与光轴方向一致时，经棱镜偏折的光束只有一条，这就是 e 光。当偏振镜方向转到与光轴垂直的方向时，经棱镜偏折的一束光是 o 光。

由折射率公式（2）可以看到，角度 A 和角度 D 测量的不准确会给测量带来误差。如果角度 A 的偏差是 ΔA，角度 D 的偏差是 ΔD，那么，根据误差理论可以求得 n 的偏差 Δn 为

$$\Delta n = \sqrt{\left(\frac{\partial n}{\partial A}\right)^2 \Delta A^2 + \left(\frac{\partial n}{\partial D}\right)^2 \Delta D^2}$$

$$= \sqrt{\left(\frac{\sin^2 D}{\sin^2 A}\right)\Delta A^2 + \frac{n^2}{\tan(A+D)}\Delta D^2}$$

如果 $\Delta D = \Delta A = 30''$，$A = 20°$，$D = 30°$，那么 $\Delta n = 0.005$，这时折射率的精度只能达到 3 位有效数字。

2. 实验仪器

实验仪器包括：分光计，汞灯，偏振镜和晶体棱镜。分光计的调节和使用，参照大学物理实验中相关实验。

三、实验内容及步骤

（1）调整分光计，使之处于正常工作状态。
（2）汞灯置于分光计狭缝前，打开汞灯。将分光计上的平行光管的狭缝调节到适中位置，使得既能看清狭缝，又不刺眼。
（3）测量棱镜顶角 A 的数值。
（4）如图实 11.5 所示，调节分光计望远镜使之与平行光管平行，将棱镜置于平台之上

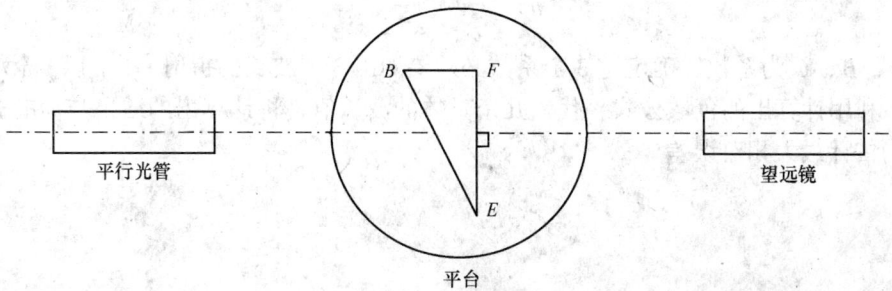

图实 11.5 棱镜位置的调节

（注意尽量使 EB 面中心接近平台圆心），转动平台使 EF 面垂直于望远镜轴线，再转动平台 180°，使 EF 面垂直于平行光管。将平台固定，记录望远镜的位置 B_1，如图实 11.6 所示。

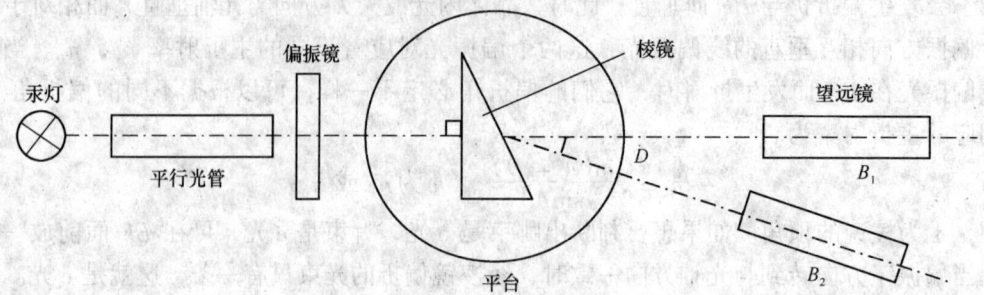

图实 11.6　测量光路

（5）平行光管出光口加一偏振镜。

（6）转动望远镜至能够看到汞灯光谱，利用偏振镜式望远镜中分别出现 o 光及 e 光光谱，依次记录图实 11.7 中几条谱线的光谱偏折角位置 B_2。注意黄光只测量右边的谱线即可。

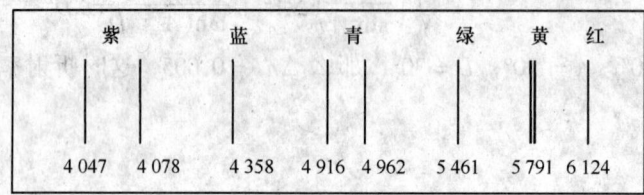

图实 11.7　汞灯光谱图

（7）改变棱镜在平台上的位置，重复步骤（3）、(4)、(6) 过程共 5 次。

四、数据处理

（1）将 5 次顶角测量值取平均。

（2）计算出每次测量各条谱线的偏折角 D 值（$D = B_2 - B_1$）。然后将测量的数据代入式（2）计算出各个波长下的两个主折射率数值。

（3）利用最小二乘法，计算出 o 光及 e 光的色散公式：

$$n^2 = A + \frac{B}{\lambda^2 - C}$$

式中，A、B、C 为系数，确定这 3 个系数必须要测出 3 个波长的折射率；λ 以 μm 为单位。

（4）利用计算出的色散公式，代入几个具体的波长值，将计算出的结果与标准折射率进行比较，估计最大相对误差。

实验 12 晶体介电常数的测量

一、实验目的

(1) 学习用高频介质损耗仪测量晶体样品的介电常数及介质损耗，掌握测量原理。
(2) 了解控温条件下晶体介电常数的测量。

二、实验原理及实验装置

1. 实验原理

介电常数是晶体介电性质的重要参数之一。在一般情况下，晶体中极化强度矢量 P 与电场强度 E 有不同取向，从而使电位移矢量 D 也与电场强度 E 有不同取向，因此，用二阶张量来表示它们之间的关系。在电场强度 E 不太强时，取一级近似，有

$$D_i = \varepsilon_{ij} E_j \qquad (i, j = 1, 2, 3)$$

式中，ε_{ij} 为介电常数张量，它是一个二阶对称张量，有 6 个独立分量，因此，测量数值和所测量方向有重要的关系。

设电场 E 沿给定方向 $[l]$，$l = (l_1 l_2 l_3)$ 为某矢量在坐标系 (x_1, x_2, x_3) 各轴上的方向余弦，定义 D 矢量在该方向上的分量 D_{ll} 与 E 矢量的模 E 的比值 (D_{ll}/E) 为介电常数张量 $[\varepsilon_{ij}]$ 在该方向上的数值 ε。

如果把坐标轴方向选为晶体的 3 个主轴方向，$[\varepsilon_{ij}]$ 简化为

$$[\varepsilon_{ij}] = \begin{bmatrix} \varepsilon_{11} & 0 & 0 \\ 0 & \varepsilon_{22} & 0 \\ 0 & 0 & \varepsilon_{33} \end{bmatrix}$$

于是，沿任一方向 l 的介电常数为

$$\varepsilon = \varepsilon_{ij} l_i^2 = \varepsilon_{11} l_1^2 + \varepsilon_{22} l_2^2 + \varepsilon_{33} l_3^2$$

若测量方向分别取 3 个主轴方向，则 ε 值分别为 ε_{11}、ε_{22}、ε_{33} 称为晶体的主介电常数，对立方晶系和各向同性的晶体，主介电常数 $\varepsilon_{11} = \varepsilon_{22} = \varepsilon_{33}$；对四方、六方晶系的晶体，主介电常数为 $\varepsilon_{11} = \varepsilon_{22} \neq \varepsilon_{33}$；对正交、单斜、三斜晶系的晶体，主介电常数 ε_{11}、ε_{22}、ε_{33} 各不相等。本实验就是在晶体主轴方向下，测量主介电常数。

此外，高频介质损耗测量仪可同时测量介质的损耗。所谓介质损耗，就是电场提供给介质极化的能量要消耗一部分使固有电矩的取向转动，或使正负离子互相拉开，或使电子云发生畸变等，这部分能量转换为热能消耗掉，而不能变为介质中的极化能。衡量损耗大小的因子是 $\tan\delta$，称为介质损耗角 δ 的正切值。它是一个无量纲的物理量，表示有功功率和无功

功率的比值。

2. 实验装置及测量原理

本实验所用的仪器装置，包括 CJ-2 型高频介质损耗仪，加热炉和温度控制仪。在测量室温下介电常数时，样品放在介质仪所附测量夹具内，直接用介质仪测量。在测量控温下的介电常数时，用一白金夹具将样品引入加热炉中，加热炉与控温仪相连，两支热电偶分别用于控温和测温。

图实 12.1 为高频介质损耗仪的组成方框图，它由振荡器、测试回路、指示器及稳压电源 4 部分组成。振荡器包括 2 只可以更换的插入式振荡器，频率范围分别为 50 Hz～20 MHz 和 20 MHz～100 MHz。测试回路包括一个带有振荡耦合线圈的回路电感线圈和与之并联的测量夹具。测试回路线圈一套 8 只，测量时选择相匹配的回路线圈和振荡线圈，使其在频率范围内发生谐振。

高频介质仪基于谐振法原理工作，其简化工作原理如图实 12.2 所示。样品夹在测夹具 C 中，L 为测试回路线圈，当 L 和 C 满足谐振条件，即 $\omega = 1/\sqrt{LC}$ 时，电路发生谐振。采用二次测量法，在同一频率谐振点，夹有样品时的测量夹具平板电容与样品取出后的测量夹具空气电容相等，因此比较这两个电容，可以得到样品的介电常数。

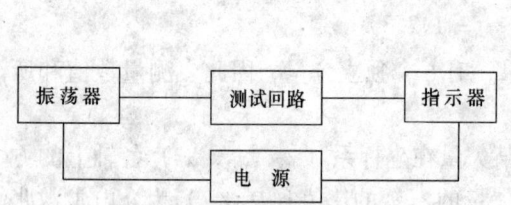

图实 12.1　高频介质损耗仪方框图

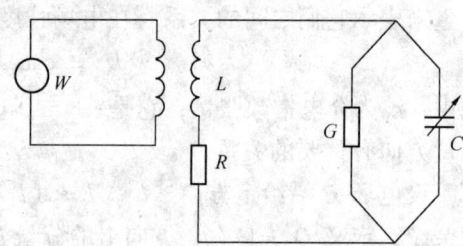

图实 12.2　工作原理简图

对于样品面积大于或等于夹具极板面积的情况，介电常数的计算公式为

$$\varepsilon = \frac{d_1}{d_0} \tag{1}$$

对于样品面积小于极板的情况，介电常数计算公式为

$$\varepsilon = 1 + \frac{A_e}{A_s}\left(\frac{d_1 - d_0}{d_0}\right) \tag{2}$$

式中，d_1 和 d_0 分别为有、无试样时测量夹具平板电容器的极板间距；A_e 和 A_s 分别为电极和样品的面积

$$A_e = \frac{1}{4}\pi D^2 = 1\,963.5 \text{ mm}^2$$

在控温实验中，样品需装入加热炉内。用白金丝，一端与测量夹具的两个电极相连，另一端分别焊接一白金片。样品放在白金片上，并装入炉内。由于使用了白金夹具，测量介电常数所用的计算公式需做相应的修正。此时，对于连接样品的情况，相当于原来的平板空气

电容并联了一个样品电容,因而控温下的介电常数的计算公式为

$$\varepsilon = \frac{A_e}{A_s}\left(\frac{d_1}{d_0} - \frac{d_s}{d_1}\right) \tag{3}$$

式中,d_s 为样品厚度;d_1 和 d_0 分别为有、无试样时测量夹具平板电容的极板间距。取 $d_1 = d_s$,则有

$$\varepsilon = \frac{A_e}{A_s}\left(\frac{d_1}{d_0} - 1\right) \tag{4}$$

与加热炉相连的控温仪由毫伏定值器、微伏放大器、PID 调节器和可控硅触发器 4 部分组成。炉内温度用热电偶测量,由毫伏定值器给出设定值,如炉温偏离给定温度,偏差经微伏放大器,PID 调节器和可控硅触发器相应调整炉丝加热功率,从而使偏差迅速消除,保持在设定温度范围。

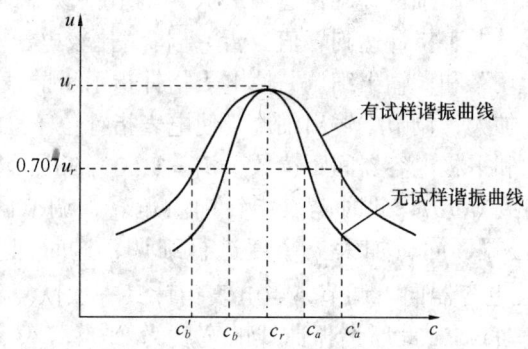

图实 12.3 二次测量的谐振曲线

介质损耗角正切 $\tan\delta$ 是通过谐振曲线的宽度求得的。仍然采用二次测量法,图实 12.3 为有、无试样时的谐振曲线,用同轴线性电容测得两条曲线的宽度分别为 $\Delta C_i = C_a' - C_b'$,$\Delta C_0 = C_a - C_b$ 则试样的损耗角正切值

$$\tan\delta = (\Delta C_i - \Delta C_0)/2C_s \tag{5}$$

式中,C_s 为对应测量夹具平板电容器间距为 d_0 时的电容量,可从仪器所附的电容计算表中查到。

三、实验内容及步骤

1. 测量前的准备

选择合适的振荡器部分插入仪器左上部的插孔内。选择相匹配的振荡线圈和测试回路线圈,分别接在振荡器和测量夹具上。如测试回路线圈单独备有输入同轴电缆插座,应把振荡器输出的同轴电缆转接到线圈的插座上。在一般情况下(如对聚苯乙烯样品),振荡线圈和回路线圈的匹配情况为:$L_3 \sim L_{11}$;$L_4 \sim L_{12}, L_{13}$;$L_5 \sim L_{14}$;$L_6 \sim L_{15}, L_{16}$;

$L_7 \sim L_{17}$；$L_8 \sim L_{18}$。

将"测量选择"开关打在合适的一挡，例如，测试频率较高，试样损耗较大时，用 1 V 挡，反之用 2 V 挡。同时，"灵敏度"开关调到最小，"比较电压"置零，"输出粗调"和"输出细调"调到最小。这时，可接通仪器电源，打开"高压开关"将仪器预热半小时左右。

将仪器上的短路棒与测量夹具短路，逐步增大"灵敏度"旋钮，调节"调零"旋钮，使电表指针在中间红线位置。将灵敏度旋到最小。至此，仪器完成了测量前的准备工作。

2. 测试步骤

(1) 室温下晶体介电常数的测量（以聚苯乙烯为例）

1) 有试样时的测试。

①用镊子将被测试样放入平板电容器二极板之间，小心旋转螺旋测微头，将试样夹紧。

②调节测量夹具上的同轴线性电容的螺旋测微头于中间位置（12.5 mm），拉开短路棒。

③将"输出粗调"和"输出细调"旋钮适当调大，调节振荡器的频率度盘和频率微调，使在电表上出现谐振偏转（电表指针达到峰值位置），将"比较电压"打到"1"，此时接入测试电压，调节"输出粗调"和"输出细调"使电表指针指示于谐振红线位置。

④将"灵敏度"逐渐加大，调节"输出细调"使电表指针位于红线，精确找到平衡谐振点，记下此时的频率读数和平板电容器间距读数（$d_1 = 1.500$ mm）。将"灵敏度"旋到最小。

⑤将"比较电压"打到 0.707，此时电表指针向右偏转，调节同轴线性电容器向上位移，使指针恢复到红线位置，同时加大灵敏度进行细调，这时记下线性电容读数 $C_{i_2} = 13.44$。然后再将同轴线性电容器向下调节，当电表指针又一次恢复到红线位置时，记下线性电容器的刻度读数 $C_{i_1} = 11.56$. 此时谐振曲线的宽度为 $\Delta C_i = (C_{i_2} - C_{i_1}) \times 0.326 = 1.88 \times 0.326$。

⑥将"比较电压"打回到"1"，调节同轴线性电容器恢复谐振，此时线性电容器的读数应在中间位置（12.5 mm）。

2) 无试样时的测试。

①用镊子取出试样，此时回路失谐，电表指针向左偏转。频率和线性电容不变，调节平板电容器测微头，使电路恢复谐振，此时空气电容代替了试样电容，记下此时的平板电容器间距 $d_0 = 0.555$ mm。

②重复前述③、④、⑤的步骤，"比较电压"打到 0.707，调节线性电容，记下两个读数分别为 $C_{02} = 13.41$ 和 $C_{01} = 11.59$，因此，$\Delta C_0 = (C_{02} - C_{01}) \times 0.326 = 1.82 \times 0.326$。

3) 介电常数和损耗角正切的计算。

以上测得的数据代入式（1）或式（2），可以得到样品的介电常数 $\varepsilon = 2.6$。从仪器所附的电容计算表中查到 $d_0 = 0.555$ mm 时，$C_s = 33.9$ pF，代入式（5）得到样品的损耗正切值。

(2) 控温条件下晶体介电常数的测量

①将白金夹具和所夹试样装入加热炉内。

②打开控温仪开关，此时控温仪面板上的数字显示为炉内温度。与温度相对应的毫伏值，可通过查热电偶的温度与毫伏值对照表得到，将数字显示器下面的毫伏定值器拨到所要设定温度对应的毫伏值上，在自动情况下，加热炉可在设定温度恒温，注意升温时用手动调节，接近设定温度时再转为自动控温。

③用②所述方法，逐渐加热电炉，使加热炉缓慢升温，到达测量温度后稳定5分钟，然后进行测量。测量步骤与常温相同。

④重复③的步骤，测量样品在不同温度下的介电常数，画出介电常数和温度的关系曲线。

实验 13 波分复用光纤通信系统

一、实验目的

信息时代对通信的需求呈现加速增长的趋势，发展迅速的高速数据和视频业务对通信网的带宽或容量提出了更高的要求。为了满足通信网传输的不断增长以及网络的交互性和灵活性，产生了各种复用技术。光纤通信系统中的复用方式可分为光复用和电复用。光复用包括光波分复用和光空间复用（多芯光缆），电复用包括时分复用和频分复用。目前，对光纤通信系统，主要采用时分复用方式（TDM）、波分复用方式（WDM）、空间复用方式（SDM）。而WDM技术可以使原来只能采用一个波长的光作为载波的单一光信道变为数个不同波长的光信道同时在光纤中传输，因而使光纤通信的容量能够成倍地提高。对网络升级、发展宽带业务、充分挖掘光纤带宽潜力、扩大光纤通信的容量、实现超高速光纤通信等具有重要意义。

(1) 加深了解波分复用方式在光纤通信系统中的作用和概念。
(2) 掌握用两个载波波长来加载不同的调制信息，先合波传输再到终端分波的技术。
(3) 学会检测波分复用系统用于光纤通信传输过程中的误码率分析。

二、实验原理及装置

WDM技术是在一根光纤中同时传输多个不同波长的光载波，每个光载波可携带不同的信息。其基本原理是在发送端将不同波长的光信号，通过波分复用器将不同调制信号组合起来（复用），并耦合到同一光纤中进行传输，在接收端又将不同波长的调制波分开（解复用），作进一步的处理后，恢复出原信号后送入不同的终端。

波分复用光纤通信系统中的关键部件是复用器。波分复用器的类型分为：角度色散复用器（图实13.1 (a)和(b)）、滤波式复用器（图实13.1 (c)）和光纤无源器件复用器（图实13.2）。图实13.3为棱镜光栅所示的光波复用器。

棱镜色散复用器是利用棱镜色散元件输出光波的角度 θ 随光波波长的变化率变化的原理制成的。图实13.1 (a)中考虑进入棱镜的入射角 α_1 与光线离开棱镜的出射角 α_2 相等并等于 α，β 为棱镜的中央角，φ 为偏向角。棱镜的角色散率为波长每变化0.1 nm时，偏向角 φ 的变化量为

$$D_P = \frac{d\varphi}{d\lambda} = \frac{d\varphi}{dn} \cdot \frac{dn}{d\lambda} \tag{1}$$

由物理光学分析得到

$$n = \frac{\sin\alpha}{\sin\frac{\beta}{2}} = \frac{\sin(\frac{\varphi+\beta}{2})}{\sin\frac{\beta}{2}} \tag{2}$$

对式（2）求导得到

$$\frac{d\varphi}{dn} = \frac{2\sin\frac{\beta}{2}}{\sqrt{1-n^2\sin^2\frac{\beta}{2}}} \tag{3}$$

将式（3）代入式（1）得到棱镜的角色散率为

$$D_P = \frac{d\varphi}{d\lambda} = \frac{d\varphi}{dn} \cdot \frac{dn}{d\lambda} = \frac{2\sin\frac{\beta}{2}}{\sqrt{1-n^2\sin^2\frac{\beta}{2}}} \cdot \frac{dn}{d\lambda} \tag{4}$$

式中，n 为棱镜介质的折射率；β 为棱镜的顶角；$\frac{dn}{d\lambda}$ 为单位波长变化引起的折射变化。由式（4）看出，不同的波长，经过棱镜后分开为不同的空间角度，达到分波与合波的目的。

光栅色散型复用器是当不同的波长的光入射到光栅后，光栅产生衍射作用，不同波长的光衍射方向不同，从而，将不同波长的光在空间分开实现波分复用。设 d 为光栅常数，α_1 为光线在光栅上的入射角，α_2 为光线在光栅上的反射角。形成光栅主极大值的条件是

$$d \cdot (\sin\alpha_1 + \sin\alpha_2) = m\lambda \quad (m = 0,1,2,\cdots) \tag{5}$$

当入射角相同时，不同波长的零级（$m=0$）相互重叠而没有色散分光作用。对其他各级谱线，光栅的角色散率

$$D_G = \frac{d\alpha_2}{d\lambda} = \frac{m}{d\cos\alpha_2} = \frac{\sin\alpha_1 + \sin\alpha_2}{\lambda\cos\alpha_2} \tag{6}$$

由式(6)看出，不同波长的光经过光栅后分开为不同的空间角度，可以达到分波与合波的目的。

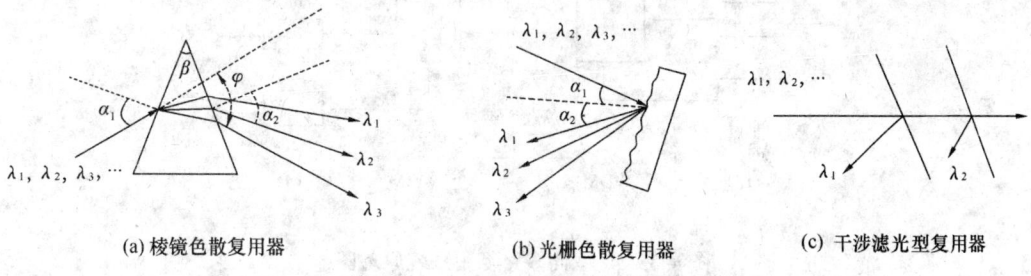

(a) 棱镜色散复用器　　(b) 光栅色散复用器　　(c) 干涉滤光型复用器

图实 13.1　各元件光波复用器示意图

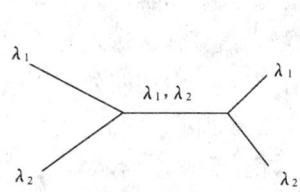

图实 13.2　光纤无源器件
　　　　波分复用器

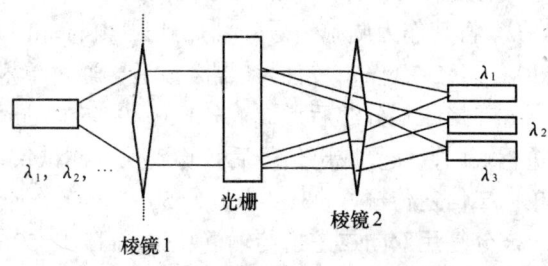

图实 13.3　角度色散波分复用器框图

干涉滤光型光波复用器是在一块基体玻璃上镀有各种材料和各种厚度的介质膜系。从物

理光学可知，法-珀标准具相当于一块滤光片，当若干波长的光入射到该材料上后，光在膜间发生多次反射，反射光彼此发生干涉，从而使某些波长通过，某些波长反射，构成具有某种特定光谱的滤光器件。设 $\Delta\delta$ 为滤光片内参与光束干涉效应的相邻两出射光线的光程差，d 为其厚度，n' 为滤色片的折射率，θ' 为光束进入滤色片的折射角，则有

$$\Delta\delta = 2n'd\cos\theta' \tag{7}$$

由此得到相邻两出射光线的频率间隔为

$$\Delta\nu_m = \frac{c}{2n'd\cos\theta'} \tag{8}$$

由式（8）可见，适当地选择干涉滤光型的厚度 d 和反射率，便能达到不同的波长经过干涉滤光型复用器后就可以分开不同的空间角度，达到分波与合波的目的。

WDM 通信系统传输方式又分为单向多路传输和双向多路传输，如图实 13.4 和图实 13.5 所示。

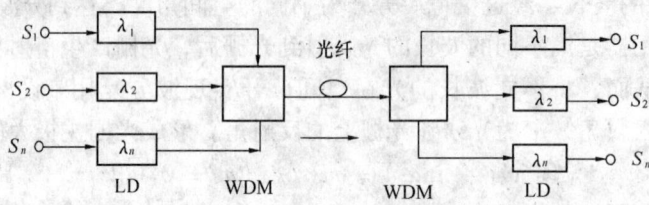

图实 13.4　单向多路复用系统原理图

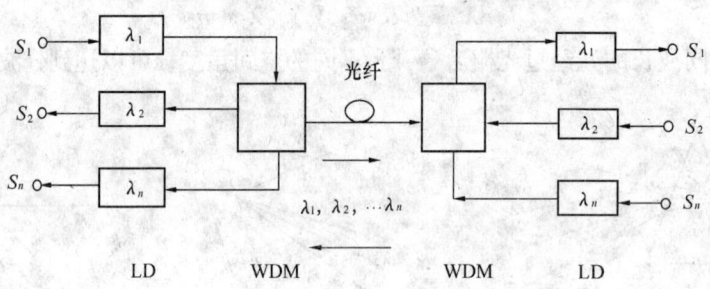

图实 13.5　双向多路复用系统原理图

实验工作原理：由误码测试仪提供电信号 AMI 和 HBD_3 码（码速可以是 2 MHz 或 8 MHz），将其作为调制信号分别加到 1 310 nm 和 1 550 nm 的光源上，进行强度调制。调制波 1 310 nm 和 1 550 nm，经合波器合波后，通过单根光纤传输形成单信道传输，再经过 WDM 无源器件在接收端分波后形成 1 310 nm 和 1 550 nm 两路光信号。将两路光信号分别送入光接收机进行解调，恢复成电信号后传输到误码测试仪进行误码测试分析。本实验中的波分复用根据单向二信道传输（1 310 nm，1 550 nm）工作原理来实现，如图实 13.6 所示。

波分复用双向二信道传输（1 310 nm，1 550 nm）的实验原理，如图实 13.7 所示。

实验装置：AV5232E 误码测试仪（2 台），AV29116 光接收机（2 台），WDM（2 件），1 310 nm 调制光源和 1 550 nm 调制光源各一台，消耗器材光纤若干。

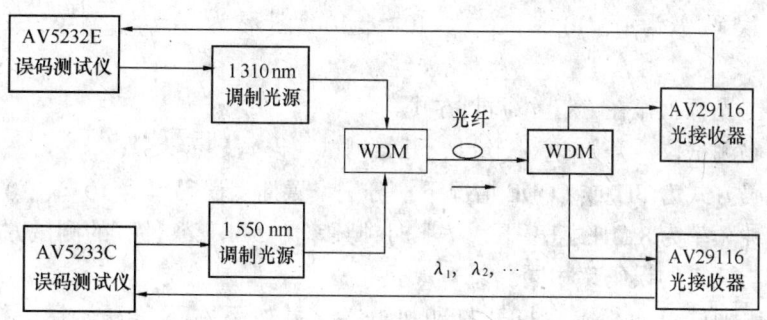

图实 13.6　波分复用单向二信道传输原理图

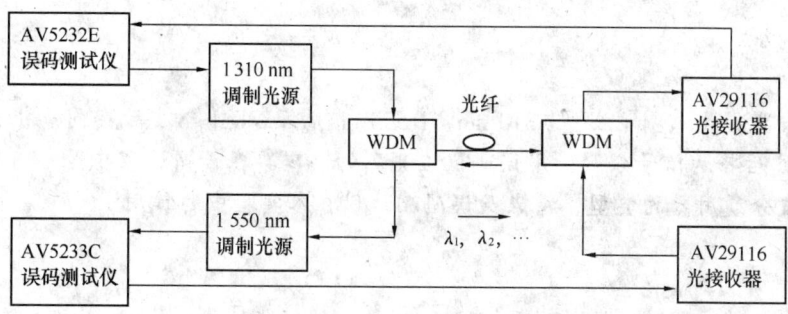

图实 13.7　波分复用双向二信道传输原理图

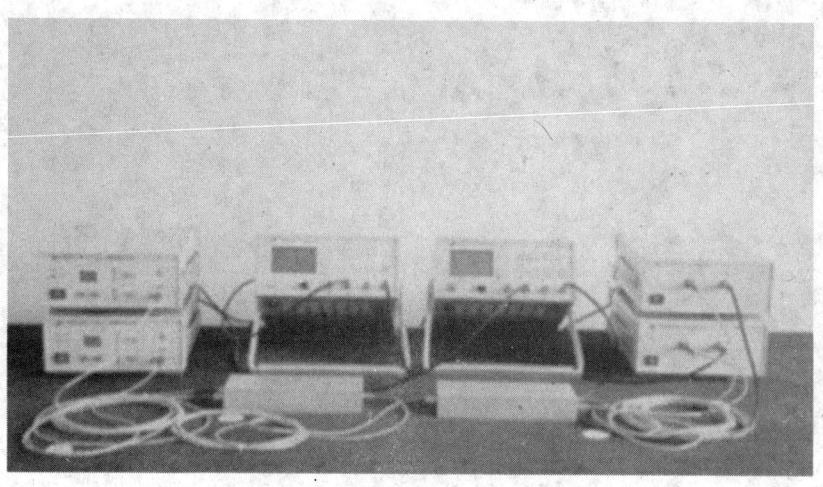

图实 13.8　波分复用光纤通信系统

三、实验内容及方法

按照图实 13.7 和图实 13.8 连接仪器，打开各仪器电源开关。
（1）熟悉本实验中各元件的功能，熟练掌握误码测试仪面板显示的各物理量的含义。
（2）设置误码测试仪的时钟频率为 2 MHz，码型为 AMI（或 HBD_3），误码方式为 BIT（或

CODE)，插入误码率为 0、10^{-3}、10^{-4}、10^{-5}、10^{-6} 图形为 $2^{15}-1$（AV 5232E）和 $2^{23}-1$（AV 5233C）。

(3) 使调制光源工作在 EXT 外调制方式。

(4) 按误码测试仪［开始/停止］键，开始测试，误码显示为"0"。

(5) 在误码方式为 BIT 或 CODE 情况下，分别设置插入误码率为 10^{-3}、10^{-4}、10^{-5}。

(6) 在时钟频率为 8 MHz 速率下，按照时钟频率为 2 MHz 条件下的测试方法，观察测量的误码率是否与插入的误码率相同。

(7) 在误码测试仪面板上，打开打印机开关，并按下右下角开始键，打印误码测试结果。

四、思考题

1. 经合波器，两个调制波（1 310 nm，1 550 nm）经 WDM 合波后在同一根光纤中传输，再经 WDM 分波后将两信号分开，用误码仪检测到的误码率在传输过程中是否有误？

2. 分析波分复用器的类型、特点及误码测试仪在本实验中的作用。

实验 14 单模光纤模场直径的测量

一、实验目的

（1）加深了解单模光纤几何参数的概念，了解单模光纤模场直径测量的一般方法及在实际应用中的意义。

（2）学习和实践 MFD 的横向位移法和远场扫描法，了解各种单模光纤的模场直径、多模及单模光纤数值孔径的测试原理，掌握待测光纤的制备和 MFD 的测量技术。

二、实验原理及装置

单模光纤中只传输一个基模，没有模间色散，传输带宽很宽，是高速长距离光纤通信系统的理想传输介质。单模光纤模场直径（MFD）的测量是对单模光纤结构或几何参数特性（如芯径，参考表面直径及单模光纤模斑直径）的测量。由于单模光纤的芯很细，用显微镜不容易精确地测量出几何参数，因此，需要测量与芯径尺寸有关并且容易精确测量的单模光纤的模斑直径。当单模光纤模场（模斑）直径与工作波长的关系曲线测出后，即间接测得单模光纤的纤芯直径、数值孔径和截止频率等参数。

CCITT 对测量模场直径的定义和测试方法有多种，如横向位移法、远场扫描测试法、近场扫描测试法、可变孔径法和刀口扫描法等。

1. 方法 I 横向位移法

（1）单模光纤模场直径的定义

单模光纤中基模场强在光纤的横截面积内有一特定的分布，光功率被约束在光纤横截面一定范围内，模场直径就是衡量这个范围的物理量。因此，通常将纤芯中场强分布曲线最大值的 $1/e$ 处所对应的直径定义为模场直径，如图实 14.1 所示。

（2）横向位移法测试原理

横向位移法是通过测量两根单模光纤端面横向位移接头损耗的办法，测量光纤在近场条件下的模场直径，如图实 14.2 所示。

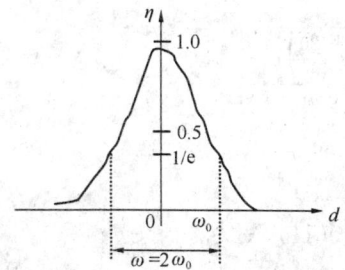

图实 14.1 传输效率与模场直径的关系

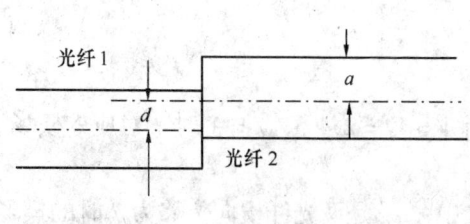

图实 14.2 光纤的横向位移

当光纤 1 和光纤 2 相连接时，由理论分析表明，圆柱对称型折射指数呈阶跃光纤的单模光纤，它的光功率分布用径向的高斯分布可以近似，高斯光束的近场幅度分布为

$$E(r) = E(0)\exp\left(-\frac{r^2}{\omega_0^2}\right) \tag{1}$$

式中，$E(0)$ 为光纤中心的场强；$2\omega_0$ 为场强下降到最大值的 $1/e$ 时的模场直径。单模光纤 1 被高斯光束激发后得到最大的激发效率。当在连接面处光纤轴发生横向位移 d 时，光纤 1 至光纤 2 的传输效率 η 与两光纤的模场直径 $2\omega_{01}$ 和 $2\omega_{02}$ 以及横向位移 d 的关系为

$$\eta = \left(\frac{2\omega_{01}\omega_{02}}{\omega_{01}^2 + \omega_{02}^2}\right)\exp\left(-\frac{2d^2}{\omega_{01}^2 + \omega_{02}^2}\right) \tag{2}$$

当两光纤无横向位移时，$d=0$，则得

$$\eta = \eta_0 = \left(\frac{2\omega_{01}\omega_{02}}{\omega_{01}^2 + \omega_{02}^2}\right) \tag{3}$$

实验中为了测量方便，取两光纤为同一型号，即 $\omega_{01} = \omega_{02} = \omega_0$，则 $\eta_0 = 1$，式 (2) 为

$$\eta = \eta_0\exp\left(-\frac{2d^2}{\omega_{01}^2 + \omega_{02}^2}\right) = \exp\left[-\left(\frac{d}{\omega_0}\right)^2\right] \tag{4}$$

当横向位移 $d = \omega_0$ 时，式 (4) 变为

$$\eta = \eta_0 e^{-1} = 1 \cdot e^{-1} \tag{5}$$

若测出传输效率 η 随 d 的变化曲线 $\eta = f(d)$，则 η 降低到最大值 $\eta_0 = 1$ 的 $1/e$ 时对应的横向位移量 d，这就是被测单模光纤的模场直径 $2\omega_0$。由于单模光纤的模场直径 $2\omega_0$ 与其纤芯半径 a 和归一化频率 V 的关系为

$$\omega_0 = a[0.65 + 1.619V^{-3/2} + 2.879V^{-6}] \tag{6}$$

而光纤的归一化频率与其工作波长的关系为

$$V = \frac{2\pi a}{\lambda}NA \tag{7}$$

在式 (7) 中，NA 为光纤的数值孔径，式 (7) 表明 V 是工作波长 λ 的函数。由此令

$$\delta(V) = [0.65 + 1.619V^{-3/2} + 2.879V^{-6}] \tag{8}$$

式 (6) 变为

$$\omega_0 = a\delta(V) \tag{9}$$

将式 (9) 对 λ 求导，可得

$$\frac{\lambda}{\omega_0}\frac{d\omega_0}{d\lambda} = -\frac{V}{\delta(V)}\frac{d\delta(V)}{dV} \tag{10}$$

整理得到

$$a = \frac{\left(\omega_0 - \frac{2}{3}\lambda\frac{d\omega_0}{d\lambda}\right)}{(0.65 - 3 \times 2.879V^{-6})} \tag{11}$$

当 $V = V_c = 2.405$，$\lambda = \lambda_c$ 时，对应的模场直径为 2，即

$$\omega_0 = \omega_{cd}$$

式中，ω_{cd} 是两光纤横向位移为 d 时的模场半径。式 (11) 变为

$$a = 1.652(\omega_{cd} - \frac{2}{3}\lambda_c\frac{d\omega_0}{d\lambda})|_{\lambda=\lambda_c} \tag{12}$$

因为 $V_c = 2\pi a/\lambda_c NA$，所以得到

$$NA = 0.383 \frac{\lambda_c}{a} \tag{13}$$

可见，只要求出了单模光纤的模斑直径 $2\omega_0$，由式（12）和式（13）即可求得单模光纤的纤芯半径 a 和数值孔径 NA（光纤的光学参数）。

2. 方法Ⅱ 传输场法

传输场法可以分为近场法和远场扫描法，即由单模光纤的近场和远场分布定出单模光纤模场直径。近场和远场来源于光的衍射理论，也就是说，离开衍射孔远至某点以外称之为远场，靠近衍射孔的区域称之为近场。在远场区，衍射图样大小随距离的增加而变大，但其形状不变，衍射图样只是衍射角度的函数。在近场区，衍射图样随距离的增加其形状和大小都发生变化。

单模光纤模场直径的定义：对于光纤来说，其出射端可以看成是孔径为模场直径的小孔，该小孔上的光场分布呈现一定的分布。对单模光纤而言，这个分布就是基模场的分布。对多模光纤而言，这个分布则与各个模所承载的光功率有关。

单模光纤模场直径的测试原理在本实验中，只讨论远场扫描法。借用小孔衍射的判据，当满足条件

$$|z| \ll \frac{\pi L^2}{\lambda} \tag{14}$$

$$|z| \gg \frac{\pi L^2}{\lambda} \tag{15}$$

则式（14）和式（15）描述的区域称为近场区和远场区。式中，z 是离开光纤端面的垂直距离；L 是光纤中光传输的路程；λ 为光波长。借助数理统计上的远场二阶矩来定义模场直径 $2W$。令 $f(r)$ 为近场分布（即光功率的平方根）的实测值，$F(q)$ 为远场分布（光功率的平方根）的实测值。远场分布参数 $q = \sin\theta/\lambda$，而 θ 为远场分布中的锥角。在单模光纤中近场和远场视为高斯分布，其模场分布为

$$g(r) = (2/\omega)\exp(-r^2/\omega^2) \tag{16}$$
$$G(q) = (2/W)\exp(-q^2/W^2) \tag{17}$$

其中，

$$W = \frac{1}{\pi\omega} \tag{18}$$

远场二阶矩为

$$\frac{[\int_0^\infty rf(r) \cdot g(r)dr]^2}{\int_0^\infty rf^2(r)dr \int_0^\infty rg^2(r)dr} = \frac{[\int_0^\infty q \cdot F(q) \cdot G(q)dq]^2}{\int_0^\infty qF^2(q)dq \int_0^\infty qG^2(q)dq} \tag{19}$$

由实验测出 $f(r)$ 或 $F(q)$ 后，就可以调整 $g(r)$ 或 $G(q)$，即调整 ω 或 W 值以保证式（19）左边或右边的积分值为最大。由此得出的 $g(r)$ 所对应的 ω 值就是单模光纤的模场半径 ω_0，或者由得到的 $G(q)$ 对应的 W 值经过式（18）变换得出模场半径 ω_0。

3. 实验装置

（1）设备。

LD 光源（AV38124A 1 310 nm，AV38121A 1 550 nm），光功率计（AV2495），测试转台，计算机，打印机，数据显示仪器，AV23122 光功率探测器，单模光纤（耗材）。

（2）远场法测量模场直径实验原理框图，如图实 14.3 所示。实验装置，如图实 14.4 所示。

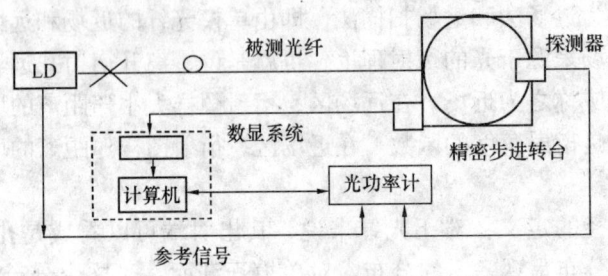

图实 14.3　远场扫描测试原理框图

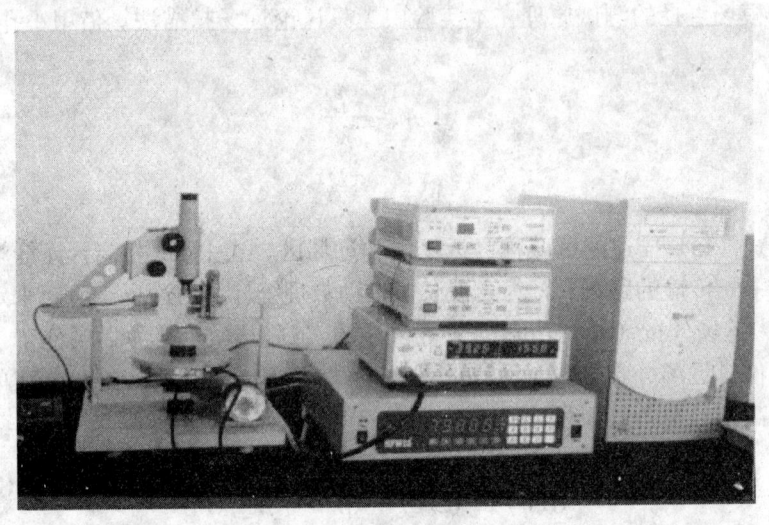

图实 14.4　模场直径测试装置

（3）近场法测量模场直径的原理图，如图实 14.5 所示。实验装置如图实 14.6 所示。

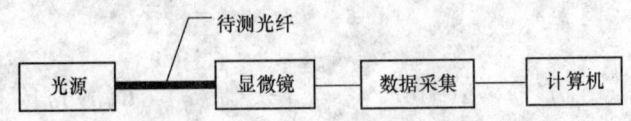

图实 14.5　近场法的实验装置原理图

利用显微镜系统对待测光纤的端面成像，显微镜的焦距一般都很短（<20 mm），因此，可以将此时的像认为是光纤出射光的近场分布情况，通过摄像头采集光强分布情况并利用数据采集卡进行模数转化以及显微镜的成像放大倍数关系，可以得到 $P(r)$ 的分布情况，最后利用计算机中的 Matlab 软件可以观察和处理获得的光强分布数据。根据式（2）得到折射率

图实 14.6 近场法测量模场直径的实验装置

分布曲线,再根据模场直径的定义,找到 $P(0)$ 的 $1/e^2$ 的能量 $P(r)$,$2r$ 就是对应入射波长的待测光纤的模场直径。

三、实验内容及方法

1. 实验内容

本实验内容主要围绕着远场扫描法:①在光源为 1 310 nm 条件下,测试单模光纤的模场直径;②在光源为 1 550 nm 条件下,测量单模光纤的模场直径。

2. 方法和步骤

(1) 熟悉实验过程中所用到的实验设备之间的关系,了解实验过程中的电路和光路的连接。

(2) 先打开调制光源、光功率计开关,将光源的内调制频率设置为 270 Hz。

(3) 熟悉光功率计、数显表面板上各键的功能。

(4) 选择测试方式(线性用W、对数用dBm、相对用dB)。

(5) 待测光纤的制备:取长度略大于 2 m 的待测光纤,剥去两端的涂层和包层露出裸光纤 5~8 cm,用酒精擦净,再用光纤切割刀将两端切出整齐的端面。

(6) 安装光纤:裸光纤的一端与连接器连接后,接到 LD 激光器的光输出口,另一端装在光学转台支架上。

(7) 光纤对中调节:使光纤的出射端位于视场中"+"的中央,调节光电探测器的位置与光纤位于同一轴线上。

(8) 数显表复零及功能键操作。

(9) 按照远场测试原理图实 14.3 调整和检查实验光路。分别进行 1 310 nm 和 1 550 nm 在单模光纤中传输过程中的模场直径测试。

(10) 开始测试:双击计算机界面上的 MFD 快捷键,进入测试窗口。

(11)利用计算机和数显表将测量数据记录下来。根据实验数据,完成 MFD 的实验曲线并完成实验报告。

步骤(2)~(11)为远场法测量单模光纤的模场直径,步骤(12)~(14)为近场扫描法测量模场直径。

(12)接通电源,先打开显微镜电源,后打开电脑并运行桌面上的图像采集程序(快捷方式 win200F),如果顺序颠倒有可能导致死机。

(13)选择一种待测光纤(待测光纤是两根芯/包直径分别为 50/125 和 60/125 的多模光纤和一根芯/包直径为 9/125 的单模光纤)放入夹具,然后轻轻调节到监视器上出现清楚的光纤纤芯画面,并将其保存为 *.bmp 位图。注意,为便于观察模场内的光强分布,应先保存一张无光通过时的光纤纤芯画面作为背景图,用于以后的数据处理。打开光源开关,再保存几张有光通过时的光纤纤芯画面并命名为 *.bmp 作为待测图。由于探测器存在饱和光强的限制,在调整有光情况下的图片时,纤芯的光强不宜过强。如果过强,可以在光路中加入毛玻璃或者红色的滤光片。

(14)使用软件处理数据。

①运行"光纤参数测试"软件,出现如图实 14.7 所示界面。

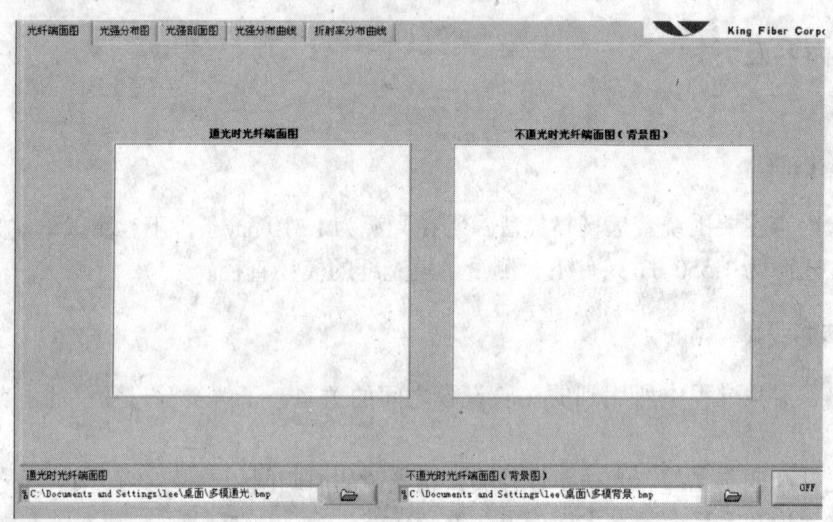

图实 14.7 光纤参数测试软件界面

②在"通光时光纤端面图"和"不通光时光纤端面图"对话框中分别确定相应的图片,然后点击右边的"OFF"按钮。

③点击"光强分布图"按钮,可以观察待测光纤的模场光强分布的三维图,如图实 14.8 所示;点击"光强剖面图"按钮,可以观察待测光纤的模场光强分布的剖面图。

④点击"光强分布曲线"按钮,可以得到模场光强分布的二维曲线图,并给出计算所得的模场直径值(单位为微米)。

⑤点击"折射率分布曲线",在"数值孔径"对话框中输入数值孔径(一般单模光纤 0.14,多模光纤 0.18),在"包层折射率"对话框中输入包层折射率(1.466)。点击右边的"OFF"按钮,可以得到折射率分布曲线。

⑥换不同的光纤,重复步骤②~⑤并记录下相应的模场折射率分布简图和模场直径,区

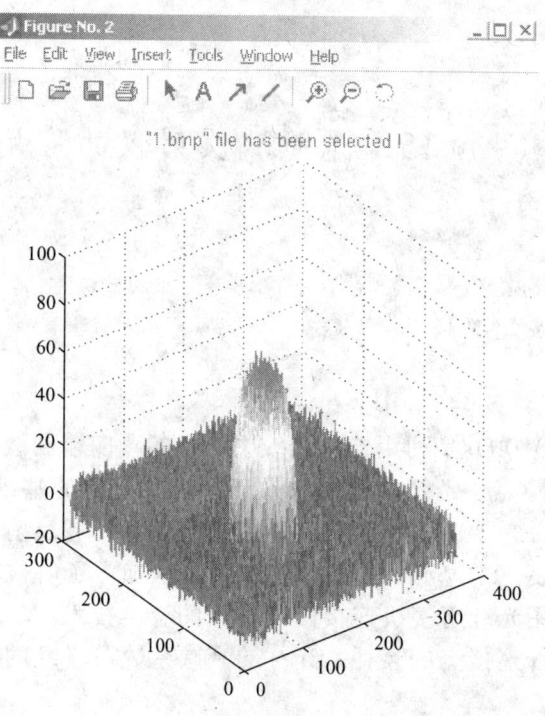

图实 14.8　光强分布三维图

分单模、多模 50/125 和多模 62.5/125 光纤样品。

四、思考题

1. 光纤通信为什么采用 850 nm，1 310 nm，1 550 nm 三个波长？光纤通信为什么向长波长及单模光纤发展？
2. 单模光纤模场直径的测量方法是否受模场直径的定义的影响？
3. 为什么实验中将待测光纤弯成 60 mm 的圆圈？
4. 实验中测量的模场直径与实际光纤的纤芯直径不同，为什么？

实验 15 光时域反射仪的应用

一、实验目的

光时域反射仪（OTDR）是利用被测光纤中产生的背向瑞利散射信号，检测出被测光纤的长度、光纤的故障点、光纤的损耗以及光纤接头损耗的基础设备。它在光纤生产、施工及维护中起到至关重要的作用。在实验室中开设光时域反射仪的实验，能为培养高科技的专门人才打下良好的基础。通过该实验，可以加深了解被测光纤的制备及各种物理参数的意义。掌握用光纤熔接机连接两段光纤的熔接技术。学会用光时域反射仪测量待测光纤的长度、光纤连接点的衰耗、光纤的衰减系数及光纤的故障点，加深理解光时域反射仪的基本原理。

二、实验原理

光时域反射仪是通过被测光纤中产生的背向瑞利散射信号，对待测光纤的损耗及长度进行测量的仪器。它包括：

（1）光方向耦合器。它使电光变换器产生的光脉冲通过，然后耦合入射到被测光纤的前端面，同时将反射光耦合到光电变换器。

（2）主时钟。产生周期为 T 的标准时钟信号，脉冲发生器根据时钟信号的周期产生符合要求的窄脉冲，以便驱动电光变换器产生所需宽度的光脉冲。

（3）光电变换器。将收到的微弱信号散射光和反射信号转换成电信号再由放大器放大。

工作原理：由于被测光纤本身的缺陷和掺杂组分的非均匀性，使得它们在光子的作用下发生散射现象。当光脉冲通过光纤传播时，沿光纤长度上的各点均会引起瑞利散射，其强弱与通过该处的光脉冲成正比，而光功率又与光纤的衰耗直接有关。当光通过有几何缺陷或断裂面的光纤时，会产生菲涅耳反射。当散射光和反射光中的极少部分光能进入光纤的孔径角而反向传输到输入端，由此根据反向传输回来的散射光及反射光即可以通过光时域反射仪判断光纤的长度、光纤断点的位置及光纤连接点的位置及光纤的衰减系数。实验原理如图实 15.1 所示。

光纤中任意两点的衰耗大小为

$$\frac{10}{2}\lg(P_a/P_b)$$

光在光纤中传输的速度为

则光在光纤中传输的距离为

$$v = c/n$$

$$L' = v \cdot T = cT/n$$

故光纤的实际长度为

$$L = cT/2n$$

式中，T 为光在光纤中传输到某点又回到起点的时间。光时域反射仪能探测的最大长度取决于它发射的光信号的峰值功率、光电探测器的灵敏度、光脉冲的周期。

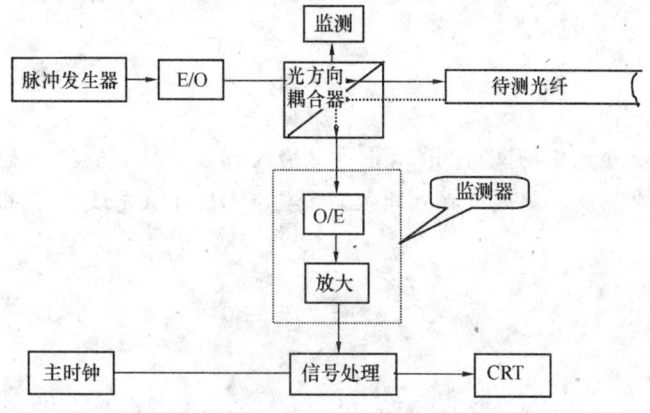

图实 15.1　实验原理图

三、实验装置

FTB－100 Mini－OTDR1 台，FSU975 光纤熔接机 1 台，光纤切割机 1 件，光纤若干。实验装置如图实 15.2 所示。

图实 15.2　实验装置图

四、实验内容及方法

(1) 熟悉 OTDR 和光纤熔接机的正确使用及仪器面板上各物理量。
(2) 打开 OTDR 和光纤熔接机的电源开关。
(3) 根据待测光纤性质在 OTDR 上设置光纤的折射率及单模或多模等物理参数。

(4) 由光纤熔接机连接两段光纤。
(5) 在 OTDR 上记录被测光纤的长度、连接点的衰耗及计算出光纤的衰减系数。
(6) 关断 OTDR 和光纤熔接机的电源开关。

五、注意事项

制备光纤时小心不要让纤芯扎着皮肤。请不要让已连接光源的光纤尾端直射眼睛。

六、思考题

1. 实验中为什么在光反射仪 OTDR 输出口（输入口）先加 1.5~2 m 的过渡光纤？
2. 实验中为什么强调在测试待测光纤之前，要在 OTDR 上先设置好待测光纤的折射率？

实验 16　掺铒光纤放大器的应用

一、实验目的

掺铒光纤激光器和放大器（EDFA）是目前研究稀土类掺杂光纤有源器件的热点之一。由于掺铒光纤放大器具有插入损耗小、高增益、大带宽、增益和偏振态无关、低噪声、低串扰等优点，它已广泛应用于光纤通信中的接收端的前置放大器。作为发射端的功率放大器以提高系统的传输距离或用于局域网络通信系统中，作为通信系统的信号源和测试系统光源。掺铒光纤放大器又可以用于传输系统的中继放大，以提高系统的传输距离，因此掺铒光纤激光器和放大器得到了广泛的应用。通过本实验加深了解和掌握泵浦光和信号光通过光纤合波器耦合到掺铒光纤中，实现对入射光信号的放大作用的原理。

(1) 光纤掺铒激光器和放大器的区别，了解 EDFA 的基本结构和功能。
(2) 熟悉正向泵浦、反向泵浦和双向泵浦的光纤放大器。
(3) 通过实验了解掺铒光纤放大器的带宽范围及相应功率输出。
(4) 测试 EDFA 的各种参数并通过测量数据计算增益、输出饱和功率和噪声系数。
(5) 了解实验中各参数的定义和计算方法，对 EDFA 的各种使用情况有一个充分的认识。

二、实验原理及装置

在光纤放大器实用化以前，为了克服光纤传输中的损耗，每传输一段距离，都要进行"再生"，即把传输后的弱光信号转换成电信号，经过放大、整形后，再去调制激光器，生成一定强度的光信号，即所谓的 O—E—O 光电混合中继。其工作原理是先将接收到的微弱光信号经 PIN 或 APD 转换成电流信号，并对此电信号实现放大、均衡、判决、再生等技术，以便得到一个性能良好的电信号，最后再通过半导体激光器完成电光转换，重新发送到下段光纤中去。随着传输码率的提高，"再生"的难度也随之提高，于是中继部分成了信号传输容量扩大的"瓶颈"。光纤放大器的出现解决了这一难题，其不但可对光信号进行直接放大，同时还具有实时、高增益、宽带、在线、低噪声、低损耗的全光放大功能，是新一代光纤通信系统中必不可少的关键器件。由于这项技术不仅解决了损耗对光网络传输速率与距离的限制，更重要的是它开创了 C+L 波段的波分复用，从而将使超高速、超大容量、超长距离的波分复用（WDM）、密集波分复用（DWDM）、全光传输、光孤子传输等成为现实，是光纤通信发展史上的一个划时代的里程碑。

在目前实用化的光纤放大器中主要有掺铒光纤放大器（Erbium-Doped Fiber Amplifier,

EDFA)、半导体光放大器（SOA）和光纤拉曼放大器（FRA）等，其中，掺铒光纤放大器以其优越的性能已广泛应用于长距离、大容量、高速率的光纤通信系统、接入网、光纤 CATV 网、军用系统（雷达多路数据复接、数据传输、制导等）等领域，在系统中 EDFA 有三种基本的应用方式：功率放大器（Power booster-Amplifier）、中继放大器（Line-Amplifier）和前置放大器（Pre-Amplifier）。它们对放大器性能有不同的要求，功放要求输出功率大，前放对噪声性能要求高，而线放两者兼顾。

　　光纤放大器和光纤激光器的区别在于：光纤放大器除泵浦光外，还有信号光输入，泵浦光和信号光通过光纤合波器耦合到掺铒光纤中，在泵浦能量的作用下实现粒子数反转，通过受激辐射而实现对入射光信号的放大作用。产生激光或激光放大的过程是在吸收波长上有效地提供泵浦，促使激光介质充分获得能量，进而被激活，并在荧光波长上正确地提供形成激光放大或振荡的条件。由于掺铒光纤的激光形成过程属于三能级系统，泵光波长应短于激光波长，以实现粒子数反转。当有适合的正反馈谐振腔，即可以实现激光振荡。当掺铒光纤的基质组分不同时，带宽不同，但只要选择合适的光纤长度，掺铒光纤放大器带宽都较宽，增益带宽约为 40 nm，当光纤放大器的增益与信号光的增益与信号光的波长无关时，则这个放大器的应用价值越高。EDFA 主要由掺铒光纤（EDF）、泵浦光源、波分复用器（WDM）、隔离器（Isolator）等组成，EDFA 的内部按泵浦方式分为三种最基本的结构，即正向泵浦、反向泵浦和双向泵浦。

1. 掺铒光纤放大器的基本结构

（1）正向泵浦光纤放大器

即信号光与泵浦光以同一方向从掺铒光纤的输入端注入，如图实 16.1 所示。

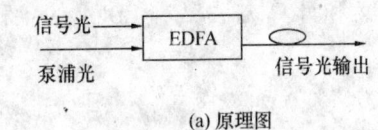

(a) 原理图

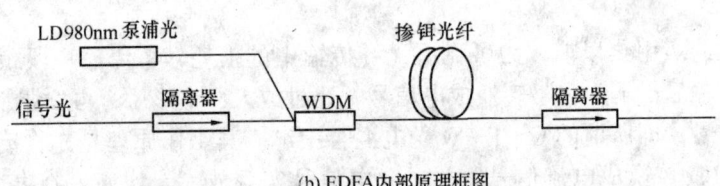

(b) EDFA 内部原理框图

图实 16.1　正向泵浦光纤放大器

（2）反向泵浦光纤放大器

即信号光与泵浦光从两个不同方向注入掺铒光纤，如图实 16.2 所示。

（3）双向泵浦光纤放大器

它是同向泵浦和反向泵浦同时泵浦的一种结构，如图 16.3 所示。

2. EDFA 的工作原理

Er^{3+} 能级图及放大过程：掺铒光纤放大器之所以能放大光信号的基本原理，在于 Er^{3+} 吸

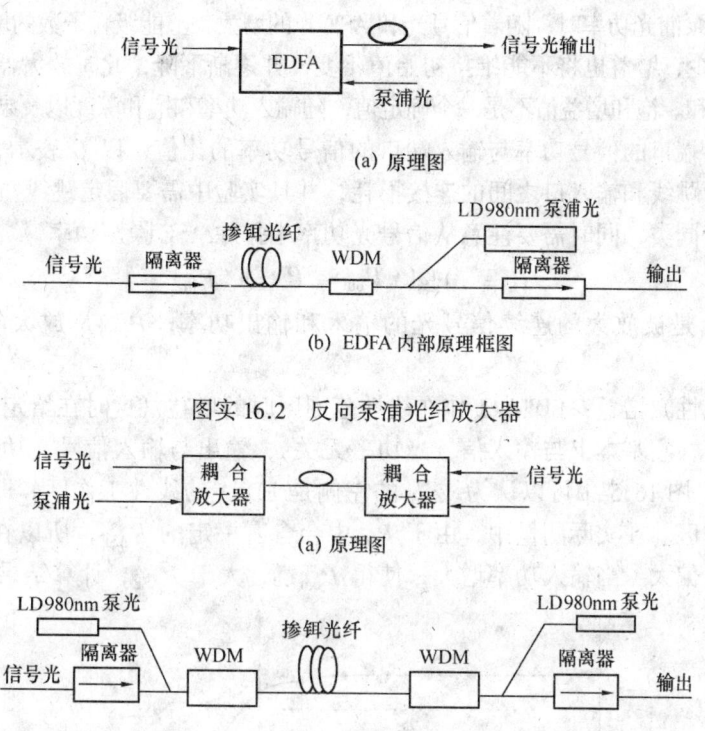

(a) 原理图

(b) EDFA 内部原理框图

图实 16.2 反向泵浦光纤放大器

(a) 原理图

(b) EDFA 内部原理框图

图实 16.3 双向泵浦光纤放大器

收泵浦光的能量，由基态 $^4I_{15/2}$ 跃迁至处于高能级的泵浦态，对于不同的泵浦波长电子跃迁到不同的能级，当用 980 nm 波长的光泵浦时，如图实 16.4 所示，Er^{3+} 从基态跃迁至泵浦态 $^4I_{11/2}$。由于泵浦态上的载流子的寿命只有 1μs，电子迅速以非辐射方式由泵浦态弛豫至亚稳态，在亚稳态上载流子有较长的寿命，在源源不断的泵浦下，亚稳态上的粒子不断累积，从而实现粒子数反转分布。当有 1 550 nm 的信号光通过已被激活的铒光纤时，在信号光的感应下，亚稳态上的粒子以收集受激辐射的方式跃迁到基态，同时释放出一个与感应光子全同的光子，从而实现了信号光在掺铒光纤的传播过程中不断放大。在放大过程中，亚稳态上的粒子也会以自发辐射的方式跃迁到基态，自发辐射产生的光子也会被放大，这种放大的自发辐射（ASE Amplified Spontaneous Enission），会消耗泵浦光并引入噪声。

3. EDFA 的基本参数

在 EDFA 中，当接入泵浦光功率后，输入信号光将得到放大，同时产生部分 ASE 光，两种光都消耗上能级的铒离子。当泵浦光功率足够大，而信号光与 ASE 很弱时，上下能级的粒子数反转程度很高，并可认为沿掺铒光纤长度方向上的上能级粒子数保持不变，放大器的增益将达到很高的值，而且随输入信号光功率的增加，增益仍维持恒定不变，这种增益称为小信号增益。

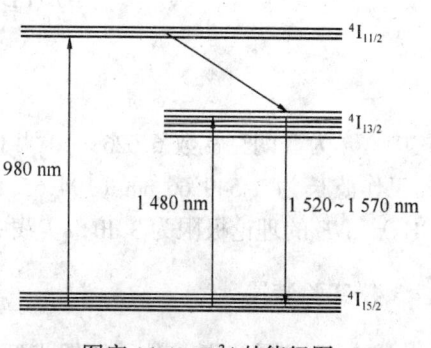

图实 16.4 Er^{3+} 的能级图

在给定输入泵浦光功率时,随着信号光和 ASE 光的增大,上能级粒子数的增加将因不足以补偿消耗而逐渐减少,增益也将不能维持初始值不变,并逐渐下降,此时放大器进入饱和工作状态,增益产生饱和。饱和增益值不是一个确定值,随输入功率和饱和深度以及泵浦光功率而变。

增益:输出端口的信号功率与输入端口的信号功率的比值,以 G 表示,单位为 dB。增益包括输入光纤跳线和输入口之间的连接损耗,并且实验中需要假定跳线与用作 EDFA 输入输出端口的光纤同类,同时需要注意从信号光功率中排除 ASE 噪声功率。

$$G = 10 \lg((P_{out} - P_{ASE})/P_{in}) \tag{1}$$

式中,P_{in} 和 P_{out} 是被放大的连续信号光的输入和输出功率;P_{ASE} 是放大的自发辐射噪声功率。

小信号(线性)增益:EDFA 工作在线性范围区时的增益(这时在给定的信号波长和泵浦光功率电平下,它基本上与输入信号光功率无关),输出与输入信号光功率之比,不包括泵光和 ASE 光。图 16.5 中可以认为线 b 的左侧是 EDFA 的线性工作区,即小信号工作区,右侧是饱和工作区。在实际测量中,由于 P_{out} 中会含有一定的 P_{ASE},所以在 P_{in} 很小的情况下,计算的增益偏大,当输入功率增大,使得 P_{out} 远远大于 P_{ASE},计算结果就相当精确了。

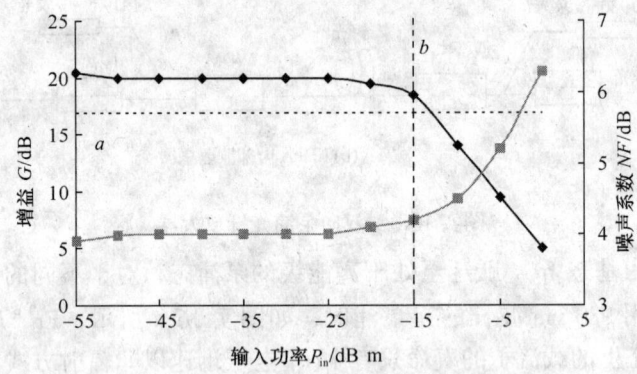

图实 16.5 典型 EDFA 的增益、噪声系数与输入功率的关系

饱和输出功率:增益相对小信号增益减小 3 dB 时的输出功率称为饱和输出功率,在本实验中通过作图法得到(应该说明测量该参数的波长)。

噪声系数(noise figure,NF):定义为放大器输入信噪比和输出信噪比之比,国际上通用的测量使用的公式如下:

$$NF(dB) = 10 \lg\left(\frac{P_{ASE}}{h\nu\, G_1 B_0} + \frac{1}{G}\right)$$

$$= 10 \lg\left(\frac{P_{ASE} P_{in}}{h\nu\, B_0 (P_{out} - P_{ASE})} + \frac{P_{in}}{(P_{out} - P_{ASE})}\right) \tag{2}$$

式中,h 为普朗克常数 6.626×10^{-34} J·s;ν 为光频率;本实验中,分布反馈半导 DFB 体激光器工作波长为 1 549.66 nm(194.65 THz);B_0 为有效带宽,本实验中标定为 7.77 nm(933 GHz),NF 的理论极限为 3 dB,实践中一般在线性区内噪声系数在 4~8 dB 之间。

4. 实验装置

KF-2 信号光源 1 件,掺铒光纤激光器 1 件,EXFO92A 1 件,跳线 2 根,滤波器 1 件。

实验装置图如图实 16.6 所示。

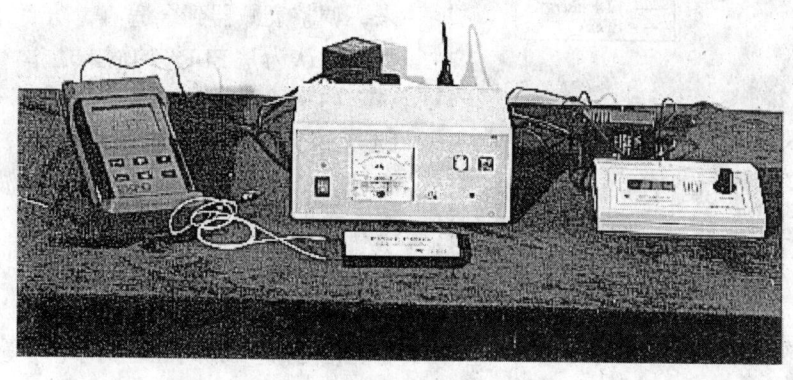

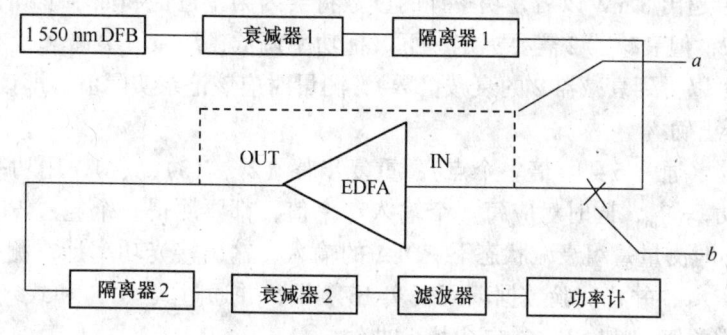

图实 16.6　实验装置示意图

本实验需要实验仪器：DFB 光源，隔离器（Isolator），EDFA 测试仪，光可变衰减器（Tunable Attenuator），光固定衰减器（Fixed Attenuator），跳线（Jumper Cable），光功率计。

三、实验内容及方法

1. 测量输出波长与输出功率的关系

按照原理图连接仪器，打开电源开关；完成泵浦光源在 40 μA，80 μA 量程下的功率输出的测量，并记录输出波长与输出功率的数据；完成信号光源在最大量程下的功率输出的测量，并记录数据；完成掺铒光纤放大器的功率输出测量，并记录数据；绘出光纤激光器和光纤放大器在同等条件下（信号光为最大输出量程，泵浦光在 80 μA）的输出功率曲线，并作比较，实验结果，如图实 16.7 所示。

2. 测量 EDFA 的增益曲线

（1）接通 EDFA 测试仪电源，稍候（大约 5 分钟）至稳定工作状态。按照图实 16.6 接线。

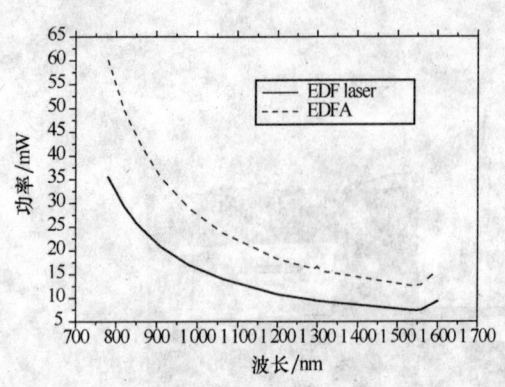

图实 16.7 波长与功率的关系

(2) 测量信号功率,如图实 16.7 中的虚线所示,跳过 EDFA,将两个隔离器连接起来,调整衰减器到合适值,功率计上显示的读数可以认为是 EDFA 的输入功率。

(3) 如图实 16.6 所示,在 b 点断开(EDFA 无输入),EDFA 输出端按图依次连接,功率计上的读数可以认为是通过滤波器带宽内的 ASE 功率。

(4) 将第一个隔离器的输出接到 EDFA 的输入端,此时功率计上的读数可以认为是放大后的信号和 ASE 的混合功率。

注意:衰减器 2 不一定使用,但是当放大器放大后的信号超出 8 mW 以后,功率计的读数将会因为接近饱和而不准确,所以,此时需要加入衰减器 2,但衰减器 2 需要标定一下(把功率调低,测量有衰减和没有衰减的准确读数,两个相除可以得到衰减器 2 的衰减倍数),测量时应该记录实际值,即读数×衰减倍数,否则,NF 将不正确。

调整衰减器(通常 5~10 倍一个点),重复步骤(2)、(3)、(4),用功率计测量并记录信号光的输入功率 P_{in},同时对应每一个输入功率值,都要测得一个经过 EDFA 的放大后输出功率 P_{out},同时测量每组衰减状态下 EDFA 的输入,输出接光功率计,测得 EDFA 的自发辐射噪声功率 P_{ASE};并将实验数据填入表实 16.1 中,并通过式(1)和式(2)计算出各个输入功率下的增益值 G 和 NF,绘制出增益曲线。

表实 16.1 实验数据表

编号	输入功率 P_{in}/dBm	输出功率 P_{out}/dBm	噪声功率 P_{ASE}/dBm	增益 G/dB	噪声系数 NF/dB
1					
2					
3					
4					
5					
6					
7					
8					

3. 测量输出饱和功率

能够判别线性工作区和饱和工作区。在本实验中,饱和输出功率通过作图法得到,在步骤(1)中测得的增益曲线示意图,如图实 16.5 所示。直线 a 是增益基本恒定的区域内的增益减去 3 dB,直线 a 与增益曲线的交点得到图中竖虚线 b,左侧是 EDFA 的线性工作区,右侧是 EDFA 的饱和工作区，输出饱和功率就是这个时刻的输出功率。

4．绘制噪声系数曲线

根据式（2）计算 EDFA 的噪声系数，并绘制以输入功率为横轴以噪声系数为纵轴的噪声系数曲线。重复步骤(1)~(3)，调整不同的泵浦电流（例如 100 mA、133 mA），分别测试不同电流（相当于不同的泵浦光强度）条件下的正向泵浦、反向泵浦的情况，会发现增益和噪声系数会有很大的变化，特别是噪声系数。

四、注意事项

（1）每次开、关机之前检查调节旋钮是否至零，避免烧毁激光器。
（2）超过 15 mW 的时候有可能烧毁光纤端面！当光纤端面清洁时，120 W 的光能量也不会损坏光纤端面；但如果端面脏，15 mW 的能量可能造成一半以上的端面会被烧毁。所以，建议 EDFA 的电流不超过 150 mA。实验中要注意所有光纤端面要保持清洁。
（3）法兰盘和衰减器有缺口，连接时，要将连接头上的突起（key）对着缺口，不能强行大力旋钮。
（4）按照国际惯例，APC 为绿色标志，FC 为黑色标志。EDFA 为 APC 接口，功率计为 PC 接口。APC 和 FC 不能直接连接，否则造成光源或者 EDFA 不稳定，并且引入很大的损耗。
（5）由于工作波长是红外波段，虽看不见，绝对不允许把端面对着眼睛。
（6）法兰式固定衰减器和法兰盘外形相同，但底座上写有"10 dB"字样，注意区别，否则可能造成测量结果错误。

五、思考题

1．通过实验，阐述掺铒光纤激光器和放大器的原理及区别？
2．实验中如何连接可以测量反向泵浦的参数？
3．实验中滤波器起的作用是什么？
4．如果没有隔离器，会出现什么情况（FC 端面反射率为 4%，EDFA 的增益很大)？
5．实验中为什么使用衰减器，而不使用调整光源电流的办法得到不同的输入光功率？
6．EDFA 的两个输出端为什么使用 APC 端面，而不使用 FC 端面？

实验 17　光纤光栅传感器的应用

一、实验目的

光纤光栅及其在光纤传感器和光纤通信中的应用研究引起人们普遍的关注，光纤光栅传感器具有不受电磁干扰、信号带宽大、灵敏度高、易于复用、重量轻、适于在高温、腐蚀性的危险环境中使用等优点。光纤光栅传感器在大型建筑和油井等特殊场合的安全监测方面具有极为广泛的应用前景。

（1）利用外界物理量温度的改变，掌握 FBG 中传输的表征光波特征参量变化。
（2）通过实验掌握光纤传感器的作用原理和实际应用中的作用。

二、实验原理及装置

光纤光栅传感器的传感过程是通过外界参量对布拉格中心波长的调制来获取传感信息，这是一种波长调制型光纤传感器。由耦合模理论可知，光纤布拉格光栅（FBG）的中心反射波长为

$$\lambda_B = 2n_{\text{eff}} \Lambda \tag{1}$$

式中，n_{eff} 为导模的有效折射率；Λ 为光栅周期。当波长满足布拉格条件时，入射光将被光纤光栅反射回原路。由式（1）知光纤光栅的中心反射波长 λ_B 随 n_{eff} 和 Λ 的改变而变。FBG 对应力和温度都是敏感的。应力影响 λ_B 是由弹光效应和光纤周期 Λ 的变化引起的，而温度影响 λ_B 是由热光效应和热膨胀效应引起的。

1. FBG 受环境温度影响

当外界环境温度改变 ΔT 时，光纤光栅中心反射波长的变化为

$$\frac{\Delta \lambda_B}{\lambda_B} = (\alpha + \xi)\Delta T \tag{2}$$

式中，$\alpha = \frac{1}{L}\frac{dL}{dT}$ 为光纤的热膨胀系数；$\xi = \frac{1}{n}\frac{dn}{dT}$ 为光纤的热光系数。由此可见，当温度改变 ΔT 时，FBG 波长漂移 $\Delta \lambda_B$ 的大小由光纤的热光效应决定。

2. FBG 受环境压力影响

当外界环境的压力改变 ΔP 时，FBG 反射中心波长的变化为

$$\frac{\Delta \lambda_B}{\lambda_B} = \left[\frac{1}{\Lambda}\frac{\partial \Lambda}{\partial P} + \frac{1}{n}\frac{\partial n}{\partial P}\right]\Delta P \tag{3}$$

而

$$\frac{1}{\Lambda}\frac{\partial \Lambda}{\partial P} = -\frac{(1-2v)}{E} \qquad \frac{\partial n}{n\partial P} = \frac{n^2}{2E}(1-2v)(2P_{12}+P_{11}) \tag{4}$$

式中，P_{11} 和 P_{12} 分别为光纤的光弹系数；v 表示光在光纤中的速度。将式（4）代入式（3），得

$$\frac{\Delta \lambda_B}{\lambda_B} = \left[-\frac{1-2v}{E} + \frac{n^2}{2E}(1-2v)(2P_{12}+P_{11})\right]\Delta P \tag{5}$$

由式（2）和式（5）得出 FBG 传感器受外界环境温度和压力影响时的中心波长漂移量。

3. 实验原理图

实验原理图如图实 17.1 所示。

4. 实验装置

光谱分析仪 1 台，宽带光源 1 件，耦合器件 1 件，温控箱 1 台，FBG 光纤传感器 1 件，跳线若干。实验装置如图实 17.2 所示。

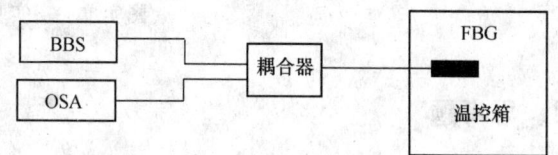

图实 17.1 实验原理图

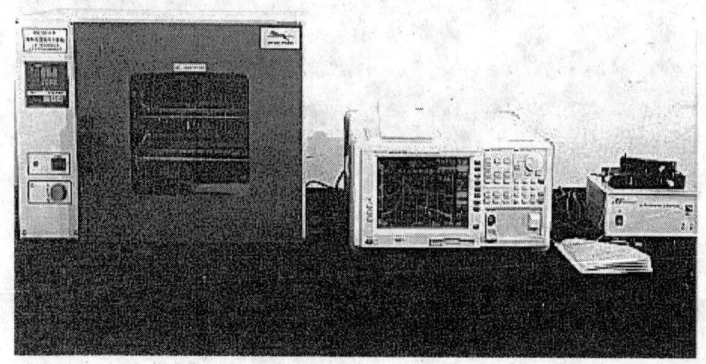

图实 17.2 实验装置图

三、实验内容及方法

（1）按原理图连接光路。
（2）开启 OSA、BBS 及温控箱开关。
（3）在温度范围 10~150℃内测量 FBG 的反射谱，记录相应的 FBG 中心反射波长的变化与温度的关系。
（4）画出 FBG 传感器的反射中心波长随着外界温度变化的关系曲线。
实验结果如图实 17.3 所示。

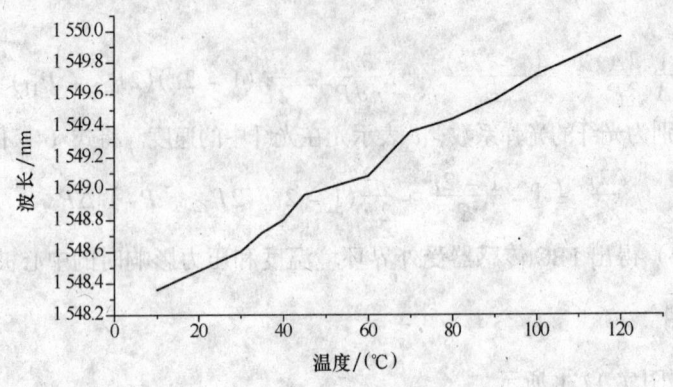

图实 17.3　实验结果

四、思考题

1. 实验中，随着外界温度的升高，FBG 反射的中心波长如何变化？
2. 实验中外界温度改变时，FBG 传感器传播的特征量是何物理量？

实验 18　折射率分布曲线的测量

一、实验目的

通过近场法测量光纤的折射率分布曲线,了解近场法的基本原理,加深对模场直径等概念的理解。

二、实验原理及装置

1. 折射率分布曲线

光纤的色散现象对光纤通信极为不利。光纤数字通信传输的是一系列脉冲码,光纤在传输中的脉冲展宽,导致了脉冲与脉冲相互重叠现象,即产生了码间干扰,从而形成传输码的失误,造成差错。为避免误码出现,就要拉长脉冲间距,导致传输速率降低,从而降低了通信容量。另一方面,光纤脉冲的展宽程度随着传输距离的增长而越来越严重。

在单模光纤中,导致色散的因素主要是材料色散和波导色散,但材料色散已经很难有很大的改进。所以,近年来研究人员把提高光纤色散性能的焦点转移到了波导色散上。它是由光纤的几何结构决定的色散,研究表明,不仅仅是光纤的横截面积尺寸对波导色散起作用,波导的折射率分布曲线(波导横截面的折射率分布)对材料色散影响也很大,人们已经通过改变光纤的折射率曲线得到了色散位移光纤、色散平坦光纤、非零色散位移光纤、大有效面积光纤等各种新型的、性能更优越的光纤(可查阅 G.652C,G.653 和 G.655 等光纤的折射率曲线分布图)。

2. 折射率分布曲线的测量

近场法 NFP(Near Field Pattern)是利用光纤输出端面上的光强度的分布来测量光纤的部分几何参数的典型方法,如图实 18.1 所示。这种方法的原理是:光纤输出端面的光强度分布近似于折射率分布。这种方法控制简单,应用广泛,但测量精度一般不高(折射率近场法相对精度较高)。

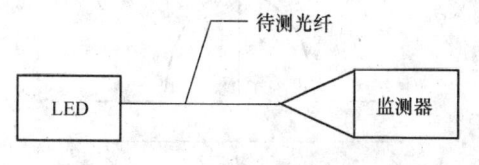

图实 18.1　近场法的基本结构

光纤局部的 NA 可以描述为

$$NA = n(r)\sin\theta_c(r) = [n^2(r) - n_2^2]^{1/2} \tag{1}$$

式中，$n(r)$ 为折射率分布；r 为径向距离；n_2 为包层折射率；$\theta_c(r)$ 为局部接收角。若用非相干光源（这里可以考虑为 LED 等光源），设所有的模在光纤中均匀激励，那么光纤距纤芯轴线为 r 处传播的光功率 $P(r)$ 可表示为

$$P(r) = P(0)\frac{NA^2(r)}{NA^2(0)} = P(0)\frac{n^2(r) - n^2(a)}{n^2(0) - n^2(a)} \tag{2}$$

式中，a 为纤芯半径。设多模光纤的折射率分布如下：

$$n(r) = \begin{cases} n(0)\left[1 - \dfrac{n(0) - n(a)}{n(0)}f(r/a)\right] & (r < a) \\ n(a) & (r \geq a) \end{cases} \tag{3}$$

如果每个模的衰减都一样，并且没有耦合，可以通过测量 NFP，即 $P(r)$，求得折射率分布 $n(r)$。

三、实验内容及方法

本实验的内容为用近场法测量光纤的折射率分布曲线，实验步骤如下：

（1）接通电源，先打开显微镜电源，后打开电脑并运行桌面上的图像采集程序（快捷方式 win200F），如果顺序颠倒有可能导致死机。

（2）选择一种待测光纤（待测光纤是两根芯/包直径分别为 50/125 和 60/125 的多模光纤和一根芯/包直径为 9/125 的单模光纤）放入夹具，然后轻轻调节到监视器上出现清楚的光纤纤芯画面，并将其保存为 *.bmp 位图。注意，为便于观察模场内的光强分布，应先保存一张无光通过时的光纤纤芯画面作为背景图，用于以后的数据处理。打开光源开关，再保存几张有光通过时的光纤纤芯画面并命名为 *.bmp 作为待测图。由于探测器存在饱和光强的限制，因此，在调整有光情况下的图片时，纤芯的光强不宜过强。如果过强，可以在光路中加入毛玻璃或者红色的滤光片。

（3）使用软件处理数据。

①点击"折射率分布曲线"，在"数值孔径"对话框中输入数值孔径（一般单模光纤 0.14，多模光纤 0.18），在"包层折射率"对话框中输入包层折射率（1.466）。点击右边的"OFF"按钮，可以得到折射率分布曲线，测得的实验结果如图实 18.2 和图实 18.3 所示。

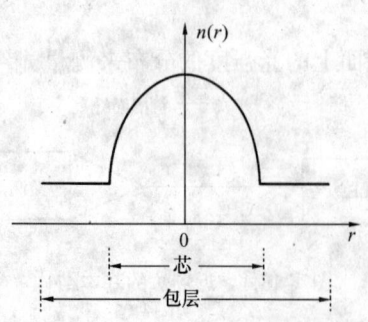

图实 18.2　测得的多模光纤折射率

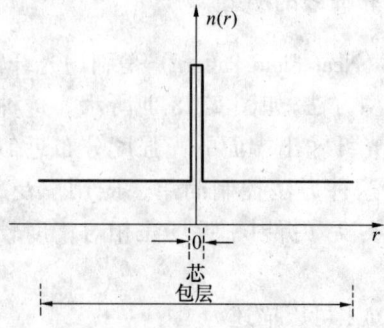

图实 18.3　测得的单模光纤折射率

②换不同的光纤，重复步骤（2）、（3）并记录下相应的模场折射率分布简图和模场直径，区分单模、多模 50/125 和多模 62.5/125 光纤样品。

四、思考题

在光源中使用毛玻璃的作用是什么？

实验 19 光无源器件特性测试实验

一、实验目的

(1) 了解光纤耦合器、光隔离器、光纤活动连接器、光衰减器、光开关、光波分复用器等光无源器件的工作原理和结构。
(2) 掌握它们的正确使用方法。
(3) 掌握它们的主要参数的测试方法。

二、实验原理及装置

光通信系统的组成,除需要光源和光探测器之外,还需要一些不用电源的光通路元、部件,称为光无源器件。它们是光纤传输系统的重要组成部分。常见的光无源器件包括光分路器、光隔离器、光纤活动连接器、光衰减器、光开关、光波分复用器等。下面介绍常见的光无源器件。

1. 光纤耦合器

光纤耦合器也叫光分路器,是将光从一路分成 2 路或者 n 路的器件。图实 19.1 是两种常见的光纤耦合器。

波导型分支器的结构

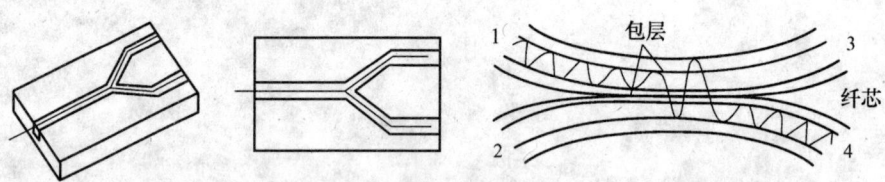

图实 19.1 光纤耦合器示意图

光纤耦合器的主要性能指标包括插入损耗、分光比、方向性等。
(1) 插入损耗。它是耦合器总的功率衰减量。定义为

$$IL = -10\lg\left(\frac{\sum_{n=1}^{n} P_{On}}{P_{1m}}\right)(\text{dB})\ (m,n = 1,2,\cdots) \tag{1}$$

式中,P_{On} 为对应于输入端第 m 根光纤中输入光功率 P_{1m} 时,输出端第 n 根光纤的输出光功

率；n 为光纤耦合器输出端的光纤根数。

(2) 方向性。它是表示在输入端主光纤传输方向与任一根非主光纤非传输方向上的功率比。方向性常用光隔离度来表示，它定义为

$$S = 10 \lg \frac{P_{Ib}}{P_{Im}} \tag{2}$$

式中，P_{Im} 为输入端第 m 根光纤的输入光功率；P_{Ib} 为输入端除第 m 根光纤之外任意第 b 根光纤的后向传输光功率。

(3) 分光比。它定义为耦合器各输出端口的输出功率的比值，具体应用中常用相对输出总功率的百分比来表示，如 50∶50、80∶20、25∶25∶25∶25 等，或用各端口之间输出功率之比表示，如 1∶1、4∶1、1∶1∶1∶1 等。

2. 光隔离器

光隔离器是一种只允许光沿一个方向通过而在相反方向阻挡光通过的光无源器件。它的作用是防止光路中由于各种原因产生的后向传输光对光源以及光路系统产生的不良影响。

光隔离器的主要技术指标如下：

(1) 插入损耗。它是指在光隔离器通光方向上传输的光信号由于引入光隔离器而产生的附加损耗。如果输入的光信号功率为 P_i，经过光隔离器后的功率为 P_o，则插入损耗 IL 为

$$IL = -10 \lg \frac{P_o}{P_i} \text{(dB)} \tag{3}$$

(2) 回波损耗。它是指由于构成光隔离器的各元件、光纤以及空气折射率失配引起的反射造成的对入射光信号的衰减。回波损耗 RL 为

$$RL = -10 \lg \frac{P_r}{P_i} \tag{4}$$

式中，P_r 为反射光功率。

(3) 隔离度。它是指在逆光隔离器通光方向上传输的光信号由于入光隔离器而产生的损耗。有

$$I_{so} = -10 \lg \frac{P'_o}{P'_i} \text{(dB)} \tag{5}$$

式中，P'_i 和 P'_o 分别是逆通光方向的输入和输出光功率。

3. 光纤活动连接器

要把两段光纤连接起来，可以用熔接机固定连接，也可以用光纤活动连接器来连接。光纤活动连接器包括光纤（跳线）和适配器（法兰盘）两部分。图实 19.2 是常见的活动连接器。光纤活动连接器的主要性能指标如下：

(1) 插入损耗。插入损耗的定义同式 (3)。它是因接入光纤活动连接器对光信号带来的附加损耗，一般在 0.5 dB 以下。

(2) 重复性。即每次插拔后其损耗的变化范围，一般应小于 ±0.1 dB。

(3) 互换性。是指同一种连接器不同插针替换时损耗的变化范围，一般应小于 ±0.1 dB。

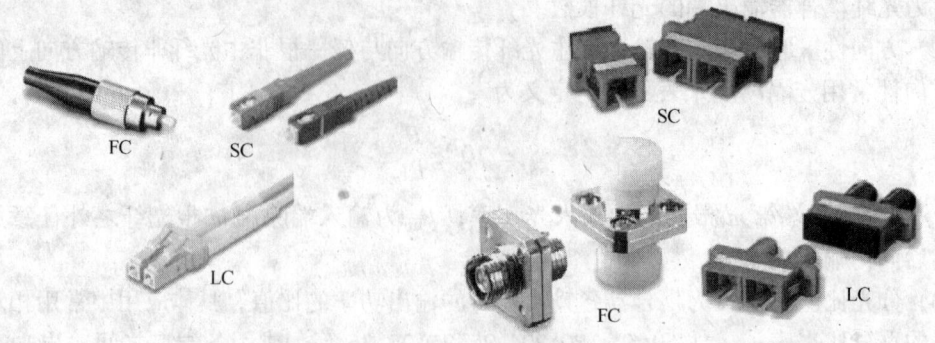

图实 19.2　活动连接器：跳线和法兰盘

(4) 插拔次数。连接器具有上述损耗参数范围内插拔的次数，一般应在千次以上。

(5) 回波损耗。指对来自于光纤耦合面的反射光的损耗，一般应大于 45 dB。

4. 光衰减器

光衰减器是用来稳定地、准确地减小信号光功率的无源器件。它是光功率调节所不可缺少的器件。光衰减器的主要技术指标是：插入损耗、衰减量变化范围、精度以及温度的影响。

5. 光开关

光开关是一种光路控制器件，起着进行光路切换的作用，可以实现主/备光路切换，光纤、光器件的测试等，在光纤通信中有着广泛的应用。随着光纤通信技术的发展和密集波分复用技术的应用，全光网成为未来光纤通信系统的方向。光开关的这种光路切换功能可以用来实现光交换，实现全光层次的路由选择、波长选择、光交叉连接、自愈保护等功能。光开关已成为构建新一代全光网络的关键器件。

光开关的主要性能指标如下：

(1) 损耗。当光信号通过光开关时，将伴随着能量损耗。

(2) 消光比。消光比是描述光开关导通与非导通状态通光能力差别的主要指标，即两个端口处于导通和非导通状态时的插入损耗值之差。

6. 光波分复用器

波分复用器件是波分复用通信系统的核心光学器件。波分复用技术是在一根光纤中传输多个波长信号从而提高传输容量的一种技术。波分复用器件包含光分波器和光合波器，它的作用是将多个波长不一的信号光融入一根光纤或者将融合在一根光纤中的多个波长不一的信号光分路。

波分复用器件的性能指标主要有波长隔离度和插入损耗。插入损耗与其他无源器件一样指系统引入波分复用器件后产生的附加损耗。波长隔离度或叫信道隔离度是指某一信道的信号光耦合到另一个信道的大小，其定义为各信道最大的串扰系数，对于单工系统，按图实

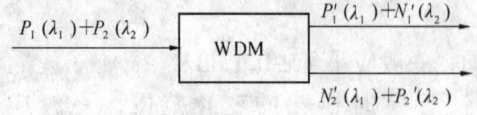

图实 19.3　远端串扰系数测量示意图

19.3 远端串扰系数定义为

$$A_{1f} = 10 \lg \left(\frac{P'_2}{N'_1}\right) \qquad A_{2f} = 10 \lg \left(\frac{P'_1}{N'_2}\right) \tag{6}$$

按图实 19.4 近端串扰系数定义为

$$A_{1n} = 10 \lg \left(\frac{P_2}{N_1}\right) \qquad A_{2n} = 10 \lg \left(\frac{P_1}{N_2}\right) \tag{7}$$

在以上定义中，$P_1(\lambda_1)$、$P_2(\lambda_2)$ 分别为两个信道的输入光功率，$P'_1(\lambda_1)$、$P'_2(\lambda_2)$ 分别为两个信道的输出光功率，$N'_1(\lambda_2)$、$N'_2(\lambda_1)$ 分别为两信道的输出端的串扰光功率，$N_1(\lambda_2)$、$N_2(\lambda_1)$ 分别为两个信道的输入端串扰光功率。

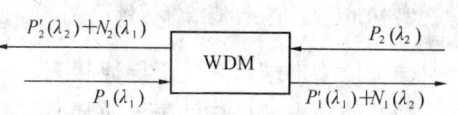

图实 19.4　近端串扰系数测量示意图

7. 实验仪器

光纤耦合器 2 个、光隔离器 1 个、光纤活动连接器 8 个、光衰减器 1 个、光开关 1 个、光波分复用器 2 个、5 伏恒压源 1 个，光功率计 2 个。

三、实验内容及方法

1. 测量光纤耦合器的插入损耗、光隔离度和分光比

实验用 2×2 光纤耦合器，如图实 19.5 所示。测量步骤如下：

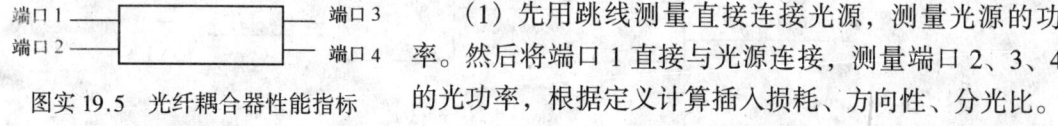

图实 19.5　光纤耦合器性能指标测量示意图

（1）先用跳线测量直接连接光源，测量光源的功率。然后将端口 1 直接与光源连接，测量端口 2、3、4 的光功率，根据定义计算插入损耗、方向性、分光比。

（2）端口 2、3 分别与光源直接连接，并重复步骤 1。

2. 测量光隔离器的光隔离度和插入损耗

测量步骤如下：

（1）用跳线测量光源的功率，然后将耦合器按正向导通方向与光源连接，测量输出光功率，计算插入损耗。

（2）将耦合器按反向（即非导通）方向与光源相连，测量输出光功率，计算隔离度。

3. 测量光纤活动连接器的插入损耗

先用跳线测得光源的功率，然后接上法兰盘与另一根跳线，测量输出功率，计算插入损耗。

4. 测量光衰减器的衰减值

本实验采用固定衰减器，分别测量接入光衰减器前、后的光功率，计算光衰减器的衰减值。

5. 测量光开关的插入损耗和消光比

本实验用的是 1×2 的光开关，如图实 19.6 所示。

（1）测量光源功率。

（2）将光开关与 5V 恒压电源连接好，端口 1 直接与光源连接，打开电源。点击鼠标左、右键，输出端口 2 和输出端口 3 将交替处于导通状态。

图实 19.6 光开关性能指标测量示意图

（3）使输出端口 2 处于导通状态，测量输出端口 2 和输出端口 3 的功率值。

（4）使输出端口 3 处于导通状态，测量输出端口 2 和输出端口 3 的功率值。

（5）计算光开关的插入损耗和输出端口 2、3 的消光比。

6. 测量光波分复用器的远端串扰系数

（1）实验中的波分复用系统如图实 19.7 所示。按照图实 19.7（a）连接，测量 P_1、P_{11}、P_{12} 的值。

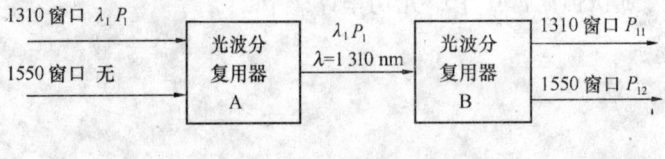

(a) $\lambda=1310\ nm$

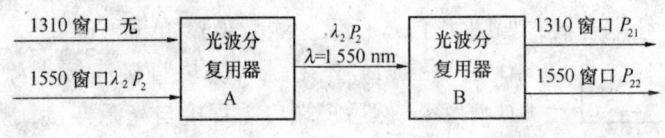

(b) $\lambda=1550\ nm$

图实 19.7 波分复用系统光串扰测示意图

（2）按照图实 19.7（b）连接，测量 P_2、P_{21}、P_{22} 的值。

（3）计算串扰：

$$L_{12} = 10\lg\frac{P_{11}}{P_{12}}$$

$$L_{21} = 10\lg\frac{P_{22}}{P_{21}}$$

（8）

四、思考题

1. 如何测量波分复用器的插入损耗？

2. 如图实 19.5 所示，假设端口 1 输入时，端口 3、4 功率之比为 3:7，若从端口 2 输入，结果如何？

实验20 多模光纤模间色散引起的脉冲展宽

一、实验目的

(1) 学会用示波器测量脉冲宽度的方法。
(2) 对比多模光纤和单模光纤在传输中引起脉冲展宽的不同。
(3) 掌握多模光纤引起传输光脉冲展宽的机理。

二、实验原理及装置

1. 实验原理

在多模光纤中，不同模式的光线传输速度的方向与光纤中轴线的方向夹角 θ 不同，其沿轴向的分速度大小 $V\cos\theta$ 也不同，如图实 20.1 所示，这就是多模光纤的模间色散现象。这样，在光纤的输入端被激发出的各模式的光脉冲以不同的轴向速度传向输出端，并在输出端先后叠加出较宽的光脉冲。

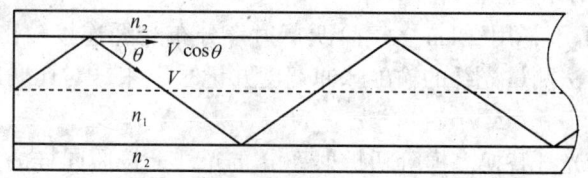

图实 20.1 多模光纤光传输的轴向分速度

由于单模光纤只有一个模式，不存在多个模式光脉冲先后叠加的情况，因此，不会产生模间色散引起的脉冲展宽现象。

多模光纤和单模光纤都存在模内色散，这是因光源存在一定光谱宽度造成的。模内色散引起的脉冲展宽很小，本实验的装置观察不出来。

2. 实验装置

实验装置如图实 20.2 所示，包括的仪器设备有：

多模光纤模间色散测试仪 1 台，500 M 示波器 1 台，多模阶跃折射率分布光纤 2 km，单模光纤 2 km。

三、实验内容及方法

(1) 用短接光纤将多模光纤模间色散测试仪的 1 310 nm 光源输出端口与 PIN 光电转换器

图实 20.2 脉冲展宽测量实验装置

输入端口连接起来。用电缆线将测试仪的电信号输出端口与 500 M 示波器的一个通道的输入端口连接起来。启动多模光纤模间色散测试仪和示波器,测试光源输出脉冲的时间宽度,并记录下来。由于光源输出的不是理想的方脉冲,注意测量时量度脉冲两侧幅度下降一半处的两腰间宽度。

(2) 将短接光纤取下,用 2 km 多模阶跃折射率分布光纤连接输出和输入两个光端口。再次按步骤(1)的方法测量光纤的输出脉冲宽度并记录下来,对比两次测量输出脉冲宽度的变化。

(3) 用 2 km 单模光纤替换多模阶跃折射率分布光纤,按照同样的方法测量单模光纤的输出脉冲宽度,并与光源输出脉冲宽度和多模光纤输出脉冲宽度进行比较。

(4) 多模光纤模间色散测试仪还有一组 850 nm 光源的光、电测试接口。用该组接口重复上述以 1 310 nm 激光器为光源的测量步骤,对比两组测量的结果。

四、思考题

1. 脉冲展宽对通信会造成什么影响?
2. 目前的光纤通信中,多模光纤和单模光纤比较,哪种光纤的使用量大?为什么?
3. 一般多模光纤和单模光纤在几何结构上有什么不同?单模光纤传输的是哪一阶模式?

实验 21 单模光纤数值孔径的性质与测量

一、实验目的

(1) 熟悉光纤的结构特点及分类。
(2) 熟悉光纤数值孔径的定义和物理方法
(3) 掌握测量光纤数值孔径的基本方法。

二、实验原理及装置

1. 光纤数值孔径的定义

光纤数值孔径（NA）是光纤能接收光辐射角度范围的参数，同时，它也是表征光纤和光源、光检测器及其他光纤耦合时的耦合效率的重要参数，它对连接损耗、微弯损耗以及衰减温度特性、传输带宽等都有影响。图实 21.1 中表示出了阶梯多模光纤可接收的光锥范围。

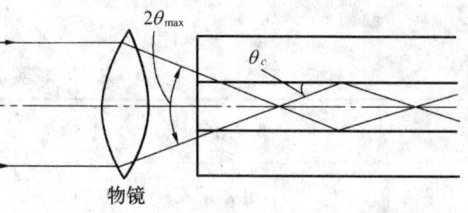

图实 21.1 光纤耦合原理图

光纤的数值孔径大小与纤芯折射率及纤芯、包层相对折射率差有关。从物理上看，光纤的数值孔径表示光纤接收入射光的能力。NA 越大，则光纤接收光的能力也越强。从增加进入光纤的光功率的观点来看，NA 越大越好，因为光纤的数值孔径大些对于光纤的对接是有利的。但是 NA 太大时，光纤的模畸变加大，会影响光纤的带宽。因此，在光纤通信系统中，对光纤的数值孔径有一定的要求。通常为了最有效地把光射入到光纤中去，应采用其数值孔径与光纤数值孔径相同的透镜进行集光。

NA 的定义常见的有两种，简单的定义如下：

(1) 最大理论数值孔径 NA_{max}

无论是阶跃光纤，还是梯度光纤，最大理论数值孔径定义都是

$$NA_{max} = \sqrt{n_1^2 - n_2^2} \approx n_1\sqrt{2\Delta} \tag{1}$$

式中，n_1、n_2 分别是光纤纤芯中心处最大折射率和包层折射率；$\Delta = (n_1 - n_2)/n_1$ 为纤芯和包层最大相对折射率差。NA_{max} 的物理意义是光纤最大可能接受角的正弦值，反映了光纤收集光的能力。

(2) 远场强度有效数值孔径 NA_{eff}

远场强度有效数值孔径是通过光纤强度远场强度分布确定的，它定义为光纤远场辐射图

上光强下降到最大值5%处的半张角的正弦值。CCITT规定的数值孔径就是指这种有效数值孔径。

前面提到光纤的两种数值孔径定义,那么最大理论数值孔径 NA_{max} 和远场强度有效数值孔径 NA 的关系是什么样呢?一般对于幂次分布的折射率抛面的光纤,有如下关系:

$$NA_{eff} = \sqrt{1 - 0.05^{g/2}} NA_{max} = k_g NA_{max} \tag{2}$$

式中,g 为折射率分布指数;$k_g = \sqrt{1 - 0.05^{g/2}}$ 为与 g 有关的比例系数,表实21.1给出了 g 不同取值时 k_g 的值。g 是描述光纤折射率分布曲线的参数,对于实际光纤的折射率分布曲线可以用半径的幂指数来描述:

$$\begin{cases} n_2(r) = n_1^2[1 - 2\Delta(r/a)^g] & (r < a) \\ n_2(r) = n_2^2 & (r \geq a) \end{cases} \tag{3}$$

式中,n_1 是光纤纤芯折射率;Δ 是芯/包层相对折射率差;r 是离光纤纤芯轴的距离;a 是光纤纤芯半径;n_2 是包层折射率;g 是幂指数。对于 $g=1$,是三角形分布;$g=2$ 是抛物线分布(梯度分布);$g \to \infty$ 表示的是阶跃光纤。

一般情况下,梯度光纤接近抛物线分布,$n=2$,则

$$NA = 9.975 NA_{max} \tag{4}$$

表实21.1 g 与 k_g 的关系

g	1.0	1.5	2.0	2.5	10	∞
k_g	0.881	0.946	0.975	0.988	1	1

2. 光纤数值孔径的测量

CCITT给出了按图实21.2进行数值孔径测量的方法,规定光源为强度可调的非相干光源,要求强度和波长保持稳定。探测器响应应为线性的。被测光纤两端面制备清洁、平整光滑,与光纤轴垂直。为了避免弯曲产生的模式转化和模辐射,样品要摆放直。图实21.3是测得的远场光强随角度变化的关系。

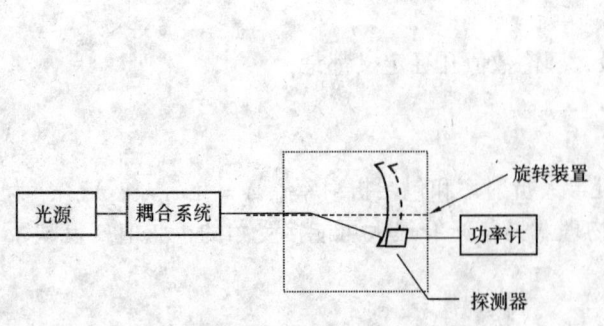

图实21.2 数值孔径的测量原理图

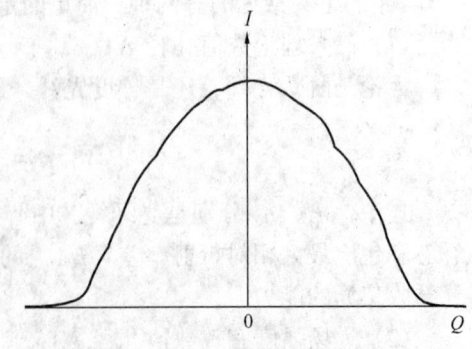

图实21.3 远场光强随角度分布的关系图

3. 实验装置

本实验用光纤数值孔径测试仪进行实验,如图实 21.4 所示。

三、实验内容及方法

(1) 打开电源,稳定光强大约用 5 分钟。

(2) 按复位键将电机复位,设定合适的步长。

(3) 通过步进控制键分别测量记录 1 310 nm 波长下的 G.652 光纤的远场功率随角度变化的关系(表实 21.2)。注意,由于自然杂散光会影响功率计的读数,所以要求在实验过程中,对环境光的影响要尽量小,并且在读数中需要减去杂散光的影响,另外光纤的端面如果没有固定好,可能会发生偏转,这样最后应该以实际达到 5% 的两个正负角度的差值的一半为准。

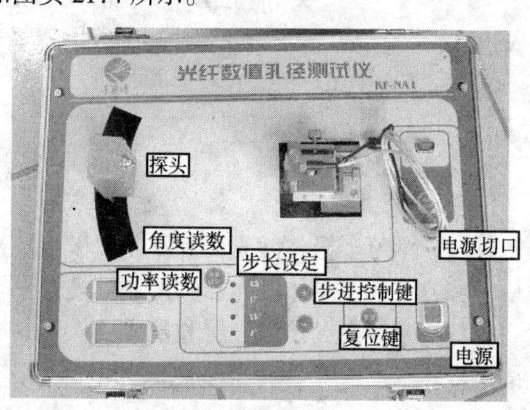

图实 21.4　实验装置图

表实 21.2　实验数据记录表

角度/°	-9	-8	-7	-6	-5	-4	-3	-2	-1	0	1	2	3	4	5	6	7	8	9
功率/μW																			
背景功率/μW																			

(4) 按复位键复位,关机。

四、思考题

1. 光纤的数值孔径的含义是什么?
2. 这种测量方法是否和数值孔径的定义冲突?为什么这么做?

实验 22 LD 和 LED 的 $P-I$ 特性测量

一、实验目的

(1) 学习半导体激光器和发光二极管发光原理和光纤通信中激光光源工作原理。
(2) 了解半导体激光器和发光二极管平均输出光功率与注入驱动电流的关系。
(3) 掌握半导体激光器和发光二极管的 P（平均发送光功率）– I（注入电流）曲线的测试方法。

二、实验原理及装置

1. 半导体激光器

半导体激光二极管（LD），简称半导体激光器，它通过受激辐射发光，是一种阈值器件。半导体激光器的辐射功率高，大于等于 10 mW，而且输出光发散角窄，垂直发散角为 30°~50°，水平发散角为 0°~30°，与单模光纤的耦合效率高，在 30%~50%之间，辐射光谱线窄，$\Delta\lambda = 0.1 \sim 1.0$ nm，载流子复合寿命短，能进行高速信号（>20 GHz）直接调制，非常适合于作高速长距离光纤通信系统的光源。

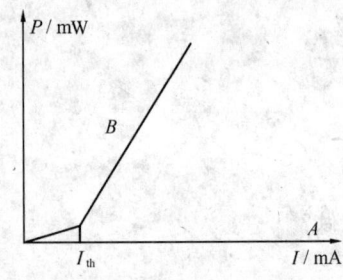

图实 22.1 LD 的 $P-I$ 特性曲线

阈值电流是非常重要的特性参数。图实 22.1 中 A 段与 B 段的交点表示开始发射激光，它对应的电流就是阈值电流 I_{th}。激光器开始出现净增益的条件称为阈值条件。一般用注入电流值来标定阈值条件，即阈值电流。

$P-I$ 特性是半导体激光器的最重要的特性。当注入电流增加时，输出光功率也随之增加，在达到 I_{th} 之前半导体激光器输出荧光，到达 I_{th} 之后输出激光，输出光子数的增量与注入电子数的增量之比为

$$\eta_d = \left(\frac{\Delta P}{hr}\right) \bigg/ \frac{\Delta I}{e} = \frac{e}{hr} \cdot \frac{\Delta P}{\Delta I} \tag{1}$$

式中，$\frac{\Delta P}{\Delta I}$ 就是上图曲线的斜率；h 是普朗克常数（6.626×10^{-34} J·s）；r 为光子的频率。

$P-I$ 特性是选择半导体激光器的重要依据。应选阈值电流 I_{th} 尽可能小、I_{th} 对应 P 值小的，而且没有扭折点的半导体激光器。这样的激光器工作电流小，工作稳定性高，消光比大，而且不易产生光信号失真。

2. 发光二极管

发光二极管（LED）结构简单，是一个正向偏置的 PN 同质节，电子—空穴对在耗尽区

辐射复合发光，称为电致发光。发光二极管发射的不是激光，输出功率较小、具有较宽的谱宽（30~60 nm）、发射角较大（≈100°）、与光纤的耦合效率较低。其优点是：寿命很长，理论推算为 $10^8 \sim 10^{10}$ h，其次是受温度影响较小，输出光功率与注入电流的线性关系较好，价格也比较便宜，驱动电路简单，不存在模式噪声等问题。半导体发光二极管（LED）可以做为中短距离、中小容量的光纤通信系统的光源。

对于发光二极管，自发辐射产生的功率是由正向偏置电压产生的注入电流提供的。当注入电流为 I，工作在稳态时，电子—空穴对通过辐射和非辐射复合，其复合率等于载流子注入率 I/e，其中，发射光子的复合率决定于内量子效率 η_{int}，光子产生率为 $\eta_{int} I/e$ 因此 LED 内产生的光功率为

$$P_{int} = \eta_{int}(hv/e)I$$

假设 LED 发射的光功率占内部产生功率的份额为 η_{ext}，则 LED 发射的功率为

$$P_e = \eta_{ext}\eta_{int}(hr/e)I$$

LED 发射功率 P 和注入电流 I 近似成正比，$P-I$ 特性曲线如图实 22.2 所示。LED 的 $P-I$ 曲线线性度好，调制时动态范围大，信号失真小。

3. 实验装置

实验装置包括：ZY120FCom13BG3 型光纤通信原理实验箱 1 台，FC 接口光功率计 1 台，FC/PC-FC/PC 单模光跳线 1 根，万用表 1 台，连接导线 20 根。

图实 22.2 LED 的 $P-I$ 特性曲线

三、实验内容及方法

1. 实验内容

实验内容包括：

（1）测量半导体激光器输出功率和注入电流的关系，画出 $P-I$ 关系曲线。

（2）根据 $P-I$ 特性曲线，找出阈值电流，计算半导体激光器斜率效率。

（3）测量发光二极管的输出功率和注入电流的关系，画出 $P-I$ 关系曲线，并与半导体的特性曲线相比较。

2. 实验步骤

实验步骤如下：

（1）半导体激光器 $P-I$ 特性的测量。

①将光发模块中的可调电阻 W101 逆时针旋转到底，使数字驱动电流达到最小值。

②拨动双刀三掷开关，将 BM1、BM2 选择在中间挡，即将 R110 与电路断开。

③用万用表测得 R110 电阻值。

④拨动双刀三掷开关，将 BM1 选择到半导体激光器数字驱动，BM2 选择到 1 310 nm。

⑤旋开光发端机光纤输出端口（1 310 nm T）防尘帽，用 FC-FC 光纤跳线将半导体激

光器与光功率计输入端连接起来，并将光功率计测量波长调整到 1 310 nm 挡。

⑥连接导线。将 T502 与 T101 连接，将数字信号码型拨成 10101010、10101010、10101010。

⑦连接好实验箱电源，先开交流电源开关，再开直流电源开关，即按下 K01，K02（电源模块），并打开光发模块和数字信号源的直流电源（K10 与 K50）。

⑧用万用表测量 R110 两端电压（红表笔插 T103，黑表笔插 T104）。

⑨慢慢调节电位器 W101，使所测得的电压为下表中数值，依次测量对应的光功率值，并将测得的数据填入表实 22.1，精确到 0.1 μW。

表实 22.1 LD 的 $P - I$ 特性测试表

U/mV	1	2	3	4	5	6	7	8
I/mA								
P/μW								
P/dBm								
U/mV	9	10	11	12	13	14	15	16
I/mA								
P/μW								
P/dBm								
U/mV	17	18	19	20	21	22	23	24
I/mA								
P/μW								
P/dBm								

⑩做完实验后先关闭光发模块和数字信号源的直流电源（K10 与 K50），然后依次关掉各直流开关（电源模块），以及交流开关。

⑪拆下光跳线及光功率计，用防尘帽盖住实验箱半导体激光器光纤输出端口，将实验箱还原。

(2) 发光二极管 $P - I$ 特性测量。

①将光发模块中的可调电阻 W101 逆时针旋转到头，使数字驱动电流达到最小值。

②拨动双刀三掷开关，将 BM1、BM2 选择在中间挡，即将 R110 与电路断开。

③用万用表测得 R110 电阻值。

④拨码开关 BM1 和 BM2 分别拨到数字挡和 850 nm 挡，选择 850 nm 数字驱动电路。

⑤用 ST - FC 光跳线将 850 nm 光发端与光功率计连接，并将光功率计选择波长 850 nm 挡，连接导线 T504（数字信号源模块）与 T101。

⑥接好电源，先开交流电源开关，再开直流电源开关，即按下 K01，K02（电源模块），这时电源指示灯全亮。

⑦接通光发模块和数字信号源模块直流电源（K10 与 K50），并将 K501，K502，K503 拨至全"1"。

⑧用万用表测量 R110 两端电压（红表笔插 T103，黑表笔插 T104）。

⑨慢慢调节电位器 W101 使所测得的电压为下表中数值，依次测量对应的光功率值。并

将测得的数据填入表实 22.2，测量精度为 0.1 μW。

表实 22.2　LED 的 $P-I$ 特性测试表

U/mV	5	10	15	20	25	30	35	40	45	50	55
I/mA											
P/μW											
P/dBm											

⑩做完实验后将拨码开关 BM1 和 BM2 拨至中间状态，然后依次关掉各直流开关以及交流开关。

⑪拆下光跳线和光功率计，拆除连线，将实验箱还原，将各实验仪器摆放整齐。

（3）数据处理。画出 LD 和 LED 的 $P-I$ 特性曲线，计算 LD 和 LED 的斜率效率，给出 LD 的 I_{th} 值。

3. 注意事项

（1）半导体激光器驱动电流不可超过 40 mA，发光二极管不可超过 60 mA，否则有烧毁器件的危险。

（2）由于光功率计、光跳线等光学器件的插头易损坏，使用时要轻拿轻放，切忌用力过大。

四、思考题

比较分析发光二极管与半导体激光器发光原理的区别。

实验 23　数字光纤通信系统接口码型变换实验

一、实验目的

(1) 了解接口码型在光纤传输中的作用。
(2) 掌握 HDB$_3$ 码和 CMI 的编译码规则及编译码过程。

二、实验原理及装置

1. 实验原理

实际完整的数字光纤通信系统的组成如图实 23.1 所示，包括数字通信设备、光发送端机、光接收端机和光纤光缆传输线路（可能含有中继器）。

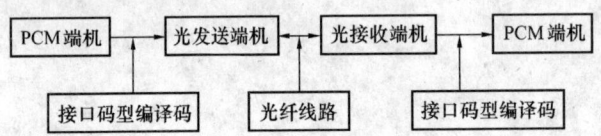

图实 23.1　数字光纤通信系统的组成框图

接口码型变换电路包括输入接口码型变换和输出接口码型变换两部分内容。这种变换电路是为了适应数字传输的需要而设置的，接口码型从我国所采用的数字通信标准制式来看有两种，即 HDB$_3$ 码型和 CMI 码型，这两种接口码型也就是电缆数字通信的线路传输码型。

如图实 23.1 所示，在 PCM 端机与光发送接收端机之间，电缆传输的是接口码型；在光发光收之间的光纤链路上传输的是线路码型。信号流程如下：PCM 端机编接口码型，送出，在电缆中传输；被光发送端机接收，称输入接口码型，译成 NRZ 码，编成线路码型送出，在光纤链路中传输；线路码型被光接收端机接收，译成 NRZ 码，再编成接口码型送出，称输出接口码型，在电缆中传输，被 PCM 端机接收，译成 NRZ 码。

下面介绍接口码型。

输入接口码型变换电路的主要作用如下：

①将从 PCM 输出经电缆传输后衰减变形的接口码型进行均衡放大。
②将接口码型一律译成为 NRZ 码型。
③适应数字光纤通信系统的需要，具有在输入信号中断的情况下维持其所在数字光纤通信系统正常运行的功能，这主要是在输入接口码型变换电路中提供与输入信号速率相同的备用时钟。在其输入信号中断时，一方面由输入信号中断检出电路发出相应的告警信号，另一方面由这一告警信号同时控制接口码型译码电路发出告警信号（全"1"码）。这个信号送到本系统对端的光接收端机的输出接口码型变化电路，使其"了解"本系统上游光发送端机出

现了输入信号中断的故障。

输出接口码型变换电路的作用基本上与输入接口码型变换电路的作用成对应关系，可通过查阅相关专业书籍进行分析。

接口码型从我国所采用的数字通信标准制式来看有两种，即 HDB$_3$ 码型和 CMI 码型。CMI 码本身可以作为光纤通信的线路码型使用。

HDB$_3$ 码是三阶高密度双极性码（High Density Bipolar Codes）的简称。所谓三阶，即最大允许连"0"数为 3 个。这种码型是根据 ITU – TG.703 建议规定作为 PCM 一次群、二次群和三次群的电线路传输码型。在数字光纤通信系统中，HDB$_3$ 码就是相应的 PCM 设备与数字光纤通信设备之间的接口码型。输入接口码型变换电路就是将 HDB$_3$ 码变换为 PCM 码，此 PCM 码经过光纤传输后再经输出接口码型变换电路进行码型反变换，得到 HDB$_3$ 码。

（1）HDB$_3$ 码编码规则

①先将消息代码变换成 AMI 码，若 AMI 码中连 0 的个数小于 4，此时的 AMI 码就是 HDB$_3$ 码。

②若 AMI 码中连 0 的个数大于 4，则将每 4 个连 0 小段的第 4 个 0 变换成与前一个非 0 符号（+1 或 –1）同极性的符号，用 V 表示（+1→+V，–1→–V）。

③为了不破坏极性交替反转，当相邻 V 符号之间有偶数个非 0 符号时，再将该小段的第 1 个 0 变换成 +B 或 –B，B 符号的极性与前一非 0 符号相反，并让后面的非零符号从 V 符号开始再交替变化。相邻的 V 和 V 之间要有不同极性，而 V 总和前面的非 0 同极性（包括 B），所以很好找到 V（破坏点），例如：

消息代码　　1 0 0 0 0 1 0 0 0 0 1 1 0 0 0 0 1 1

AMI 码　　+1 0 0 0 0 –1 0 0 0 0 +1 –1 0 0 0 0 +1 –1

HDB$_3$ 码　　+1 0 0 0 +V –1 0 0 0 –V +1 –1 +B 0 0 +V –1 +1

（2）CMI 码的编码规则

①二进制"0"编码成"01"，0 和 1 占原单位时间间隔的一半（$T/2$）。

②二进制"1"编码成"11"或"00"，对于相继的二进制"1"，这两个电平相互交替。

（3）CMI 码的特点

①CMI 码的最大连"0"和连"1"都是 3 个。

②具有误码监测能力，当其编码规则被破坏，就表示有误码产生，便于线路传输中的误码监测。

③CMI 码功率谱中的直流分量恒定，低频分量小，f_r（变换前的码速率）频率处有线谱。

④频带较宽，便于定时提取。

2. 实验装置

实验仪器包括：ZY120FCom13BG3 型光纤通信原理实验箱 1 台，20 MHz 双踪模拟示波器 1 台，连接导线 20 根。

三、实验内容及方法

实验内容包括 HDB$_3$ 码和 CMI 码的编、译码，实验步骤如下：

1. 观察 HDB₃ 码的编、译码

（1）连接导线。数字信号源模块 T504 与 HDB₃ 编译码模块 T801 连接，T502 与 T802 连接，T803 与 T851 连接，T852 与 T502 连接。

（2）接上交流电源线，先开交流开关，再开直流开关 K01，K02，5 个发光二极管全亮。

（3）接通数字信号源模块（K50）、HDB₃ 编译码模块（K80）的直流电源。

（4）拨动数字信号源模块中的 K501、K502、K503，使之产生不同的伪随机码。

（5）用示波器观察各测试点波形的变化，并加以分析，看是否满足 HDB₃ 码的编码规则。注意 HDB₃ 译码输出波形与原 NRZ 码相位相差 8 个码元，TP504 的波形由拨码开关 K401、K402、K403 控制。

2. 观察 CMI 码的编、译码

（1）接通数字信号源模块（K50）、CMI 编译码模块（K70）和光发模块（K15）的直流电源。

（2）拨动数字信号源模块中的 K501、K502、K503，使之产生不同的伪随机码。

（3）用示波器观察各测试点的波形变化，并加以分析，看是否满足 CMI 码的编码规则。

（4）依次关闭各直流电源、交流电源，拆除导线，拆除各光学器件，将实验箱还原。

四、思考题

1. 为什么 HDB₃ 码不能在数字光纤传输系统中传输？
2. 接口码型变换电路在光纤传输系统中处于什么位置，有何作用？

实验 24　局域网组网实验

一、实验目的

（1）了解局域网各组成部分，掌握使用双绞线作为传输介质的网络连接方法。
（2）学会制作两种类型的 RJ–45 接头直通线、交叉线。
（3）掌握网络设备类型选择，熟悉 Windows XP 中网络组件及各参数的设置。

二、实验原理及装置

1. 实验原理

以太网包括物理层和数据链路层。在本实验中，双绞线的制作属于物理层的内容，必须符合物理层的相关协议。而交换机和局域网的 IP 地址配置等则属于数据链路层协议。

2. 实验装置

本实验的实验仪器包括交换机、具有 Windows 操作系统和网卡的 PC 机、双绞线、水晶头、压线钳、网线测试仪等。

三、实验内容及方法

本实验的内容包括网线的制作、局域网的组建和局域网的参数配置以及局域网的连接测试。实验步骤如下：

1. 网线制作

常用的网线连接有直通线和交叉线两种连接。直通线连接（Straight – Through Cable）应用在 PC 机与交换机或集线器、交换机或集线器与路由器的连接中，如图实 24.1（a）所示。直通线线缆的两端的线序相同，（采用 T568B 标准线序，如图实 24.1（b）所示）为：白橙、橙、白绿、蓝、白蓝、绿、白棕、棕。交叉线（Crossover Cable）的连接用于 PC 机与 PC 机之间、PC 机与路由器之间、路由器与路由器之间、交换机与交换机、交换机与集线器、集线器与集线器之间的线路连接中。交叉线绞线在制作时一端采用 T568B 标准，另一端采用 T568A 标准，如图实 24.2 所示。

网线的制作过程如下：

（1）确定所需线缆的长度，确定后加上 30 cm 的冗余。根据 TIA/EIA 的布线标准，线缆的标准长度为 3 m，不过在实际应用中往往变化很大。线缆的一般长度为 1.8～3.05 m。

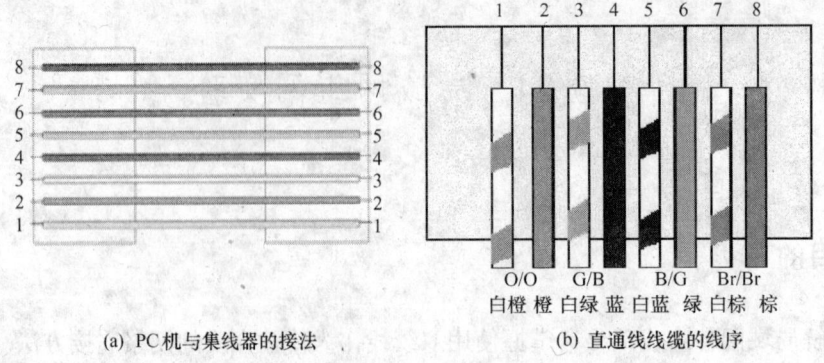

(a) PC 机与集线器的接法　　　　(b) 直通线线缆的线序

图实 24.1　直通线的连接

(2) 在网线的一端剥去 2 cm 长的护皮。

(3) 紧紧地拿好 4 对绞好而且护皮已经被剥去的网线，将各对线缆拆开一小段，以 T568B 线序将网线编组即白橙、橙、白绿、蓝、白蓝、绿、白棕、棕并且小心保持绞好的状态，因为这样可以减轻噪声。拆开的部分尽量短，因为过长的接口部分是产生电噪声的主要原因。

(4) 将线平直排好，保留已剥去护皮网线 1.2 cm 左右，将线缆剪平整。

(5) 将一个 RJ-45 接口安在线的一端，尖头放在下面，轻轻将网线放在接头里，使其滑进接头，最后用力推线缆，使线缆抵入 RJ-45 中，在接头的另一端可以看见网线的铜质线芯。

(6) 使用压线钳压紧 RJ-45 接口。使 RJ-45 的铜片穿透线芯的护皮并与线芯接触，如图实 24.3 所示。

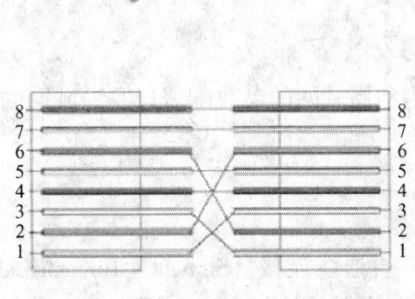

图实 24.2　交叉线的连接

图实 24.3　水晶头和双绞线

(7) 按照不同的双绞线类型制作另外一端。制作完成后，用网线测试仪测检查网线制作是否正确。

2. 连接局域网

本次实验不考虑对交换机进行设置，只按照交换机的默认设置。将交换机接通电源，自检正常以后，将计算机开机，用直通线分别接入交换机，观察各接入端口，端口为绿色为正常。交换机的端口在接入 PC 机时，其端口有 30 s 的测试过程，此过程中状态灯为黄色，若端口检测正常，则会转变为绿色。

3. 配置网络

以 Windows XP 为例配置 IP 地址、子网掩码、网关等网络信息。

（1）在"设置"菜单中选择"控制面板"→"网络连接"→"本地连接"。

（2）在"本地连接"中选择"Internet 协议（TCP/IP）"，点击"属性"，配置 IP 地址、子网掩码等信息，单击"确定"按钮。

4. 检查连接、网络配置正确性

（1）在机器及网络设备都加电的情况下，接入网络时，注意观察交换机端口状态灯是否为绿色。状态灯为绿色表示物理连接正常。如果不亮或是黄色，请查看双绞线是否导通，双绞线类型使用是否正确。

（2）在"开始"菜单，打开"运行"，输入命令"cmd"，打开命令行状态，输入命令"ping 192.168.0.2"，此命令的作用是判断该机器到指定机器（即命令中 IP 指定的机器）的逻辑连接是否正常。

四、思考题

若交换机状态灯为绿色，但 ping 不通，则可能的问题有哪些？

实验 25 无线鼠标实验

一、实验目的

（1）短距离无线数字通信在计算机中的应用是当前的研发热点。北京工业大学应用数理学院学生毕业设计中设计的无线鼠标原型机，其设计思想先进，技术水平较高。
（2）了解现代短距离无线通信技术的原理和发展状况。
（3）通过演示学生自己的研发成果提高学生参加科研实践活动的积极性和实现目标的信心。

二、实验原理及装置

1. 无线鼠标的收发原理

无线鼠标主要由一个普通鼠标和无线发射模块相结合组成。鼠标部分就是在市场上买的机械鼠标，无线部分是 CC1000 和单片机组成的无线模块。基本原理是 ps/2 协议和无线协议的系统集成收发。图实 25.1 所示为其原理图。

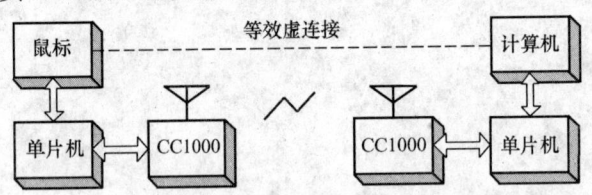

图实 25.1 无线鼠标原理框图

在这里主要介绍无线收发的部分。
（1）由 CC1000 的原理框图来看，如图实 25.2 所示，主要是锁相环收发系统。

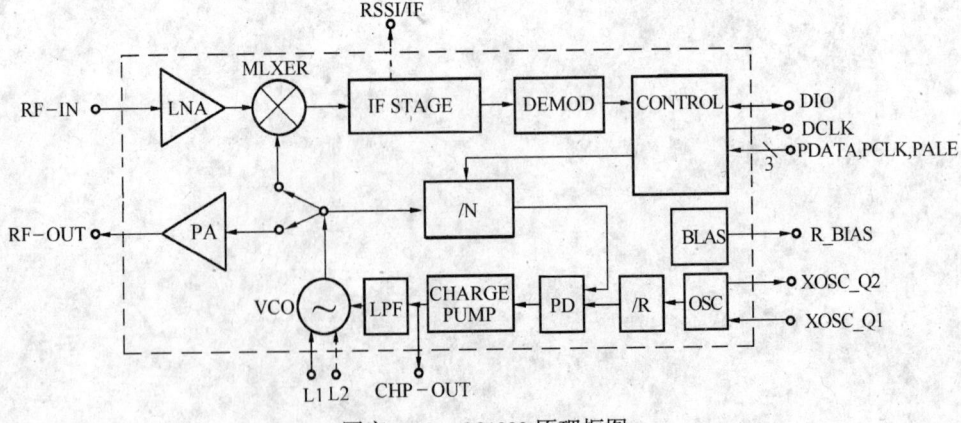

图实 25.2 CC1000 原理框图

(2) 锁相环路的基本原理。一个最基本的锁相环包括 3 个部分：鉴相器（PD）、环路滤波器（LF）、压控振荡器（VCO），如图实 25.3 所示。

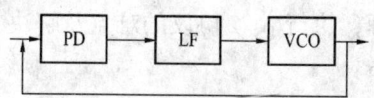

图实 25.3　锁相环基本原理图

①鉴相器。鉴相器是相位比较器，用来比较输入信号与输出信号的相位，输出一个对应于两个信号相位误差的电压信号。

②压控振荡器。压控振荡器是振荡频率受电压控制的振荡器，是一种电压—频率变换器。

③环路滤波器。环路滤波器是一个线性电路，由电阻、电容和电感组成（有时还包括运算放大器在内），用来滤掉低频部分。

(3) 锁相环路在相干解调技术中的应用。相干解调技术，是一种在噪声和干扰条件下，利用信号的相位特性，将调制载波的信号解调出来的一种技术，如图实 25.4 所示。

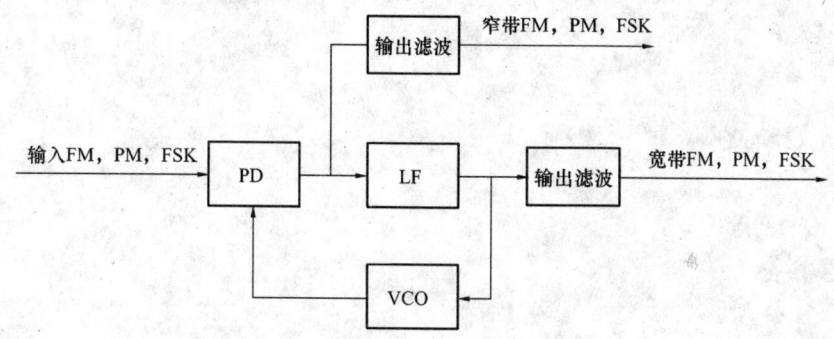

图实 25.4　调频调相解调器

2. 实验装置（名称、型号、数量）

自制无线鼠标 3 套，无线发射、接收设备 Agilent E4404B spectRum analyzer，PC 机超越 4100 3 台，稳压电源 KENWOOD 300 3 台，ATMEL AT89S52 单片机，电池若干，应用实验板若干。

3. 主要实验设备的使用

使用步骤如下：

(1) 按 on 键打开 Agilent E4404B 频谱分析仪。

(2) 按竖行的第二个按键 Center Freq，选择频谱仪的中心频率，在本实验中，要在右侧键盘区键入 433 MHz 频率数值。

(3) 按下右侧键盘区的 Span（X - scale）键选择频谱仪的频率接收范围。

(4) 连接好其他实验设备并接通电源，就可以从频谱仪的显示屏上观察接收到的信号。

三、实验内容及方法

通过演示学生研发的无线鼠标，体会无线连接的优势。了解 ps/2 协议下的鼠标工作原理，执行 ps/2 协议的难点及解决方案。了解目前存在的不足，鼓励学生提出更好的解决方案。

四、思考题

1. 本实验中的机械式鼠标是否可以用光电鼠标代替？
2. 为什么普通的 ps/2 插头鼠标不能即插即用？

实验 26　射频天线测试实验

一、实验目的

（1）射频天线是无线通信设备的输入/输出设备。其理论、设计和实现难度均较大。通过对设计和制造的天线及馈线系统的测试，使学生对电磁场理论、谐振方法、天线制造技术和工艺有更深入的理解。

（2）通过对八木天线、全向天线、微带天线的测量，对测量仪器、天线性能参数测试方法、高频电路匹配方法、电磁场等有进一步了解。

二、实验原理及装置

1. 基本天线单元

无线电波是电磁频谱中的一个组成部分。无线电信号可以表示为行进中的电磁波，其中包括电场分量和磁场分量，电场分量可以用来对发射电波的功率密度进行测量。电波可以按给定的方向传播，天线这一概念就是以这一特点为基础的。天线是一种用导电良好的材料制造，用来连接发射/接收信号与发射/接收机的一种结构件。天线的形状和尺寸要经过设计以便能够更有效地辐射或接收能量。天线的基本功能是完成空间与传输线、同轴电缆或波导之间的电磁能量连接。

（1）点天线

点天线只是一个理论上的点发射源，它向各个方向均匀地发射信号。点天线在实际中是不可能实现的，但常作为实际天线的参考天线或基准天线。

（2）定向天线

定向天线是指在某些确定的方向上具有比其他方向上更高的发射或接收无线电信号能力的天线。定向天线具有水平和垂直等多种辐射模式，可以用在扇形小区中。定向天线可以用来在无线通信系统中实现覆盖区域的扩展和频率复用等目的。定向天线增益的典型值在 9~16 dB 之间。

（3）全向天线

全向天线的方位图在方位角上是无方向性的，但在垂直高度上是有方向性的。可以在同一个垂直轴上安装多副偶极子来增加水平方向上的辐射功率。

（4）八木天线

八木天线，因日本人八木发明而得名。八木天线是经典的定向天线，由一个有源振子和多个无源振子放置在同一水平面上，并且垂直于连接它们中心的金属杆。它的特点是体积小、重量轻、外形美观、增益高、性能可靠、安装方便。

2. 天线的主要特性

（1）方向性

天线的方向性用于描述天线在各个方向的不均匀性和信号功率密度的变化。"方向性"这一概念表明天线可以在某些特定的方向上集中能量。天线的方向性系数定义为天线在某个特定的方向上辐射功率与参考天线在该方向上的辐射功率比值。

（2）有效面积

天线的有效面积或天线口径（也叫做天线的横截面或口径面积），是一个理想的汇集或发射电磁能量的表面。天线的有效面积与其几何面积有一定差别。

（3）极化方向

如果天线是水平放置的，则 E 的方向是水平方向，此时天线为水平极化；如果天线是垂直放置的，则天线为垂直极化。

3. 设计和选择天线时需要考虑的参数

（1）电性能参数；
（2）天线相对于点天线的增益或相对于半波长偶极子的增益；
（3）电压驻波比；
（4）方向图，特别是垂直面和水平面的波瓣宽度；
（5）定向天线的前后比；
（6）输入功率；
（7）互调性能；
（8）带宽；
（9）机械性能参数；
（10）天线及支撑物的结构设计；
（11）电介质接触电势；
（12）特殊环境下的适应能力。

4. 实验装置

矢量网络分析仪 Agilent 8714ES 3 GHz, 2 port 1 台，校准器 Agilent 50 - ohm Type - N calibration kit 1 套，示波器 Agilent 54642A 500 MHz 取样频率 2 Gsa/s 1 台，八木天线 2 个，自制八木天线 3 个，全向天线 2 个，自制全向天线 2 个，微带天线 3 个。

三、实验内容及方法

1. 实验内容与要求

要求学生在实验前对电磁场理论、电磁波传输、匹配有一定程度的了解。用网络分析仪测量八木天线、全向天线、微带天线的带宽、阻抗、增益等性能参数。

2. 实验安排方式

每次安排一组实验,一组 2 人。

四、思考题

1. 本实验中的几种天线有什么不同?
2. 天线的好坏可以从哪几个方面进行评价?

实验 27　小功率无线收发信机性能测试实验

一、实验目的

（1）小功率无线收发信机是无线通信的基本设备。其性能优劣是无线通信质量的关键。本实验的目的是使学生能对课堂所学知识有进一步的了解，提高学生的实际动手能力。

（2）学习使用多种仪器对收发信机的发射中心频率、带宽、发射功率和接收灵敏度等指标进行定量测量。

二、实验原理及装置

1. 实验原理

本实验所用无线收发信机是由 CC1000 和单片机组成的无线模块。

以下着重介绍 CC1000 的硬件原理。

由 CC1000 的原理框图（图实 27.1）来看，主要是锁相环收发系统，无线开关无论置于收状态还是置于发状态都与其他部分组成锁相环。

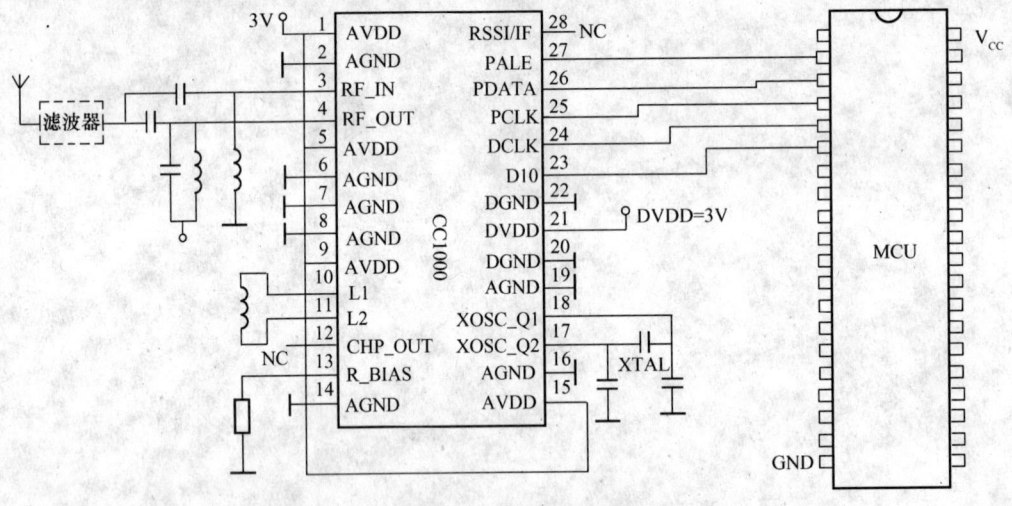

图实 27.1　CC1000 原理框图

2. 实验装置及其连接

自制 433 MHz 10 MW 无线发射机 1 台，自制 915 MHz 10 MW 无线发射机 1 台，频谱分析仪 Agilent 500 MHz 2M megaZoom Oscilloscope　2 Gsa/s 1 台，功率计 1 台，同轴电缆连接线 50 Ω 连接头，电池若干。

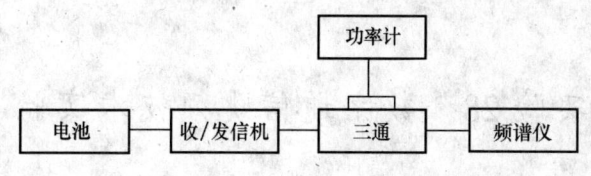

图实 27.3　调频调相解调器

三、实验内容及方法

用指定的专业设备做发射机,通过无线方式使用频谱分析设备测定发射机的中心频率、频率偏移、带宽和功率等指标。

四、思考题

1. 发射机的频率偏移会对通信造成什么影响?
2. 实验装置为什么要用 50 Ω 连接头?

实验 28 数字通信跳频技术实验

一、实验目的

(1) 理解现代数字通信中跳频技术的原理、多种方案和实现方法。
(2) 掌握一种跳频技术的实现方法。

二、实验原理及装置

1. 实验原理

跳频涉及射频的一个周期性的改变。一个跳频信号可以视为一系列调制数据突发，它具有时变、伪随机的载频。所有可能的载波频率的集合称为跳频集。跳频发生于包括若干个信道的频带上。每个信道定义为其中心频率在跳频集中的频谱区域，它应大的足以包括一个相应载频上的窄带调制突发（通常为 FSK）的绝大部分功率。跳频集中使用的信道频宽称为顺势带宽。跳频发生的频谱带宽称为总调频带宽。数据以发射机载波频率跳变的方式发送到表面上随机的信道中，而这只有相应接收机知道。每个信道上，在发射机再次跳频之前，数据的一些小的突发用传统的窄带调制发送。

如果每次跳频只使用一个载波频率（单信道）的数字数据调制就称为单信道调制。如图实 28.1 给出了一个单信道的 FH-SS（跳频扩频）系统。跳频之间的持续时间称为跳频持续时间或跳频周期，记为 Th。总的跳频带宽和瞬时带宽分别记为 W_{ss} 和 B。对于跳频系统，其处理增益为 W_{ss}/B。

从接收到的信号中去掉跳频称为解跳。如图实 28.2 中接收机合成器生成的频率模式和接收到的信号中的频率同步，则混频器的输出就是一个位于固定差频处的解跳信号。解调之前，解跳信号输入到传统的接收机中。跳频中，当一个不需要的信号占据了一个特定的跳

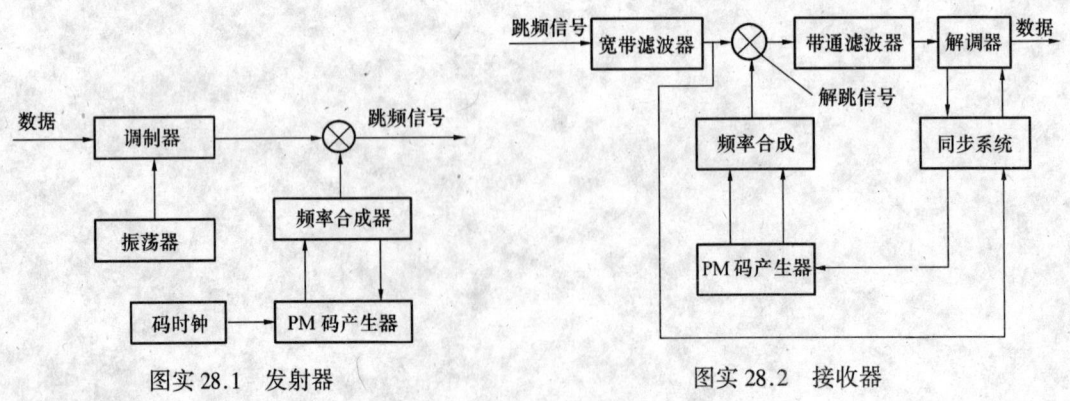

图实 28.1　发射器　　　　　　　　　图实 28.2　接收器

频信道时,这个信道中的噪声和干扰就可以进入解调器。这样,一个非预想的用户和预想的用户同时在同一个信道中发射信号的情况下,跳频系统中就有可能出现碰撞。

跳频可分为快或慢两种。如果一次发射信号期间有不只一个频率跳跃,则称为快跳频。这样,快跳频意味着跳频速率大于或等于信息速率。如果在频率跳跃的时间间隔中有一个或多个信号发射,则称为慢跳频。

如果采用二进制 FSK,则一对可能的瞬时频率每次跳频时都要发生变动。发射信号占据的频率信道称为发射信道。另一个信号发射时占据的信道成为互补信道。FH – SS 系统的跳频速率取决于接收机合成器的频率灵敏性、发射信息的类型、抗碰撞的编码匀余度,以及与最近的潜在干扰的距离。

2. 实验装置

自制 433 MHz 10 mW 无线发射机 2 台,频谱分析仪 Agilent E4404B ESA – E 9 KHz ~ 6.7GHz spect Rum analyzer 1 台,PC 机超越 4100 2 台,编程器炜煌 500B 1 台。稳压电源 KENWOOD 1 台。ATMEL AT89S52 单片机,实验板若干。

三、实验内容及方法

采用本室自制设备,按照实验要求自行设计一种跳频方式,通过编制计算机软件等方法配合已有的系统硬件,将其实现。

要求课前预习跳频技术基本原理。通过实验中对自行设计方案的讨论与实现,深入了解跳频的核心技术和原理。掌握实现跳频技术的方法。

四、思考题

1. 跳频会占用更大的带宽,为什么还要使用?
2. 正确接收跳频信号需要哪些条件?

实验 29 数据通信终端显示实验

一、实验目的

(1) 通过实践，了解通信的多种终端处理方式，并掌握其中最常见的接口方式。
(2) 通过实验，掌握液晶点阵显示器的使用，蜂鸣器的设计和使用，发光二极管的设计和使用，熟悉 C51 程序设计。

二、实验原理及装置

1. 点阵液晶显示模块

液晶板上排列着若干 5×7 或 5×10 点阵的字符显示位，每个显示位可显示 1 个字符，从规格上分为每行 8、16、20、24、32、40 位，有一行、两行及四行三类。

图实 29.1 是字符型模块的电路框图，它由 KS0066、KS0065 及几个电阻和电容组成。KS0065 是扩展显示字符用的（例如，16 个字符 ×1 行模块就可不用 KS0065，16 个字符 ×2 行模块就要用 1 片 KS0065）。

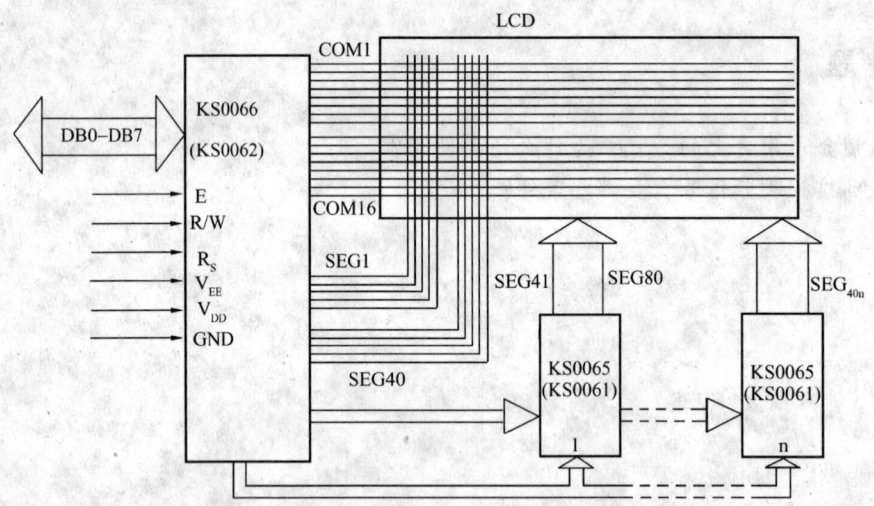

图实 29.1 字符型模块的电路框图

接口方面，有 8 条数据线，3 条控线。可与微处理器或微控制器相连，通过送入数据和指令，就可使模块正常工作，图实 29.2 是模块和微处理器相连的例子。

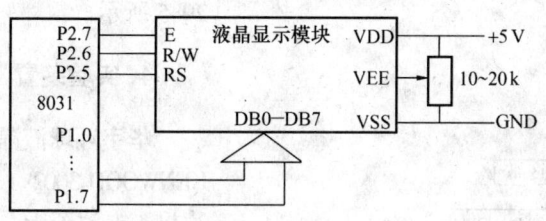

图实 29.2　液晶显示器与微处理器连接示意图

2. LED 及蜂鸣器的驱动电路

LED 及蜂鸣器的驱动电路分别如图实 29.3 和图实 29.4 所示。

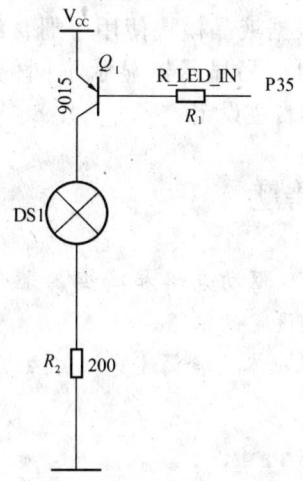

图实 29.3　LED 驱动电路

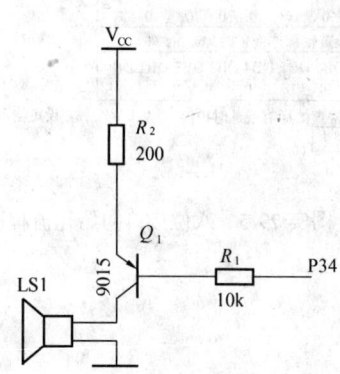

图实 29.4　蜂鸣器驱动电路

3. 液晶模块初始化

用户所编的显示程序，开始必须进行初始化，否则模块无法正常显示，下面介绍两种初始化方法。

（1）利用内部复位电路进行初始化

①清屏（DISPLAY CLEAR）。

②功能设置（FUNCTION SET）。DL＝1:8Bin 接口数据，N＝0:1 行显示，F＝0:5×7dot 字形。

③显示开/关控制（Display ON/OFF Control）。D＝0，显示关；C＝0，光标关；B＝0，消隐关。

④输入方式设置（ENTRY MODE SET）。I/D＝1（增量）；S＝0，无移位。

（2）软件复位

如果电路电源不能满足复位电路要求的话，那么初始化就要用软件来实现。过程如图实

29.5 所示。

4. 实验装置

华宇环球液晶显示器 2 个,稳压电源 KENWOOD 3002 1 台,ATMEL AT89S52 单片机,电池若干,应用实验板若干。

三、实验内容及方法

1. 实践焊接实验板,包括 LED 驱动电路、蜂鸣器驱动电路,并连接液晶显示模块。
2. 编写 C51 程序,控制 LED 和蜂鸣器。
3. 根据液晶模块使用手册,编写程序,控制液晶显示器显示不同的字符,显示内容自主设定。

四、思考题

1. LED 驱动电路和蜂鸣器驱动电路中元件值设定的根据。
2. 根据本实验简述霓虹灯原理。

图实 29.5 八位接口初始化流程图

实验 30　高频窄带通信机的功率放大器设计

一、实验目的

(1) 小功率无线收发信机是无线通信的基本设备,而功率放大器是无线信号远距离传输的重要组成部分,其性能优劣是无线通信距离远近的关键。本实验的目的是对课堂所学知识有进一步的了解,提高对高频功率放大器的理解、设计和调试能力。

(2) 学习使用多种仪器对发信机的发射中心频率、带宽、发射功率等指标进行设定,并进行定量测量。

二、实验原理

本实验所用小功率无线收发信机是由 CC1000 和单片机组成的无线模块。

高频窄带通信机的功率放大器是由 RF2175 以及外围电路(图实 30.1)组成。

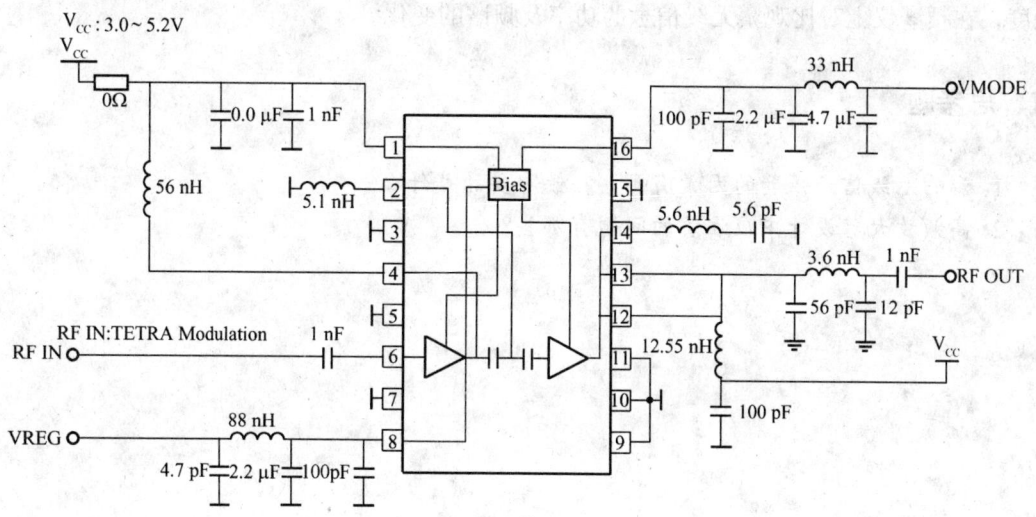

图实 30.1　RF2175 及外围电路图

由 RF2175 外围的电路图来看,主要是偏置电路和输入/输出阻抗的匹配。

1. 滤波网络的设计

由图实 30.1 可以看出,两个 π 型网络分别对 VREG 和 VMODE 进行滤波,以减少偏置电压对高频信号的干扰。RF OUT 端的 π 型网络将输出阻抗匹配到标准 50 Ω 上。另外,不同的电感及电容加在电源上,减少了电源高频成分对信号的干扰。

2. 电路板设计

制作高频电路板需要对板材进行严格选择。

在进行高频放大器设计时,布线是非常重要的,应遵循高频电路设计原则,各元器件之间的布线要尽可能短,并严格按照芯片资料中数据与要求设计。

三、实验装置

自制 433 MHz 10 mW 无线发射机 1 台,自制高频放大器电路板模块 5 块,信号发生器 Agilent E4438C 1 台,频谱分析仪 1 台,Agilent 54642A 示波器 500 MHz,2Gsa/s 1 台,功率计 1 台,同轴电缆连接线 50 Ω 连接头 1 套,稳压电源 1 台,电池若干。

四、实验内容及方法

(1) 用信号发生器做功率放大器的信号源,通过无线方式使用频谱分析设备测定经过放大器的无线信号的功率以及中心频率、频率偏移和带宽等指标。

(2) 将自制的无线发射机与功率放大模块连接起来,并通过程序控制来调整输入信号的强度,在频谱仪上对比观察无线信号的功率及频谱的变化。

五、思考题

1. 影响无线信号强弱的因素有哪些?最重要的是什么?
2. 高频放大器设计中应注意的问题有哪些?

实验 31 ISP 下载线的制作与使用

一、实验目的

(1) 在现代社会中，微处理器在自动化控制中应用越来越广泛，而原有的程序编程器越来越成为阻碍微处理设备调试效率提高的主要因素，新的 ISP 在线下载可以有效地提高微控制系统调试与使用的性能。

(2) 了解微处理器 ATMEL89S52 的在线编程功能。

二、实验原理及装置

本实验所用的 ISP 下载线是由学生根据原理图（图实 31.1 和图实 31.2）自己动手制作，检测设备为 PC 机和单片机实验板。

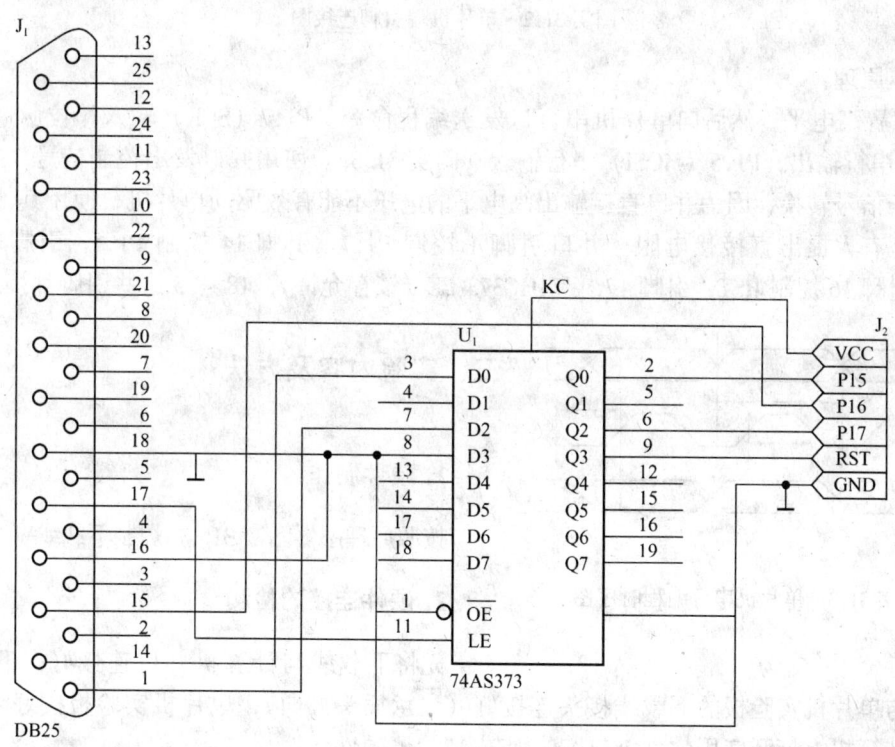

图实 31.1 串行下载线的电路原理图

ISP下载线的核心芯片是74AS373,其他组成部分包括并口插头和外围电路、连接线。

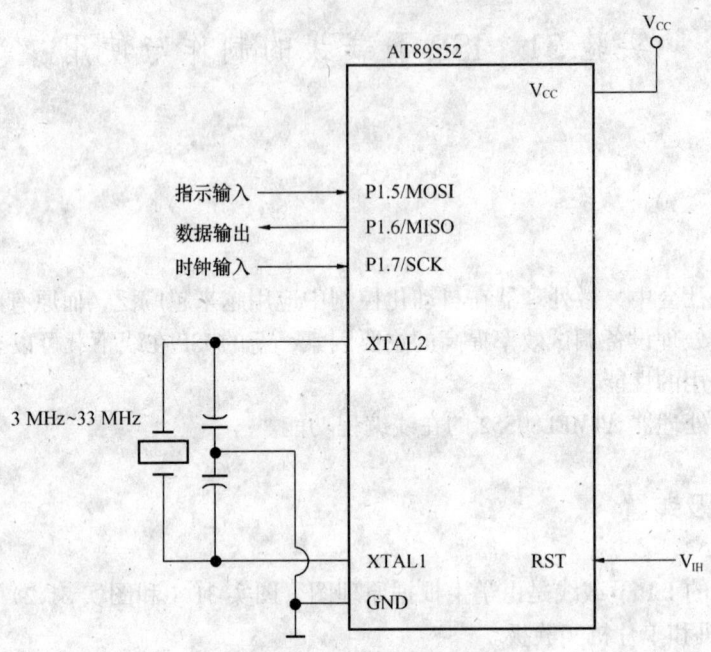

图实 31.2　单片机端引脚连接图

基本原理:

RST置高电平,然后向单片机串行口发送编程命令。P1.7(SCK)输入移位脉冲,P1.6(MISO)串行输出,P1.5(MOSI)串行输入(图实 31.3)。使用并口发出控制信号,74HC373只是用于信号转换,因为并口直接输出高电平的电压不能有效驱动单片机,使用其他芯片也可以,还有人提出直接接电阻。并口引脚1控制P1.7,引脚14控制P1.5,引脚15控制P1.6,引脚16控制RST,引脚17接74HC373 LE(锁存允许),18~25这些引脚都接地。

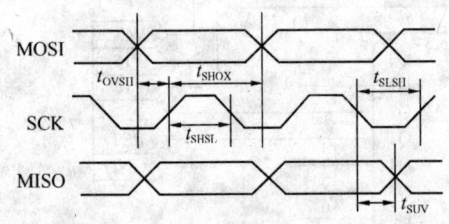

图实 31.3　单片机串行编程时序图

三、实验内容及方法

1. 硬件制作

按照原理图(图实 31.1)焊制下载线一条。

2. 硬件连接的检测

先将下载线与计算机并口连接好;下载线另外一端与单片机实验板的下载线接头连接好(注意插头方向);单片机实验板接好+5 V电源;在计算机上打开应用软件 ISPLAY,点击"检测硬件"。

3. 软件的下载及实验

将编译好的闪灯程序在 ISPLAY 软件中打开,擦除芯片后进行烧写,并校验,校验成功后程序会自动运行。通过 LED 灯是否按要求闪烁来判断程序是否烧写成功。

四、思考题

1. 根据本实验所学内容简述普通编程器的基本原理。
2. 哪种存储器类型的单片机可以编程和校验？

实验 32 计算机间的无线数据通信

一、实验目的

（1）短距离无线数字通信在通信领域以及现实生产生活中变得越来越重要，无线模块与计算机的接口方式以及数据处理显得尤为重要。

（2）了解现代短距离无线通信技术的原理和发展状况。

（3）通过实际操作，熟悉计算机串口通信原理，掌握用软件的方式控制计算机和单片机之间的串口通信。

二、实验原理

系统由两个无线发射模块和两个串口通信模块结合组成。无线部分是 CC1000 和单片机组成的无线模块。基本原理是 RS232 协议和无线协议的系统集成收发。图实 32.1 所示为其原理框图。

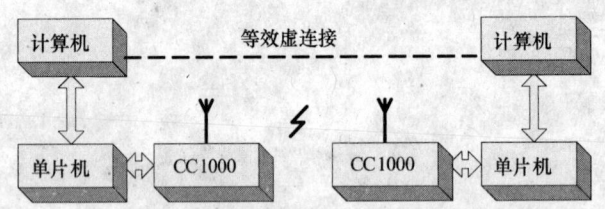

图 32.1 计算机无线通信原理框图

关于无线收发部分，在实验 25 中已经详细介绍过，此实验中不再赘述，这里主要介绍单片机的串口通信。MCS-51 中的串行接口是一个全双工通信接口，它可以作 UART（通用异步接收和发送）用，也可以作同步移位寄存器用。

（1）数据缓冲寄存器

串行口缓冲寄存器（SBUF）是可直接寻址的专用寄存器。在物理上，它对应着两个寄存器，一个发送寄存器，一个接收寄存器。CPU 写 SBUF，就是修改发送寄存器；读 SBUF，就是读接收寄存器。接收器是双缓冲的，以避免在接收下一帧数据之前，CPU 未能及时响应接收器的中断，没有把上一帧数据读走，而产生两帧数据重叠的问题。对于发送器，为了保持最大的传输速率，一般不需要双缓冲，因为发送时 CPU 是主动的，不会产生写重叠的问题。

（2）串行口控制寄存器 SCON

SM0 和 SM1 串行口操作模式选择位。2 个选择位对应于 4 种模式。SM2 在模式 2 和 3 中是多处理机通信使能位。在模式 2 和 3 中，若 SM2 = 1，且接收的第 9 位数据是 0，则 RI 不会被激活。在模式1中，若SM2=1且没有接收到有效的停止位，则RI不会被激活。在模式0中，SM2必须是0。

REN 允许接收位。由软件置位或清除。REN=1时，允许接收；REN=0时，禁止接收。

RB8（SCON.3）发送数据位8。该位是模式2和3中要发送的第9位数据。在许多通信协议中，该位是奇偶位。可以按需要由软件置位或清除。在MCS-51多处理机通信中，这一位用于表示是地址帧还是数据帧。

RB8（SCON.2）接收数据位8时，模式2和3中已接收第9位数据。（例如，可能是奇偶位，或是地址/数据标志位）。在模式1中，若SM2=0，RB8是已接收的停止位。在模式0中，RB8未用。

T1（SCON.1）发送中断标志。在模式0中，在发送完第8位数据时，由硬件置位，在其他模式中，在发送停止位之初，由硬件置位。T1=1时，申请中断，CPU响应中断后，发送下一帧数据。在任何模式中，都必须由软件来清除T1。

R1（SCON.0）接收中断标志。在模式0中，接收第8位结束时，由硬件置位。在其他模式中，在接收停止位的中间，由硬件置位。R1=1，申请中断，要求CPU取走数据。但在模式1中，SM2=1时，若未接收到有效的停止位，则不会对R1置位，必须靠软件清除R1。

在系统复位时，SCON中的所有位都被清除。

三、实验装置

自制无线天线收发装置2套，无线发射接收设备 Agilent E4404B spectRum analyzer，PC机超越4100 2台，稳压电源 KENWOOD 300 2台，ATMEL AT89S52单片机4片。

四、实验内容及方法

（1）打开串口调试助手软件，设定好计算机串口工作状态。

（2）利用调试助手进行数据的发送和接收，并将接收到的数据存储到PC机中。通过演示计算机间数据的无线传输，体会无线连接的优势。了解无线数据传输的原理，为将来深入研究无线通信奠定良好的基础。

五、思考题

1. 异步通信和同步通信主要区别是什么？
2. MCS-51串行口有没有同步通信功能？

实验33 阿贝-波特实验与空间滤波

空间滤波是光学信息处理的重要技术之一，它通过改变像的频谱结构，实现成像所需的变换。阿贝-波特实验是空间滤波的典型实验，直观、科学地验证了阿贝成像原理，并揭示出成像质量与系统传递的空间频谱之间的关系。

一、实验目的

(1) 掌握阿贝-波特实验，理解阿贝成像原理及其意义。
(2) 掌握空间滤波的基本原理和实现方法。
(3) 掌握低通滤波、高通滤波、带通滤波以及方向滤波技术。通过观察各种滤波效果，加深对光信息处理技术基本原理的认识。

二、实验原理及装置

1. 实验原理

阿贝成像理论采用傅里叶变换阐述了显微成像的过程，更为重要的是首次引入频谱的概念，启发人们采用改变频谱结构的方法对信息进行处理和改造。

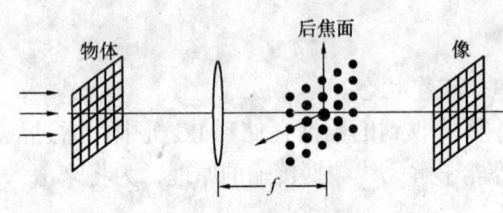

图实 33.1 阿贝-波特实验

阿贝-波特实验直观的验证了"阿贝二次衍射成像理论"的正确性。阿贝成像原理指出：相干光照明下的显微镜成像过程实质上可分为两步。第一步，物体的衍射光在物镜的后焦面（频谱面）上产生夫琅和费衍射，构成空间频谱分布（第一衍射像）；第二步，第一衍射像作为新的相干光源发出次波，即频谱面上不同空间频率的光束，在像平面上干涉形成物体的像。如图实 33.1 所示，平行相干光束照明一个网格，在成像透镜的后焦面上呈现周期性网格的傅里叶频谱；这些频谱分量的重新组合，在成像面上形成网格的像。

上述两步成像过程实质上是两次傅里叶变换。在理想情况下，物光波信息经两次傅里叶变换无任何损失，所成像应该与原物完全一样。若在频谱面上放置不同的滤波器，截断了原物光波空间频谱中的某些频谱成分，将明显改变所成像与原物的相似性，这种信息处理的基本方法称为空间滤波。光学信息处理技术就是设法在频谱面上滤除不需要的信息（频谱分量）、保留有用频谱信息，从而在成像面上提取出所需的图像信息。

图实 33.2 所示的光学系统称为 $4f$ 系统，z 轴正方向垂直于低面向外，下面采用此系统阐述空间滤波原理。透镜 L_1、L_2 构成扩束准直系统，透镜 L_3、L_4 是傅里叶变换透镜，焦距

均为 f。在 $4f$ 光路系统中通常称 L_3 为变换透镜、L_4 为成像透镜。物平面 (x_1, y_1) 位于透镜 L_3 的前焦面上；频谱面 (x_2, y_2) 位于 L_3 的后焦面上，并同时位于 L_4 的前焦面上，空间滤波时滤波器放置在频谱面上；像平面 (x_3, y_3) 取反演坐标系、并位于 L_4 的后焦面上。

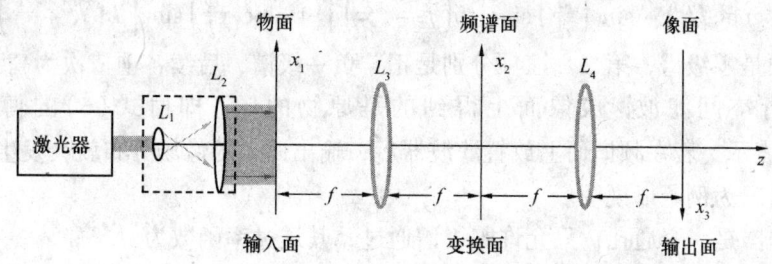

L_1—扩束镜；L_2—准直透镜；L_3、L_4—傅里叶变换透镜

图实 33.2 空间滤波实验光路

设物体的透过率函数为 $t(x_1, y_1)$，滤波器透过率为 $H(f_x, f_y)$，则频谱面后的光场复振幅为

$$G(f_x, f_y) = T(f_x, f_y) \cdot H(f_x, f_y) \tag{1}$$

其中，

$$T(f_x, f_y) = F\{t(x_1, y_1)\} \tag{2}$$

$$f_x = \frac{x_2}{\lambda f_2} \quad f_y = \frac{y_2}{\lambda f_2} \tag{3}$$

式中，$F\{\ \}$ 是傅里叶变换符号；λ 是单色光波长；f_2 是变换透镜的焦距（此处 $f_2 = f$）；x_2、y_2 是频谱面上的位置坐标，f_x、f_y 是在同一平面上用空间频率表示的坐标。

由于成像面采用了反演坐标系，故此平面输出的是 $G(f_x, f_y)$ 的傅里叶逆变换，即有

$$\begin{aligned}
g(x_3, y_3) &= F^{-1}\{G(f_x, f_y)\} \\
&= F^{-1}\{T(f_x, f_y) \cdot H(f_x, f_y)\} \\
&= F^{-1}\{T(f_x, f_y)\} * F^{-1}\{H(f_x, f_y)\} \\
&= t(x_3, y_3) * F^{-1}\{H(f_x, f_y)\}
\end{aligned} \tag{4}$$

上式表明，在成像面上得到的是物的几何像与滤波器振幅透过率的傅里叶逆变换的卷积，"*"表示卷积运算。由此可见，通过改变滤波器的振幅透过率函数，可望改变几何像的结构。下面以一维光栅为例，具体分析空间滤波过程。

设物为一维周期光栅，光栅常数为 d，缝宽为 a，光栅沿 x_1 方向的宽度为 L，其透过率函数为

$$t(x_1) = \left[\text{rect}\left(\frac{x_1}{a}\right) * \frac{1}{d}\text{comb}\left(\frac{x_1}{d}\right)\right] \cdot \text{rect}\left(\frac{x_1}{L}\right) \tag{5}$$

若将物放置于 $4f$ 系统的输入面上，其在频谱面上的光场分布为

$$T(f_x) = \frac{aL}{d} \sum_{m=-\infty}^{\infty} \text{sinc}\left(\frac{am}{d}\right) \text{sinc}\left[L\left(f_x - \frac{m}{d}\right)\right]$$

$$= \frac{aL}{d}\left\{\text{sinc}(Lf_x) + \text{sinc}\left(\frac{a}{d}\right)\text{sinc}\left[L\left(f_x - \frac{1}{d}\right)\right] + \text{sinc}\left(\frac{a}{d}\right)\text{sinc}\left[L\left(f_x + \frac{1}{d}\right)\right] + \cdots\right\} \quad (6)$$

式中，第一项是零级谱，第二、三项分别是正、负一级谱，后续各项依次为高级频谱。

若不进行空间滤波，成像面上得到的是原物的像，即由式(6)的傅里叶逆变换 $F^{-1}\{T(f_x)\}$ 表示。若在频谱面上放置滤波器后，输出面上的像场分布就会发生改变。在此，以下面三种情况为例予以说明。

(1) 滤波器是一个通孔，只允许零级谱通过，其透过率函数为

$$H(f_x) = \begin{cases} 1 & |f_x| < 1/L \\ 0 & |f_x| \text{ 取其他值} \end{cases} \quad (7)$$

并且，由于式(6)中只有第一项能够通过滤波器，频谱面后的透射光场分布为

$$T(f_x) \cdot H(f_x) = \frac{aL}{d}\text{sinc}(Lf_x) \quad (8)$$

于是在输出面上的光场分布为

$$g(x_3) = F^{-1}\{T(f_x) \cdot H(f_x)\} = F^{-1}\left\{\frac{aL}{d}\text{sinc}(Lf_x)\right\} = \frac{a}{d}\text{rect}\left(\frac{x_3}{L}\right) \quad (9)$$

表示一个强度均匀的、宽度为 L 的亮区。尽管亮区宽度与光栅宽度相同，但看不到任何光栅结构。

(2) 滤波器是一个狭缝，允许零级谱以及正、负一级频谱通过。滤波后的光场复振幅为式(6)的前三项，输出面的光场是其傅里叶逆变换，即有

$$g(x_3) = F^{-1}\left\{\frac{aL}{d}\text{sinc}(Lf_x) + \text{sinc}\left(\frac{a}{d}\right)\text{sinc}\left[L\left(f_x - \frac{1}{d}\right)\right] + \text{sinc}\left(\frac{a}{d}\right)\text{sinc}\left[L\left(f_x + \frac{1}{d}\right)\right]\right\}$$

$$= \frac{a}{d}\text{rect}\left(\frac{x_3}{L}\right)\left[1 + 2\text{sinc}\left(\frac{a}{d}\right)\cos\left(\frac{2\pi x_3}{d}\right)\right] \quad (10)$$

由上式可以看出，像与物的周期相同。但是，由于高频信息的丢失，导致所成像的边缘锐度消失，像的结构变为余弦振幅光栅。

(3) 滤波器为不透光的小圆屏，挡住零级频谱，允许其他频谱通过。频谱面后的透射光场分布为

$$T(f_x) \cdot H(f_x) = T(f_x) - \frac{aL}{d}\text{sinc}(Lf_x) \quad (11)$$

像面上的光场复振幅为

$$g(x_3) = F^{-1}\left\{T(f_x) - \frac{aL}{d}\text{sinc}(Lf_x)\right\}$$

$$= t(x_3) - \frac{a}{d}\text{rect}\left(\frac{x_3}{L}\right)$$

$$= \left[\text{rect}\left(\frac{x_3}{a}\right) * \frac{1}{d}\text{comb}\left(\frac{x_3}{d}\right)\right]\text{rect}\left(\frac{x_3}{L}\right) - \frac{a}{d}\text{rect}\left(\frac{x_3}{L}\right) \quad (12)$$

当 $a = d/2$ 时，像的振幅分布具有与物相同周期特点，但光强度是均匀的。当 $a > d/2$，即

缝宽大于缝间隙时，像的振幅分布向下错位，其强度分布出现衬度反转，即对应物体上的亮区变为暗区、暗区变为亮区。

2. 实验光路和仪器设备

图实 33.2 是采用 $4f$ 系统的空间滤波实验光路，其中，需要用到的光学元件和仪器包括：He–Ne 激光器（40mW，$\lambda = 632.8$ nm）1 台，扩束镜（物镜 40×）1 个，准直透镜（$f = 100$ mm）1 个，傅里叶变换透镜 2 个，载物架和网格 1 个，白屏 1 个，各种滤波器 1 套。

三、实验内容及方法

（1）按照图实 33.2 所示，依次加入光学元件搭建光路。调节透镜 L_1、L_2 构成扩束准直系统；调整傅里叶变换透镜 L_3、L_4 构成 $4f$ 系统。

（2）在透镜 L_1 的前焦面上放入物体（网格），并在 L_1 的后焦面上放入白屏，在白屏上可以观察到网格的傅里叶频谱分布；移开频谱面上的白屏后，在 L_2 的后焦面上将观察到网格的像。

（3）进行空间滤波时，将滤波器放置在频谱面上，观察成像面（L_2 的后焦面）上输出图像的变化，并将结果填入表实 33.1 中。

表实 33.1　空间滤波实验结果

输入图像				
滤波器类型				
通过的频谱				
输出的图像				
简要说明				

四、思考题

1. 运用傅里叶变换和空间滤波的理论知识，解释所得到的实验结果。
2. 若要消除一幅图像上带有纵栅干扰，应该选用低通滤波器还是高通滤波器？采用滤波器消除纵栅干扰的同时，对图像有何影响？

实验 34　光栅法实现光学图像相加和相减处理

光学图像的相加、相减、相乘、相除均属于相干光学处理中的基本光学——数学运算。其中，光学图像相减具有从两幅相近图像中提取差异信息的作用，能够有效突出研究对象的变化情况。例如，通过两张不同时期拍摄的医学影像的相减处理，可以发现病灶或追踪病情的发展状况；在地球环境资源方面，可以监测森林、河流等资源的分布和变化情况。在军事上、城市发展规划中以及各项科学技术中均有广泛用途。实现图像相减的方法很多，本实验采用正弦光栅作为空间滤波器实现图像相减。

一、实验目的

（1）通过学习衍射光栅干涉方法实现光学图像复振幅相加、相减的原理和方法，了解相干光学处理的一般方法。

（2）利用正弦光栅或 Ronchi 光栅作为滤波器，进行图像相加和相减实验，加深对空间滤波概念的理解。

（3）通过实验，加深对傅里叶光学中相移定理和卷积定理的认识。

二、实验原理及装置

1. 图像相加和相减原理

在相干光学处理系统中，利用正弦光栅或 Ronchi 光栅作为空间滤波器，可以实现光学图像的实时相加或相减运算。

如图实 34.1 所示的光学系统称为 $4f$ 系统，常用来进行相干光学滤波处理。透镜 L_1、L_2 是傅里叶变换透镜，焦距均为 f。在 $4f$ 光路系统中通常称 L_1 为变换透镜、L_2 为成像透镜。物平面(x_1, y_1)位于透镜 L_1 的前焦面上；频谱面(x_2, y_2)位于 L_1 的后焦面上，并同时位于 L_2 的前焦面上；像平面(x_3, y_3)取反射坐标系并位于 L_2 的后焦面上。

图像 A 和 B 放置在物平面上，且沿 x_1 方向相对于坐标原点对称放置，图像中心点的坐标分别为 $(b, 0)$ 和 $(-b, 0)$。当用波长为 λ 的单色平面波垂直入射、均匀照明时，透过

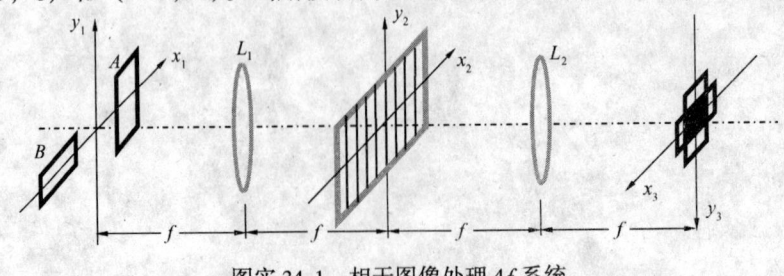

图实 34.1　相干图像处理 $4f$ 系统

物平面的光波场的复振幅分布为
$$t(x_1, y_1) = t_A(x_1 - b, y_1) + t_B(x_1 + b, y_1) \tag{1}$$

根据透镜傅里叶变换性质，在频谱平面（x_2, y_2）上的光场分布应该为 $t(x_1, y_1)$ 的傅里叶变换：
$$T(f_x, f_y) = T_A(f_x, f_y)\exp[-j2\pi\xi_0 x_2] + T_B(f_x, f_y)\exp[j2\pi\xi_0 x_2] \tag{2}$$

式中，
$$f_x = \frac{x_2}{\lambda f} \quad f_y = \frac{y_2}{\lambda f} \quad \xi_0 = \frac{b}{\lambda f} \tag{3}$$

若在频谱平面放置一个正弦型振幅光栅，并选择光栅的空间频率为 ξ_0，此光栅的复振幅透过率为
$$H(f_x, f_y) = \frac{1}{2} + \frac{1}{2}\cos(2\pi\xi_0 x_2 + \varphi_0) = \frac{1}{2} + \frac{1}{4}e^{i(2\pi\xi_0 x_2 + \varphi_0)} + \frac{1}{4}e^{-i(2\pi\xi_0 x_2 + \varphi_0)} \tag{4}$$

式中，φ_0 是光栅条纹的初位相，取决于光栅相对于坐标原点的位置。

在频谱面上的光场分布为
$$\begin{aligned}T(f_x, f_y)H(f_x, f_y) = &\frac{1}{4}[T_A(f_x, f_y)e^{i\varphi_0} + T_B(f_x, f_y)e^{-i\varphi_0}] + \\ &\frac{1}{2}[T_A(f_x, f_y)e^{-i2\pi\xi_0 x_2} + T_B(f_x, f_y)e^{i2\pi\xi_0 x_2}] + \\ &\frac{1}{4}[T_A(f_x, f_y)e^{-i(4\pi\xi_0 x_2 + \varphi_0)} + T_B(f_x, f_y)e^{i(4\pi\xi_0 x_2 + \varphi_0)}]\end{aligned} \tag{5}$$

通过透镜 L_2 进行傅里叶逆变换（取反演坐标系）后，在输出面上的光场分布为
$$\begin{aligned}g(x_3, y_3) = &\frac{1}{4}e^{i\varphi_0}[t_A(x_3, y_3) + t_B(x_3, y_3)e^{-i2\varphi_0}] + \\ &\frac{1}{2}[t_A(x_3 - b, y_3) + t_B(x_3 + b, y_3)] + \\ &\frac{1}{4}[t_A(x_3 - 2b, y_3)e^{-i\varphi_0} + t_B(x_3 + 2b, y_3)e^{i\varphi_0}]\end{aligned} \tag{6}$$

（1）当光栅条纹的初位相 $\varphi_0 = \frac{\pi}{2}$，即坐标原点位于光栅的 1/4 周期处，式（6）第一项中的因子 $e^{-i2\varphi_0} = -1$，于是式（6）变为
$$g(x_3, y_3) = \frac{1}{4}[t_A(x_3, y_3) - t_B(x_3, y_3)] + \text{其余 4 项} \tag{7}$$

上式表明，图像 A 的 +1 级像与图像 B 的 -1 级像位相相差 π，并且在输出面中心重合，故在输出面上实现了图像相减。

（2）当光栅条纹的初位相 $\varphi_0 = 0$，即光栅条纹与轴线重合，式（6）第一项中的指数因子 $e^{-i2\varphi_0} = 1$，得到图像相加的结果。

2. 正弦光栅的制作

本实验需要一块正弦型光栅，可用全息法制作。如图实 34.2 所示，采用马赫 - 泽德干涉仪，用全息干板记录两束平行光的干涉条纹，处理后可得到正弦型光栅。若所需光栅常数为 ξ_0，则在两光束相对全息干板为对称入射的条件下，两光束之间的夹角 θ 应满足

$$\sin\theta = \lambda\xi_0 \tag{8}$$

由于两路相干光均为平行光，可将焦距为 f 的透镜置于全息干板 H 处，在其后焦面得到两像点的间距为 a。根据几何关系，由于 θ 很小，故有 $\sin\theta \approx \tan\theta = a/f$。因此，光栅常数与 a 的关系为

$$\xi_0 = \frac{\sin\theta}{\lambda} = \frac{a}{\lambda f} \tag{9}$$

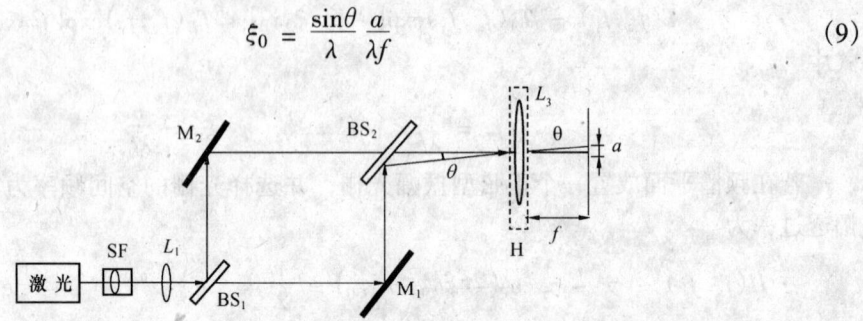

SF—空间滤波器；L_1—准直透镜；H—全息干板
M_1、M_2—平面反射镜；BS_1、BS_2—楔形分束板

图实 34.2 用马赫-泽德干涉仪拍摄全息正弦光栅

3. 实验光路和仪器设备

He–Ne 激光器（$\lambda = 632.8$ nm）1 台，全反射镜 M_2 个；空间滤波器（$40 \times 10~\mu m$）1 个，准直透镜 L_1（7.5 cm）1 个，图像板（图像 A 和 B 的中心距 $2b = 10 \sim 12$ mm，位于输入平面上）1 个，傅里叶透镜 L_1、L_2 1 对，一维平移台（滤波用的光栅置于其上）1 个，分光光楔 BS_1 透反比为 1:4 和 BS_2 透反比为 4:1 各 1 个，全息干板、白屏、干板架光阑、暗房设备等。

三、实验内容及方法

1. 图形设计和光栅制作

（1）制作两个透光的长孔作为 A、B 图像，两者中心间距为 $2b$。为了保证零级像与一级像分开，要求 b 大于图形的边长。

（2）采用马赫-泽德干涉光路，制作空间频率为 $\xi_0 = b/\lambda f$ 的全息光栅。

选择合适透反比的 BS_1，BS_2，使两路光的光强比为 1:1。调整马赫-泽德干涉仪（此时不加入 SF 及 L），使两束光完全重合。微调 M_1、M_2 及 BS_2，使两束光有一小夹角，并在 BS_2 后相交。在相交处放置薄透镜 L_3。加入扩束镜、SF 及 L，调出平行光，测量 L_3 后焦面上两个焦点之间的距离 a，并且使 $a = b$，撤去透镜在透镜位置放置全息干板，拍摄全息光栅（其空间频率满足 $\xi_0 = b/\lambda f$）。

2. 布置光路

按照图实 34.1 依次放入光学元件布置光路，调整 $4f$ 系统，使得图形 A、B 在输出面能够清晰成像。

3. 光栅滤波

将制作的正弦光栅 G 按其栅线竖向置于 L_1 后焦面，并使其在横向可微动（用一维平移台实现）。微调图形 A、B 的相对位置，在输出面的光屏上观察图形 A 的 +1 级衍射像 A_{+1} 和图形 B 的 -1 级衍射像 B_{-1}，使 A_{+1} 和 B_{-1} 的中心重合。

4. 观察图形的相加相减

在透镜 L_1 后焦面上使光栅沿横向微移时，在输出面上可以观察到 A_{+1} 和 B_{-1} 重合处，周期性交替出现相加、相减的效果。

四、思考题

1. 实验中，要求平行光照射输入平面上的图形 A、B 时，应该尽量达到均匀照明，以保证在像面上两幅图像能够充分相减（全暗）。如果照射不均匀，对输出图像的相减效果有何影响？

2. 通常对光路的要求是系统必须同轴（图实 34.1），对于不含透镜的系统，要求主光线处在各光学元件的法平面内，并要求主光线构成的平面与全息台面保持平行。请考虑在本实验中如何利用细激光束的方向性、精密调节架和平行平面镜来调整图实 34.2 的光路。

实验 35 光学图像的识别

光学图像识别是指从给定的图像中提取所需要的信息或检测某一特定的信息是否存在，它可以从众多噪声信号中识别出感兴趣的目标。采用匹配滤波器方法可以实现对光学图像的特征识别，其关键是制作一个称为 Vander – Lugt 滤波器的空间匹配滤波器，然后在相干光学处理系统中实现光学图像相干识别。

一、实验目的

（1）通过对简单图像的识别，掌握光学相关技术的原理，巩固空间频谱的概念。
（2）了解空间匹配滤波器的原理，学会利用全息法制作空间匹配滤波器。
（3）通过实验了解光学处理系统的典型结构。

二、实验原理及装置

1. 光学图像识别原理

在图实 35.1 的光学处理系统中，物平面上的特征信号为 $t(x_1, y_1)$，经过透镜 L_2 进行傅里叶变换，在频谱平面上得到的光场复振幅分布为

$$T(f_x, f_y) = F\{t(x_1, y_1)\} \tag{1}$$

式中，$f_x = \dfrac{x_2}{\lambda f_1}$，$f_y = \dfrac{y_2}{\lambda f_1}$。

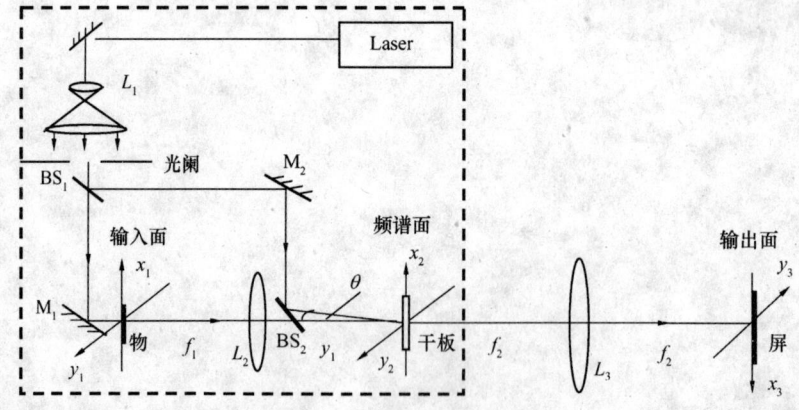

图实 35.1 图像识别光路图

若有一空间滤波器，它的复振幅透过率 $H(f_x, f_y)$ 正比于 $T(f_x, f_y)$ 的复共轭，即 $H(f_x, f_y) \propto T^*(f_x, f_y)$，则该滤波器是输入特征信号函数 $t(x_1, y_1)$ 的匹配滤波器。

将此匹配滤波器置于频谱平面，则透过的光场分布将正比于 TT^*。也就是说，匹配滤波器产生的位相变化正好和输入信号频谱的相位变化相抵消，经过匹配滤波器以后波面变为平面，再经透镜 L_3，在输出平面上得到一个聚焦的亮点，即相关峰，它指示了物函数中特定信息的存在。

匹配滤波器是复数滤波器，可以采用光学全息方法制作或者采用计算全息方法制作。实际上，往往直接拍摄一幅特征信号 $t(x_1, y_1)$ 的傅里叶变换全息图，经过恰当处理，其复振幅透过率的某一个分量便正比于 $T^*(f_x, f_y)$，就可作为匹配滤波器。

(1) 匹配滤波器的制作

图实 35.1 虚线框中的光路为全息法制作匹配滤波器的光路。特征信号物函数 $t(x_1, y_1)$ 仍处于透镜 L_2 的前焦面，平行参考光以倾斜角 θ 入射到 L_2 的后焦面上，则在 L_2 后焦面上的总光场的复振幅分布是 $T(f_x, f_y)$ 与平面波 $r_0\exp(-j2\pi f_x a)$ 的相干叠加，其中，$f_x = \sin\theta/\lambda$。因此，L_2 后焦面上的总的强度分布为

$$I(f_x, f_y) = |r_0\exp(-j2\pi f_x a) + T(f_x, f_y)|^2$$
$$= |T(f_x, f_y)|^2 + r_0^2 + r_0 T^*(f_x, f_y)e^{-j2\pi f_x a} + r_0 T(f_x, f_y)e^{j2\pi f_x a} \tag{2}$$

上式第三项包含了特征信号的匹配滤波函数 $T^*(f_x, f_y)$。因此，使用全息干板在 L_2 后焦面上记录以上光强分布，并保证线性记录，就可以得到实验所需的匹配滤波器。此匹配滤波器的复振幅透过率 $H(f_x, f_y)$ 与曝光强度成正比。

(2) 利用匹配滤波器进行图像识别

使用制成的匹配滤波器在频谱面上进行图像识别时，按照图实 35.1 所示光路，以待识别图像 $g(x_1, y_1)$ 中置于输入面上作为输入信号，将匹配滤波器准确放回原来位置，并挡住参考光，则透过频谱面的光场复振幅分布为 $G(f_x, f_y)$、$H(f_x, f_y)$，其中 $G(f_x, f_y)$ 是待识别图像的频谱函数。由于匹配滤波器的复振幅透过率 $H(f_x, f_y)$ 与其线性记录下的曝光强度 I 成正比，在频谱面后的复振幅分布为

$$G(f_x, f_y)H(f_x, f_y) \propto G(f_x, f_y)I(f_x, f_y)$$
$$= G(f_x, f_y)(|T((f_x, f_y)|^2 + r_0^2) + r_0 G(f_x, f_y)T^*(f_x, f_y)e^{-j2\pi f_x a}$$
$$+ r_0 G(f_x, f_y)T(f_x, f_y)e^{j2\pi f_x a} \tag{3}$$

在输出面上的复振幅分布应为

$$g'(x_3, y_3) = F^{-1}\{G(f_x, f_y)I(f_x, f_y)\}$$
$$= g(x_3, y_3) * t(x_3, y_3) \star t(x_3, y_3) + r_0^2 g(x_3, y_3) +$$
$$r_0 g(x_3, y_3) \star t(x_3, y_3) * \delta(x_3 - a, y_3) +$$
$$r_0 g(x_3, y_3) * t(x_3, y_3) * \delta(x_3 + a, y_3) \tag{4}$$

式中，"★"表示相关运算；"*"表示卷积运算；第一、第二项为在输出面中心得到物的实像；第三项、第四项分别是输入物函数与特征信号的互相关和卷积。卷积项出现在输出面上的 $(-a, 0)$ 的位置处，呈现一个模糊的图像。互相关项出现在输出面上 $(a, 0)$ 的位置处，若待识别图像与特征图像一致，则在 $(a, 0)$ 处出现一个鲜明的亮点；否则，互相关项呈现一个弥散斑。因此，通过测量输出面上 $(a, 0)$ 处的光强，确认待识别图像中是否存在特征图像。

2. 实验光路和仪器设备

实验光路如图实 35.1 所示。

He – Ne 激光器（$\lambda = 632.8$ nm）1 台，全反射镜 2 个，空间滤波器（针孔 10 μm）1 个，扩束镜（物镜 40×）1 个，准直透镜 L（7.5 cm）1 个，图像板（图像 A 和 B 的中心距 $2b = 10 \sim 12$ mm，位于输入平面上）1 个，傅里叶透镜 2 个，楔形分束镜 2 个，全息复位架 1 个，已制备好的各种信号板、全息干板、白屏、干板架光阑、暗房设备等。

三、实验内容及方法

（1）首先调整激光器的输出光束与光学平台的台面平行，采用自准直法调整各光学元件，使其表面与激光束的主光线垂直。

（2）按图实 35.1 依次放入光学元件构建光路。

①调整反射镜 M_2 和楔形分束镜 BS_2，使得参考光束经 BS_2 反射到达频谱面的中心处，并与待识别图像的频谱能够重叠；同时，要求参考光在输出面的聚焦点与其上的中心像区略微隔开一定的距离。注意在上述要求满足的情况下，让倾斜角 θ 尽可能小，并选用大孔径透镜 L_3，以保证能够成功识别所观察的相关亮点。

②调整参考光束与信号光束在频谱面上的光强比，通常以观察到频谱的二、三级为宜。

（3）制作匹配滤波器。按照以上步骤调整好光路和光束比后，在输入面上放置标准图像信号板，在位于频谱面处的全息复位架上装入全息干板、进行曝光，经暗室处理显影、定影、清洗、冷风吹干后，就制成了该图像信号板的匹配滤波器。

（4）将制好的滤波器准确放回原位（复位），挡住参考光，仅让物光通过。在输出平面上呈现自相关亮点，对称位置处出现卷积像，中央零级位置观察到物体的实像。

（5）观察输入图像的位置变化对自相关亮点的影响。平移位于输入面的标准图像信号板，在输出面观察到自相关亮点随之移动，但不消失，亮度也不改变。输入图像旋转时，亮点的亮度减弱，转过角度 2°～5°时，亮点消失。

（6）观察失配情况。用待识别图像置换标准图像，在输出面上将观察不到自相关亮点。

四、思考题

1. 如果待识别图像与标准图像的尺寸大小与方向不一致时，对结果有什么影响？
2. 如果制作的滤波器复位不精确，对实验结果有什么影响？

实验 36 像面散斑法图像相减

像面散斑法图像相减是运用散斑效应进行光学图像处理的典型实验。实际中的许多观察目标，其透过率、色泽往往与背景比较接近，而不易识别。利用图像相减，可以突出轮廓，达到识别目标的目的。

一、实验目的

(1) 了解散斑现象以及应用于光学图像处理的基本原理。
(2) 掌握散斑法图像相加、相减的原理和方法。
(3) 用散斑法实时地作出 A、B 两个图像相加相减的结果。

二、实验原理及装置

1. 散斑现象简介

散斑是相干光照射光学粗糙面（其表面不平度远大于光波波长）时，呈现的一种不规则的、斑点状的空间光强分布图样。当高相干光源照射在物体表面，物体表面上的每个点均成为了散射光的子波源，每个物点的散射光会与其他物点散射光干涉。物体表面的不规则分布，使得其散射的各子波的相干叠加光场具有随机分布的特点，并呈现斑点结构的特征。

图实 36.1 中，将 He－Ne 激光束射到毛玻璃 G 上即可看到后面屏幕上出现一片稳定的颗粒明暗分布图样，这就是散斑。实际上，在毛玻璃前、后的整个空间中都形成了散斑场，这类散斑称为空间散斑或菲涅耳散斑。

图实 36.2 中，采用有限大小的透镜对毛玻璃成像，则像面也产生散斑结构，称为像面散斑或夫琅和费散斑。

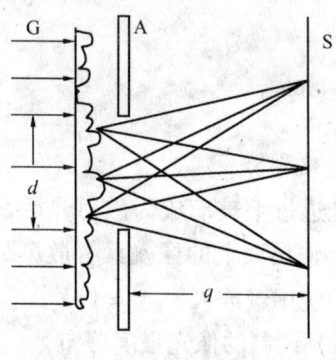

G—毛玻璃；A—圆光阑；S—屏幕
图 36.1 空间散斑

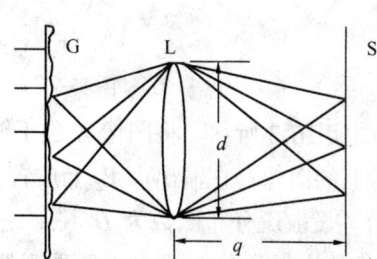

G—毛玻璃；L—成像透镜；S—像面屏幕
图 36.2 像面散斑

无论空间散斑或像面散斑，其形成机理基本是相同的。由于漫射体（毛玻璃）表面有凹凸不平的随机分布结构，经相干光照明后，其上每一个面元都可看做是一个散射子波波源。由于物体表面的不规则分布，相邻面元的散射子波位相差在 $0 \sim 2\pi$ 间随机分布，使得其散射的各子波的相干叠加光场具有随机分布的特点，并呈现颗粒结构的特征。

计算表明，对于光学漫射体，散斑颗粒的平均线度 ε 与漫射体表面性质无关，只决定于光波长 λ 和光学几何参数。空间散斑情形的平均线度

$$\varepsilon = 1.22\lambda\left(\frac{L}{d}\right) \tag{1}$$

式中，d 是散射面的直径；L 是散射面到观察面的距离。对于像面散斑则有

$$\varepsilon = 1.22\lambda\left(\frac{q}{d}\right) \tag{2}$$

式中，d 是透镜孔径；q 是像距。

虽然散斑颗粒大小与毛玻璃的结构无关，但颗粒分布形态却依赖于后者。由此可知，虽然散斑不是散射物细微结构的像，但是对于给定的照明，确定的散射系统和确定的散射体，产生的散斑结构是确定的，即散斑结构与散射体细微结构之间有着对应关系。本实验正是利用这一原理进行图像相减。

2. 实验原理

散斑法图像相加、相减与用激光散斑测量横向微小位移的原理类似，但两次曝光是对两个部分相同的图像进行的；并且观察时，在频谱面上放置了一个狭缝，仅让杨氏条纹的中央暗纹（或亮纹）和两个图像的差异（或相同）部分通过，从而实现两个图像的相加或相减。

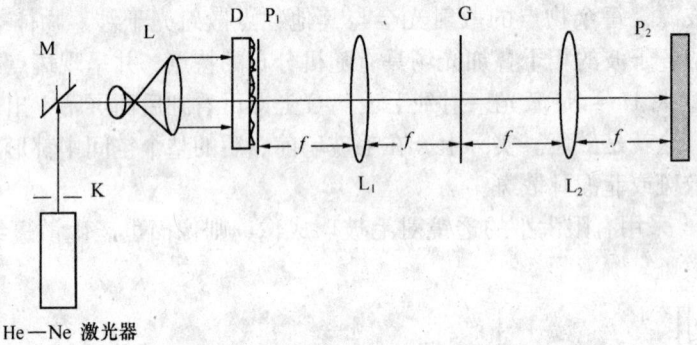

D—毛玻璃；P_1—输入面；G—频谱面
P_2—输出面；L_1、L_2—傅里叶透镜
图实 36.3　散斑法图像相加、相减光路

如图实 36.3 所示。将图像 A 置于输入面上，平行光透过毛玻璃成为散射光后，照射输入面 P_1 上的图像；在输出面 P_2 上放置全息干板，此时，输出面上的像就具有散斑结构（像面散斑）。设散斑分布函数为 $D(x, y)$，在图示的 $4f$ 系统中（放大率 $M = 1$），图像 A 在 P_2 面上成像的光强分布 I_A，应该是受到像面散斑 $D(x, y)$ 调制的像光强度分布

$$I_A = g_A(x, y)D(x, y) \tag{3}$$

进行第一次曝光将此光强度分布 I_A 记录下来。

将图像 A 置换为图像 B，并注意图像 A、B 中的相同部分要严格对准重合。同时将记录干板 H 在其自身平面内沿 x 方向移动一个小量 Δx（Δx 尽量小，为 0.02～0.03 mm，但不得小于像面散斑的平均直径的 1/1.22）。干板 H 的移动，相应于毛玻璃 D 和图像 B 同时朝相反方向移动。由于 Δx 很小，可以认为移动前后 H 上散斑结构形式不变，仍以 $D(x, y)$ 表示，只是散斑场发生了平移。故此时 H 上的光强分布 I_B 可表示为

$$I_B = g_B(x - \Delta x, y) D(x - \Delta x, y) \tag{4}$$

在此光强分布下对 H 作第二次曝光。两次曝光后全息干板接受的总光强分布为

$$I = I_A + I_B = g_A(x, y) D(x, y) + g_B(x - \Delta x, y) D(x - \Delta x, y) \tag{5}$$

令两图像的差异部分为 $g_C(x, y) = g_A(x, y) - g_B(x, y)$，并利用卷积和 δ 函数的性质

$$I = [g_A(x, y) D(x, y)] * [\delta(x, y) + \delta(x - \Delta x, y)] - [g_C(x, y) D(x, y)] * \delta(x - \Delta x, y) \tag{6}$$

经过线性处理后，全息干板的复振幅透过率可写为

$$\begin{aligned}t(x, y) &= a - bI \\ &= a - b[g_A(x, y) D(x, y)] * [\delta(x, y) + \delta(x - \Delta x, y)] + \\ &\quad b[g_C(x, y) D(x, y)] * \delta(x - \Delta x, y)\end{aligned} \tag{7}$$

它实际上是两个重叠在一起的像，具有互相错开的散斑结构。而在两图像的公共部分，散斑颗粒成对出现。

将此全息干板放在 P_1 处，移开毛玻璃 D，用平行光照全息图 H，则在频谱面 G 上频谱的光强分布为

$$\begin{aligned}T(f_x, f_y) &= F(x, y) \\ &= a\delta(f_x, f_y) - bF\{g_A(x, y) D(x, y)\}[1 + \exp(-j2\pi f_x \Delta x)]^2 + \\ &\quad bF\{g_C(x, y) D(x, y)\} \exp(-j2\pi f_x \Delta x)\end{aligned} \tag{8}$$

$$f_x = \frac{x_f}{\lambda f} \quad f_y = \frac{y_f}{\lambda f} \tag{9}$$

式（8）中，第一项是中央亮斑；由于 $[1 + \exp(-j2\pi f_x \Delta x)]^2 = 4\cos^2(\pi f_x \Delta x)$，所以第二项代表杨氏条纹，该项是受到杨氏条纹调制的频谱，即可认为两幅图像共同部分的频谱重叠在杨氏条纹上；第三项包含差异部分的频谱，它比较均匀地分布在频谱面上，并未受到杨氏条纹的调制。

如果在频谱面上放置一个狭缝滤波器，使狭缝偏离中心，并处于杨氏条纹第一暗纹处，即只让杨氏条纹的第一暗纹通过，则上式中第一项和第二项被滤掉了，只有反映差异部分频谱信息的第三项通过，此时在输出像面上便得到相减像，实现了图像 A 和 B 相减。若将狭缝置于杨氏条纹的第一亮纹处，则第二项和第三项都能通过，实现图像 A 和 B 相加。

上面介绍的二次曝光法，所得杨氏条纹的暗区较窄。为了使滤波操作比较彻底，需要采用缝宽较小的狭缝，否则，将有图像共同部分的信息通过滤波器，而使相减效果变差。但是，狭缝过窄，则通过的光通量太小，图像差异部分的信息亦太少，得不到明亮、清晰的相减像。为了克服这一矛盾，可以采用多次曝光。以三次曝光为例，相继对 g_A、g_B、g_C 各曝光一次，每一次曝光后干板沿 x 方向移动一个小量 Δx，三次曝光时间比为 1:2:1。可以证明，处理后的全息干板，经傅里叶变换后，图像共同部分的频谱受到多缝干涉条纹

$\cos^2(\pi f_x \Delta x)$ 的调制,此条纹的暗区较宽,可以允许滤波时取较宽的狭缝。并可将单缝滤波器改为多缝滤波器,即光栅。光栅空间频率 ξ_0 需与杨氏条纹密度相匹配,即

$$\xi_0 = \Delta x / \lambda f$$

式中,f 为透镜焦距。

3. 实验光路及装置

按照图实 36.3 布置实验光路,其中,相加、相减的两图像置于输入面毛玻璃处,滤波狭缝置于频谱面,输出面为一维平移台,光屏置于全息干板处。

实验装置:

He – Ne Laser(40 mW,$\lambda = 6\ 328$Å)1 台,扩束—滤波—准直系统(包括扩束镜 40×、针孔 10 μm、准直透镜)1 套,毛玻璃 1 个,有刻度的一维微动平台 1 个,另外,图像 A 和图像 B、光阑、白屏、干板架、狭缝(可调节缝宽)、曝光定时器、光开关、暗室设备各 1 套(显影液、定影液、水盘、量杯、电吹风、流水冲洗设备)等。

三、实验内容及方法

(1) 调整由激光器出射的光束与工作台平行,用自准直法调整各光学元件表面与激光束的主光线垂直。

(2) 按图 36.3 依次放入光学元件布置光路。测量全息干板处的光功率,计算曝光时间。

(3) 关闭光开关,在输入面 P_1 处放入图形 A,在 P_2 处放上全息干板,选合适的曝光时间,用曝光定时器控制光开关进行第一次曝光,时间为总曝光时间的一半。

(4) 将图形 A 更换为图形 B,微调干板架上的 x 方向微调旋钮,横向移动全息干板一个微小距离,对同一干板 H 进行第二次曝光,曝光时间与前次相同。

(5) 将曝光后的全息干板在暗室中进行常规的显影、定影、水洗、干燥等暗室处理,得到一幅全息图 H。

(6) 将全息图 H 置于输入面 P_1 上,移开毛玻璃,在频谱面 G 上放入一个可调缝宽的狭缝,将狭缝对准杨氏条纹的中央第一级亮纹中心,调节狭缝宽度只让第一级亮纹通过,则在 P_2 面上将观察到 A 和 B 相加的结果。如果将狭缝对准杨氏条纹中央第一级暗纹中心,只让第一级暗纹通过,则在 P_2 面上将观察到 A 和 B 相减的结果。如果将狭缝在中央一级亮纹和一级暗纹间缓慢连续移动,可观察到两幅图像由相加变为相减的整个过程。

四、思考题

1. 图形 A 和图形 B 有明显的差异,仍可认为像面散斑在 A、B 的共同部分有相似的结构,为什么?

2. 记录散斑像的实验光路,是否可以采用单透镜成像系统?

3. 变换处理时,不采用通常的 4f 系统、而采用单透镜 1:1 成像系统,会对实验产生什么影响?有何利弊?

实验 37　角度复用的体全息存储

光学体全息存储技术具有高密度、并行、高速存储与处理光信息的特点，可以广泛应用于数字数据存储、图文信息存储、光学互连、光学神经网络等领域。角度复用体全息存储是利用体光栅的角度选择性，通过不同入射角度的参考光与图像光束相干涉，在光折变晶体的同一体积中记录多幅图像信息。采用角度复用技术，并结合傅里叶变换全息图记录面积小的优点，可以在光折变晶体中实施大容量、高密度的数字数据和图文信息存储。

一、实验目的

（1）了解光折变晶体存储器的信息存储机理及其角度复用记录特性。

（2）学会操作微机自动测控的体全息存储实验系统，了解空间光调制器、面阵 CCD 探测器的工作原理及其在体全息存储实验系统中的功用。

（3）掌握利用傅里叶变换全息图对图文信息进行高密度存储的原理，学习体全息图的角度复用记录和读出技术。

二、实验原理及装置

1. 实验原理

（1）光折变晶体的存储机制

光折变晶体能在光辐射作用下，通过光生载流子的空间分布使其折射率发生变化，从而记录光场分布的信息。具体而言，当一束适当波长的光入射到晶体上，晶体将产生电荷载流子（电子或空穴）；由于扩散、漂移、光生伏打等效应的综合作用，载流子将在晶体中迁移，直到被陷阱俘获到新的位置；随着俘获电荷在晶体中的重新分布，在晶体内部会逐渐形成空间电荷场分布，该电场通过电光效应使晶体的折射率发生改变，并且折射率的调制变化与光场空间分布一致，即形成折射率调制变化的全息光栅。此时，原始光场的信息就以折射率全息光栅的形式被记录在晶体中了。

（2）角度复用记录体全息图的基本原理

体全息存储依据全息学原理，记录全息图时，由一束携带物信息的物光波与另一束参考光波在记录介质中相互干涉形成干涉图样，此全息图中存储了能够恢复原物信息的振幅和位相信息。若用参考光照射全息图，可以完全重构出所存储的原物信息。若全息存储是在厚记录介质中进行的，记录介质的整个体积对全息存储过程均有贡献，故称之为体全息存储。

体全息图的干涉条纹面是如图实 37.1 所示的三维光栅。根据三维光栅衍射理论，当三维光栅的总衍射波振幅达到最大值时，三维光栅的衍射应该满足布拉格条件

$$2n\Lambda\sin\theta = \lambda \tag{1}$$

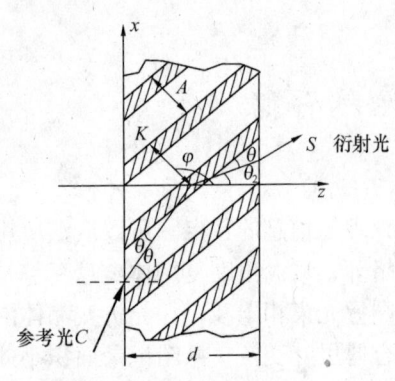

图实 37.1 布拉格条件下体全息图的读出

式中，Λ 是条纹面的间距；n 是介质的折射率；λ 是入射光波在真空中的波长；θ 是读出光在记录介质内与峰值条纹面之间的夹角，被称为布拉格角。

对于体全息存储而言，当物光波与参考光波在记录介质内干涉时记录下体全息图后，若以满足布拉格条件的再现光照射全息图，不同条纹面的反射光相干加强形成衍射级，就能再现出原物光波信息。如果给定读出光的波长和光栅间距，则读出光的入射角是唯一确定的。体全息图总是在以布拉格角读出时才能得到最强的衍射再现像；若读出光偏离布拉格角入射，再现像的衍射效率将急剧下降，这就是体全息图的角度选择性。

体全息图具有明显的角度选择性，允许使用不同入射角的参考光，在记录介质的同一体积中写入许多全息图，以获得高密度全息存储。同时，体全息图的角度选择性，也要求在最大衍射效率读出体全息图时，读出光的入射角度必须准确复位为原记录参考光的入射角度值。

(3) 傅里叶变换全息存储

记录傅里叶变换全息图时，存储介质位于傅里叶透镜的后焦面处，记录的是原始图像的傅里叶频谱信息。通常情况下，原始图像的大部分信息的空间频谱较低，利用较小的记录面积就可以记录图像的大部分信息，因此，可以在同样面积上存储更多图像。并且，傅里叶变换频谱具有空间位移不变性，即当图像在物平面内移动时，其功率谱的空间位置不变，这使得在存储时对图像在物平面内的位置对准要求比较宽松。另外，由于图像经过了傅里叶变换，原始信息分布在整个傅里叶频谱面中，当存储的频谱信息部分损坏时不会造成信息的丢失，只会影响存储图像的质量。傅里叶变换全息图的这些优点，使其被广泛应用于体全息存储中。

在严格的傅里叶频谱面记录全息图时，若原始图像中的低频成分过多，物光的大部分光功率会集中在存储介质中较小的空间范围内（频谱面的低频区域内），因而存储介质这部分区域的物光光强很大，由于介质本身的吸收，有可能损坏存储介质。尤其是由于存储介质不同区域的物光光强分布不均匀，使得高频部分的记录分束比与低频部分的记录分束比不同，导致重构的傅里叶频谱严重失真，影响再现图像的质量。

通过记录离焦傅里叶变换全息图可以改善上述不利情况。记录离焦傅里叶全息图时，光路如图实 37.2 所示，用平行光照射放置于透镜前焦面 P_1 上原始图像，在傅里叶变换透镜 F.T.1 的傅里叶变换平面（频谱面）P_2 的前面或后面（前离焦或后离焦）放置记录介质，即使记录介质略微偏离 P_2 面；引入参考光记录离焦傅里叶变换全息图；再用原参考光照明该全息图，由傅里叶变换透镜 F.T.2 进行傅里叶逆变换，在其后焦面 P_3 上得到实像。在体全息存储的角度复用技术中，通过改变参考光的入射角，就可以进行高密度体全息存储。这种记录方式既保留了傅里叶全息图的优点，又能使记录区域内的物光光强分布较为均匀，从而获到较好的再现图像质量。

2. 实验光路和装置

本实验光路如图实 37.3 所示。

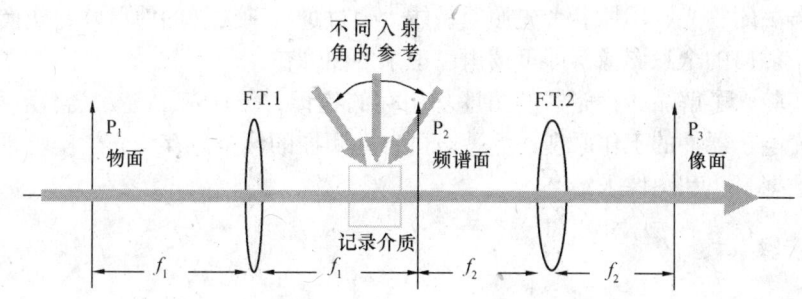

图实 37.2　离焦傅里叶变换全息图的记录与再现光路

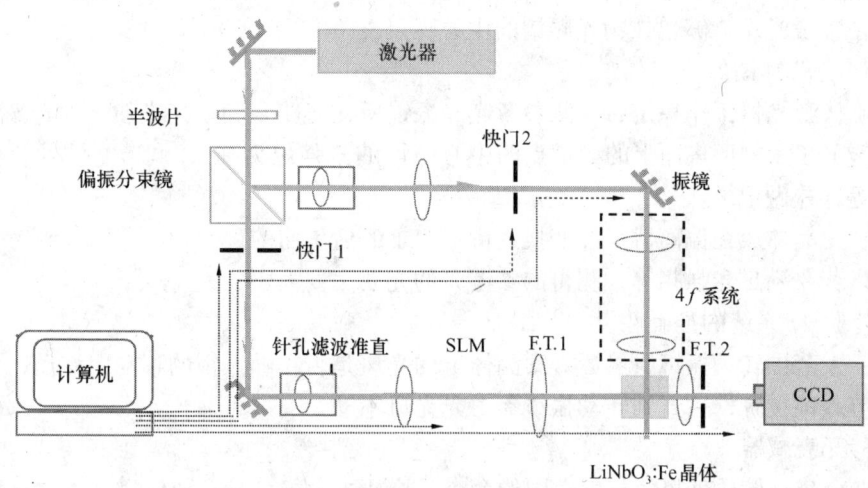

图实 37.3　角度复用的体全息存储光路

实验设备和装置：

计算机控制系统（包括一套可用于全息存储的软件系统），防震实验平台，激光光源，光束升降器，半波片，偏振分束器，快门 3 个，带有针孔滤波器的扩束准直系统，振镜，透镜 2 个（用于搭建 4f 系统），反射镜 2 个，空间光调制器（SLM），高质量傅里叶变换透镜 2 个（不同焦距的），铌酸锂晶体（记录介质），CCD 图像采集器，功率计，偏振片等。

三、实验内容及方法

1. 实验内容

在掺铁铌酸锂晶体（$LiNbO_3:Fe$）中记录一幅离焦的准傅里叶变换全息图像，并对此全息图进行读出，用 CCD 采集到计算机中。

如图实 37.3 所示，激光器发出的激光束经分束器分为两束光，振镜所在光路的光束称为参考光；另一束光是物光。在傅里叶变换透镜 F.T.1 前焦面上放入空间光调制器（SLM），物光束透过空间光调制器后可加载上待存图像的信息。在 F.T.1 的后焦面上安放记录介质。当偏振方向一致的物光和参考光在晶体中相遇时发生干涉，在光折变晶体内部形成了相应的折射率调制变化的全息光栅，物光的全部信息（包括振幅和位相）就被记录于此全息光栅中。这时候若关闭物光，用原参考光照明晶体，通过透镜 F.T.2 的傅里叶逆变换，可以读到沿物光方向衍射出的全息图像，即可读出已记录的图像信息。

通过本实验，了解晶体存储器的角度复用存储特性，了解液晶显示器件、面阵 CCD 探测器等现代光电子器件的工作原理；熟悉微机自动测控的体全息存储光学实验系统，学会衍射光功率的数据采集和图像采集。

2. 实验步骤

（1）确保各种仪器接口都正确后，打开激光器和计算机及其他开关，打开全息存储软件。

（2）按光路图实 37.3 布置并调节光路。调节物光和参考光束为水平状态并达到相等高度，同时使参考光斑能够包住物光频谱的中心亮点。

（3）加载 SLM 图像。

（4）确认激光器工作稳定后，测参考光（振镜所在光路）和物光光强（物光光强以傅里叶变换透镜 F.T.1 的后焦面上的频谱点的中心亮点的光强值为准），调节半波片，使两者光强大致相等，并做记录。

注意：①晶体放在偏离傅里叶变换透镜 F.T.1 的后焦面的位置处。②因为参考光的光斑较大，所以若要满足光强相等，测得的参考光的光功率要大于物光。

（5）检验 $4f$ 系统的准确性。

方法：大范围转动振镜，然后观察晶体上的光斑是否在随振镜的移动而移动，发现光斑移动，调节透镜位置，一直到转动振镜参考光光斑不动。

（6）移开衰减器。

（7）在全息存储软件里执行保存图像命令，按要求填好各种参数后，点击"开始"按钮开始曝光。

（8）关闭物光，打开参考光，打开快门 3（CCD 前的快门），打开 CCD 采集软件，进行图像采集。

3. 注意事项

（1）本实验因为使用了激光，实验过程中一定要注意眼部的安全，尤其是不能让激光照射到视网膜上，尽量避免注视激光光斑。

（2）不要让激光未经衰减直接照射 CCD，经常用强光照射的 CCD 靶面会降低 CCD 的灵敏度。

（3）实验过程中注意保护晶体（防划伤、碎裂），用正确的方法拿取晶体（晶体的上下有两个毛面，可用手直接接触，注意拿晶体的时候不要用手直接接触晶体的 4 个邻面，会留下指纹，影响成像质量）。

（4）晶体上若有灰尘或其他的脏物可用丙酮擦洗。

（5）正确摆放晶体位置，使形成的光栅矢量方向和晶轴方向垂直。

（6）该实验对外界震动很敏感，实验过程中要防震，实验前要将每个磁座及各光学器件固定好，实验中应尽量避免说话、走动，切忌用手碰触实验台。

（7）成功记录图像的要点：偏振方向相同（通常采用垂直偏振），物光与参考光的光斑应该重叠。

四、思考题

1. 根据图实 37.3 光路，指出其参考光偏振态的方向？
2. 为了成功记录角度复用体图像，物光与参考光的偏振态有何要求，实验中应如何调整？
3. 实验光路中的半波片的作用是什么？
4. 实验光路中的偏振分光棱镜的作用和特点是什么？

实验38 太伯效应

当用平面波照射一个具有周期性透过率的物体时，该物体后面的某些特定距离上会重现该周期物体的像。1983年太伯发现了这一有趣现象，故称为太伯效应。太伯效应揭示出，周期性物体在相干光场中的自成像特点。太伯效应具有实际应用意义，例如，用于检验和复制衍射光栅，确定光束的准直性以及与阿莫技术结合检测位相物体的位相。

一、实验目的

(1) 掌握太伯效应的原理和实现方法。
(2) 通过太伯效应的实验观察，认知太伯像、位相反转的太伯像的实现条件。
(3) 采用莫尔条纹观察太伯效应，加深对"太伯效应傅里叶像是严格光栅像"的认识。

二、实验原理及装置

1. 实验原理

设一个周期光栅的透射率系数是矩形波函数，其傅里叶级数展开为

$$\tau_H(x) = \tau_0 + \sum_{m=1}^{\infty} \tau_m \cos 2\pi \zeta_m x \tag{1}$$

式中，$\zeta_1 = 1/d$ 是光栅基频；$\zeta_m = m\zeta_1$ 是谐频；d 是光栅间距。

振幅为 A_0 的单色平面光垂直照射光栅，沿 z 正方向传播的平面波表示为

$$A(x,y,z) = A(x,y,0)\exp[jkz(1 - \lambda^2\xi^2 - \lambda^2\eta^2)]^{1/2} \tag{2}$$

透过光栅的光波场复振幅可以用其频谱（傅里叶级数展开）表示

$$A(x,y,0_+) = A_0\tau_H(x) = A_0\tau_0 + A_0\sum_{m=1}^{\infty} \tau_m \cos 2\pi \zeta_m x$$

$$= A_0\tau_0 + \frac{1}{2}A_0\sum_{m=1}^{\infty} \tau_m [\exp(j2\pi\zeta_m x) + \exp(-j2\pi\zeta_m x)] \tag{3}$$

式中，$A_0\tau_0$ 是直透光或零级衍射光复振幅；中括号的正指数项代表正衍射级，负指数项代表负衍射级，m 是衍射级次。

若 θ 是第 m 级衍射光与 z 轴正方向的夹角，则光栅方程 $d\sin\theta_m = m\lambda$ 改写为

$$\sin\theta_m = \xi_m \lambda \tag{4}$$

式中，ξ_m 是第 m 级衍射光在 x 方向的空间频率分量。可见各级衍射光的产生与光栅本身含有的频谱成分有关。

由式 (2) 和式 (3)，沿 z 方向传播的衍射波的复振幅可表示为

$$A(x,y,z) = A_0\tau_0\exp(jkz) + A_0\sum_{m=1}^{\infty}\tau_m\cos2\pi\xi_m x\exp[jkz(1-\lambda^2\xi_m^2)^{1/2}] \tag{5}$$

或者

$$A(x,y,z) = A_0\exp(jkz)\left\{\tau_0 + \sum_{m=1}^{\infty}\tau_m\cos2\pi\xi_m x\exp[jkz(\sqrt{1-\lambda^2\xi_m^2}-1)]\right\} \tag{6}$$

式（5）有两种情况：一是，光栅的空间频率较小，即 $\lambda^2\xi_m^2<1$，指数上的位相是虚数，表明衍射波是沿 z 方向传播的；二是，若光栅的空间频率很小，即 $\lambda^2\xi_m^2\ll1$，此时位相项采用二项式定理展开，取一级近似，则有

$$\varphi_m = kz(\sqrt{1-\lambda^2\xi_m^2}-1) = -\pi\lambda\xi_m^2 z \tag{7}$$

（1）令 $\varphi_1 = -\pi\lambda\xi_1^2 z = -2n\pi$，$(n=1,2,3,\cdots)$，由于 $\xi_m = m\xi_1$，则有

$$\varphi_m = -\pi\lambda\xi_m^2 z = -2nm^2\pi$$

故当

$$z = \frac{2n}{\lambda\xi_1^2} = \frac{2nd^2}{\lambda} \tag{8}$$

式（5）变为

$$A(x,y,z) = A_0\exp(jkz)\left(\tau_0 + \sum_{m=1}^{\infty}\tau_m\cos2\pi\xi_m x\right) \tag{9}$$

与式（1）表示的光栅透射系数比较，式（9）表示衍射光波场复振幅仅附加了一个位相因子 $\exp(jkz)$。实际中的观测量通常是光强度，即

$$I(x,y,z) = A(x,y,z)A^*(x,y,z)$$

因此，衍射光复振幅的附加位相因子通过与其复共轭相乘，在光强度表示式中被消掉了。衍射光场的光强度为

$$I(x,y,z) = A_0^2\left(\tau_0 + \sum_{m=1}^{\infty}\tau_m\cos2\pi\xi_m x\right)^2 \tag{10}$$

上式表明，$z = 2d^2/\lambda, 4d^2/\lambda, \cdots, 2nd^2/\lambda$ 时，即距离光栅为 $2d^2/\lambda$ 的整数倍处，可以精确重现光栅的像，称为太伯像。这种衍射自成像避免了透镜系统的像差，其分辨本领相当高。

（2）令 $\varphi_1 = -\pi\lambda\xi_1^2 z = -(2n-1)\pi$，$(n=1,2,3,\cdots)$，则有

$$\varphi_m = -\pi\lambda\xi_m^2 z = -(2n-1)m^2\pi$$

故当

$$z = \frac{2n-1}{\lambda\xi_1^2} = \frac{(2n-1)d^2}{\lambda} \tag{11}$$

沿 z 方向传播的衍射波复振幅表示式（5）变为

$$A(x,y,z) = A_0\exp(jkz)\left(\tau_0 - \sum_{m=1}^{\infty}\tau_m\cos2\pi\xi_m x\right) \tag{12}$$

相应的光强度为

$$I(x,y,z) = A_0^2\left(\tau_0 - \sum_{m=1}^{\infty}\tau_m\cos2\pi\xi_m x\right)^2 \tag{13}$$

上式表明，在 $z = d^2/\lambda$，$3d^2/\lambda$，$\cdots$，$(2n-1)d^2/\lambda$ 处，可以得到原光栅的反相像，也称为太伯像。

另外，在这些特殊位置之间，还可以观察到其他许多像，称为菲涅耳像。

2. 实验光路和仪器设备

图实 38.1 是太伯效应的实验光路，其中需要用到的光学元件和仪器包括：

He – Ne 激光器（40 mW，$\lambda = 632.8$ nm）1 台，扩束镜（物镜 40×）1 个，准直透镜（$f = 100$ mm）1 个，相同空间频率的光栅（5~10 pl/mm）2 个，读数显微镜 1 台，方向可调的干板架 2 个，白屏 1 个，米尺 1 把。

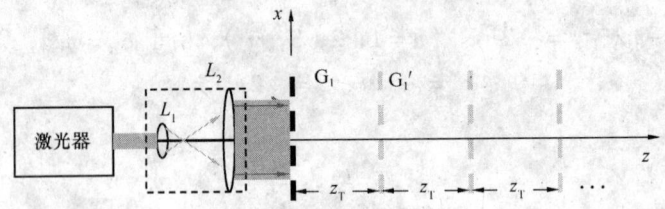

L_1—扩束镜；L_2—准直透镜；G_1—光栅；G_1'—太伯距离上的光栅像
图实 38.1 观察太伯效应的光路

三、实验内容及方法

按照图实 38.1 布置并调整光路，步骤如下：

（1）开启激光器，调整激光器出射的光束与光学平台台面平行，采用自准直法调整各光学元件与工作台面垂直。

（2）实验中的扩束准直系统由扩束镜物镜和准直透镜组成。沿光轴方向调整扩束镜和准直透镜之间的距离，当扩束镜的后焦点与准直镜的前焦点重合时，从准直镜出射的光为平行光，即实现了扩束准直。

（3）将光栅竖直放入扩束准直后的光场中，保持光栅面与光轴垂直，并使光栅的刻线方向垂直于光轴。在距离光栅为太伯距离 $z_T = 2d^2/\lambda$ 处，放入测量显微镜，可观察到光栅的傅里叶像；继续调节读数显微镜与光栅之间距离，可以观察到一系列成像。

① 当 $z = nz_T$ 时，观察到的光栅像与在太伯距离上的成像一样，均为严格的光栅像，即为太伯效应的傅里叶像。

② 当 $z = \dfrac{2n+1}{2}z_T$ 时，光栅成像为反相的傅里叶像。

③ 当 $z = \dfrac{2n+1}{4}z_T$ 时，光栅成像为倍频菲涅耳像。

（4）采用莫尔条纹观察太伯效应。

① 将一块与光栅 G_1 同空间频率的光栅 G_2 装在可调节方向的干板架上，放置在光栅 G_1 后面，并保持 G_2 光栅面与光轴垂直。

② 通过调节干板架，在光栅平面内调整 G_2 的方向，使 G_1 与 G_2 之间有一小夹角；并且，调整 G_2 到 G_1 的距离为太伯距离或者太伯距离的整数倍。此时，在 G_2 面上，G_1 与 G_2 的

傅里叶像就形成了莫尔条纹。

③ 微调载有 G_2 的干板架方位钮，改变 G_2 与 G_1 光栅条纹的夹角，在 G_2 面上可以观察到莫尔条纹空频的变化。

④ 将光栅 G_2 与光栅 G_1 直接重叠，观察所形成的莫尔条纹，并与步骤②形成的莫尔条纹进行比较，两种条件下的莫尔条纹相同。因此，能够在太伯距离处的 G_2 面上观察到莫尔条纹，证实了光栅的太伯效应傅里叶像是严格的光栅像，即它准确重构了光栅的周期性结构。

四、思考题

1. 采用具有周期性透过率的物体，是否都能观察到太伯成像效应？
2. 在垂直照明情况下，若想观察到太伯效应（衍射自成像），衍射光栅的间距是否能小于波长 λ？

实验 39 熔融拉锥型全光纤耦合器

一、实验目的

(1) 掌握单模光纤制作 1×2 型 1 310 nm、单窗口 1×2 型 1 550 nm 宽带 Y 型光纤耦合器。
(2) 实现单模光纤制作 X 型（2×2）1 310 nm 和 1 550 nm 宽带光纤耦合器。
(3) 学会使用全光纤熔融拉锥机的操作过程。
(4) 掌握光谱分析仪和光功率/能量计在光纤耦合器件中的光谱和光功率检测。

二、实验原理及装置

1. 实验原理

全光纤耦合器已经被广泛地应用于不同的光通信系统中，而生产这种耦合器几乎是百分之百地采用熔融拉锥分支（Fused Biconical Taper，FBT）技术。FBT 技术利用熔融拉制两根单模或多模光纤，产生一段双向圆锥结构，如图实 39.1 所示。入射的光功率在这个双锥体结构的耦合区发生功率再分配，一部分光功率从"直通臂"继续传输，另一部分光从"耦合臂"传输到另一光路，实现光功率的耦合，同时由于光在耦合过程中，耦合系数对波长是敏感的，因此，还可以利用 FBT 技术来制造高隔离度的波分复用器和滤波器等光通信系统中所需的重要的无源器件。

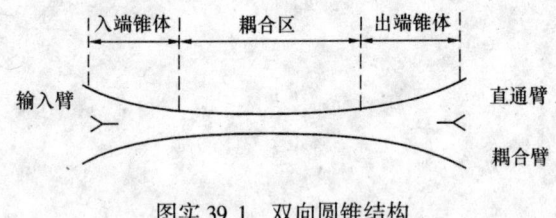

图实 39.1 双向圆锥结构

熔融拉锥机是将两根（或两根以上）除去涂覆层的光纤以一定方式靠拢，在高温下加热，使光纤熔融，同时把光纤向两侧拉伸，最终在加热区形成双锥体形式的特殊波导结构，实现传输光功率耦合的加工仪器。加热通常采用氢氧焰、丙烷（丁烷）氧焰，也有采用电加热的。在拉锥的过程当中，利用计算机较精确地控制各种过程参量，并随时监控光纤输出端口的光功率变化，从而实现制作多种光无源器件的目的。在光纤种类和波长确定的情况下，根据光功率的分配变化精确控制拉锥长度、熔融区大小、熔融温度，可以制作出多种光耦合器件。

2. 实验光路和仪器设备

熔融拉锥设备主要由机械、电气和气路三部分组成，机械部分主要是火炬马达（Torch Motor）、封装马达（Package Motor）、主拉伸平台（Main Drawing Plat），实验设备的总体结构图，如图实 39.2 所示。两根光纤平行放置，真空泵抽气将光纤吸附在夹具的 V 形槽内，其中一根光纤注入稳定光功率，通过气体流量控制器和电磁阀控制可燃气体的流量。两功率计将两路光信号检测后经比较器和 A/D 转换,由 CPU 数控互相的拉伸运动和 y 向的火焰喷头进退火运动。在拉伸过程中实时显示出两路光功率的变化,当达到分光比的预设值,火焰自动退出,在持续了光纤的热惯性时间以后停止拉伸,机器自动显示耦合器损耗大小,封装台推进将锥区部分封装,整个生产过程约 15 分钟。机器复位后即可继续下一次的耦合器件的制备过程。

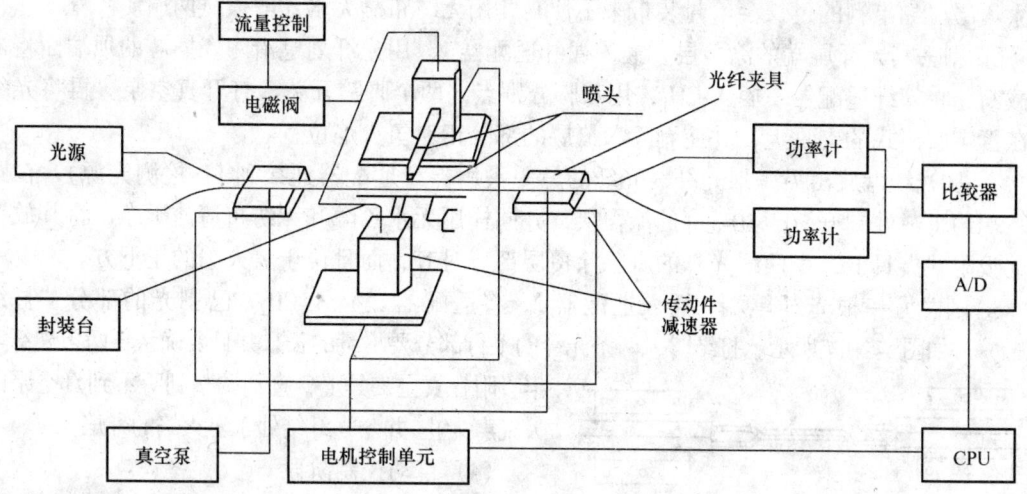

图实 39.2　拉锥机总体结构

实验中采用的工艺流程,如图实 39.3 所示。

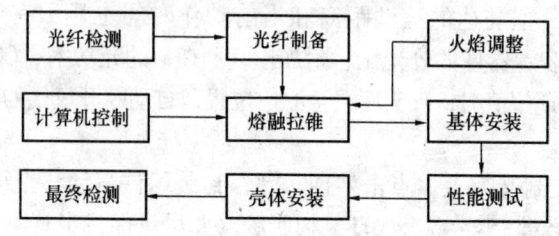

图实 39.3　熔锥型耦合器工艺流程

三、实验内容及方法

（一）耦合器的制作步骤

1. 拉锥流程（Bay Spec 公司生产的只针对实验室的熔融拉锥机）

（1）准备阶段

先打开氮气瓶,使其指针指向 6 MPa 左右,不应过大,也不能太小。之后打开氢气发生器的开关,在氢气的气压慢慢上升过程中,打开计算机和拉锥机的主开关,启动计算机和拉锥系统,直到氢气的气压表示数达到 0.2 MPa,便可以进行以下工作。

（2）参数设置阶段

启动拉锥程序 CoupleX.exe 并进入参数控制界面,选择相应项调整好所需参数。例如,氢气流量（Flow）、火头位置（Position）、预置分光比（Couple Ratio）等。火头位置和氢气流量是极其重要的，关系到器件的附加损耗和偏振相关损耗的大小，所以必须调节准确。

（3）光纤制备阶段

① 截取1条约2 m长的Corning SMF-28光纤，在其中间位置用剥线钳剥去长20~30 mm的涂覆层（如果剥的过长会给封装带来不便）并用无纺布蘸无水乙醇擦拭两遍。

② 剥去其光纤尾端的涂覆层，插入裸纤适配器1，用光纤划笔沿陶瓷插芯的顶端面将裸纤截断，将裸纤适配器1插入CH_1，用双脚分别点击两个脚踏开关，打开真空泵。再将光纤放在真空吸附式的夹具上，并使剥除涂覆层的部分正对氢火焰位置。

③ 从光纤盘放出另一根光纤（光纤的另一头用裸纤适配器连接到LD检测光源），在距离尾端约1 m处剥开20~30 mm的涂覆层，并同样用无水乙醇和无纺布清洁干净，将其放在真空吸附式夹具上，令两根光纤的剥除涂覆层部分对齐，而且位于氢火焰的正下方。

④ 剥去另一根光纤尾端，插入适配器2，将适配器2插入CH_2，已剥光的部分"打结(twist)"，如图实39.4所示。打结时，两条光纤的平行部分要尽量的长，并且要确认将两条光纤牢牢吸附在真空夹具上，直到调整到听不到真空泵的吸气声为止，并令光纤结处于氢火焰的外焰。

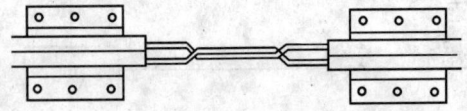

图实39.4 光纤的绞合与放置

（4）自动控制阶段

① 点击"Pull"键，拉锥开始进行。

② 经过一定时间后，火头运行到顶部，主马达开始拉锥动作，可以看到CH_1和CH_2的参数、耦合比和附加损耗、插入损耗等实时地显示在计算机显示器的面板上。主马达的运动距离和当前动作时间也显示在上面。同时以蓝、红、粉、绿色曲线分别实时表示器件的分光比、附加损耗、CH_1的光功率、CH_2的光功率。

③ 直到耦合比达到期望值时，火头后退至原始位置，自动断开氢气的供给，拉锥动作结束。

（5）耦合器封装

① 将石英半管放在封装架上。点击"IN"键，封装组件自动移至耦合器正下方。

② 在石英半管的两端滴少量混合的环氧树脂胶（要尽量保持半管不动），同时按下拉锥机前面板上的"Curing"按钮开始加热，等到胶固化后，按"Curing"键停止加热，取出耦合器。

③ 点击软件界面"OUT"按钮，撤回封装组件单元。把耦合器穿入热缩管并加热。

④ 加不锈钢管作后封装，并用硅胶填装，再放置在70℃烤箱中烘烤2小时。

最后，从烤箱中取出被封装好的耦合器，这样一个器件便制作完成了。

2. 灌胶封装流程

（1）需要套松套管的应先套上松套管。用快干胶把松套管粘在光纤上，松套管尽量往耦合器端推进。

（2）排线，不锈钢管的起始端对应耦合器的输入端，而末端对应耦合器的输出端，半圆管在不锈钢管的正中心，把耦合器依次排放于夹具上，并用单面胶固定住。

（3）把夹具竖直放置，往各个不锈钢管内逐滴依次灌胶。在灌胶过程中，要随时注意有无气泡产生，如有则立即用点胶棒划破。

（4）胶灌满后，会从不锈钢管下端流出，可用点胶棒将流出的胶取下，再滴到不锈钢管管口上。

(5) 灌胶完成后,要用纸巾把不锈钢管及光纤上的胶全部擦拭干净。

(6) 将灌好胶的耦合器放入 70℃,同时鼓风的烘箱中烘烤 3~5 分钟,拿出后,快速检查不锈钢管两端是否有气泡产生,如有则用点胶棒划破,然后将其放入烘箱中继续烘烤。

(7) 在烘箱内烘烤 20~30 分钟后再拿出修补外形。修补外形时,往不锈钢管两端添加少许的硅胶,硅胶要在其端面上呈圆锥形,锥形的高度在 1 mm 左右。

3. 注意事项

在耦合器的制作过程中,要获得性能良好的耦合器,应注意如下几点。

(1) 耦合段的清洁处理工作要做好,以免灰尘等异物影响耦合段之间的功率耦合。

(2) 两光纤放置在夹具上时,应使耦合段平行紧靠,同时,使耦合段的中部正对火焰。

(3) 熔拉完成后,应使用性能良好的胶对耦合器进行封装,以免耦合区产生应力,使耦合器的性能恶化。

(二)实验内容

1. X 型耦合器制作及检测

按照实验步骤所叙述的耦合器制作程序,用两根单模光纤经过熔融拉锥(其激光光源采用 1 310 nm 和 1 550 nm 的半导体激光器),制作成 3 dB 的 X 型耦合器。拉锥机记录的耦合曲线,如图实 39.5 所示,其具体参数设置如表实 39.1 所示。

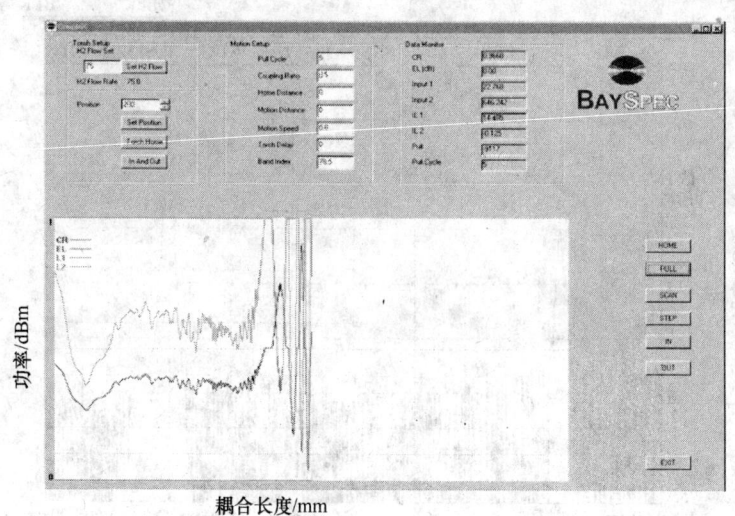

图实 39.5 制作 X 型耦合器的拉锥曲线

表实 39.1 主要拉锥参数设置

参 数	数 据	参 数	数 据
H_2 Flow Set(H_2流量)	75	Coupling Ratio(耦合比率)	0.5
Position(火头位置)	200	Motion Speed(拉锥速度)	0.6
Pull Cycle	5	Band Index	78.5

对制作出的 X 型耦合器输出端进行光谱分析以及功率测量，其检测结果如图实 39.6 和图实 39.7 所示。

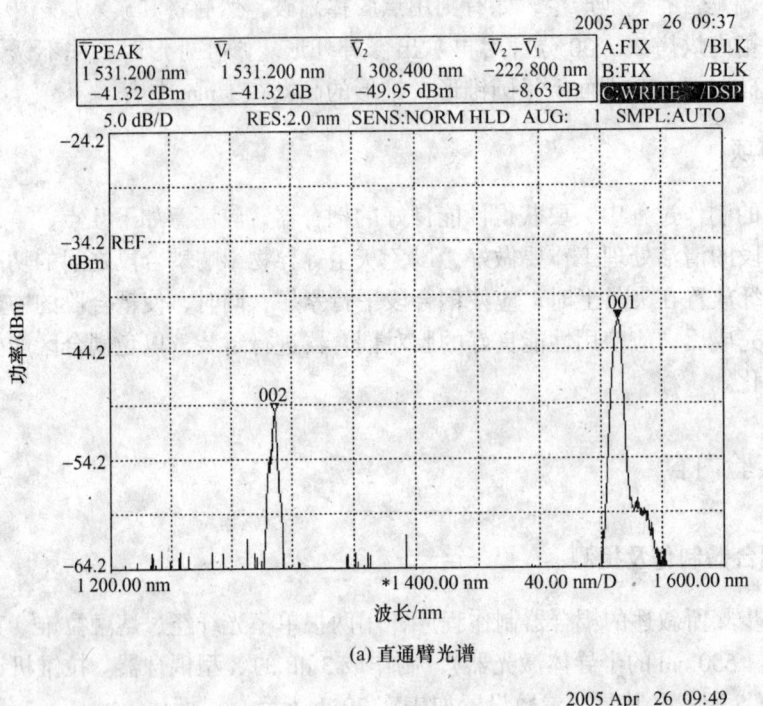

(a) 直通臂光谱

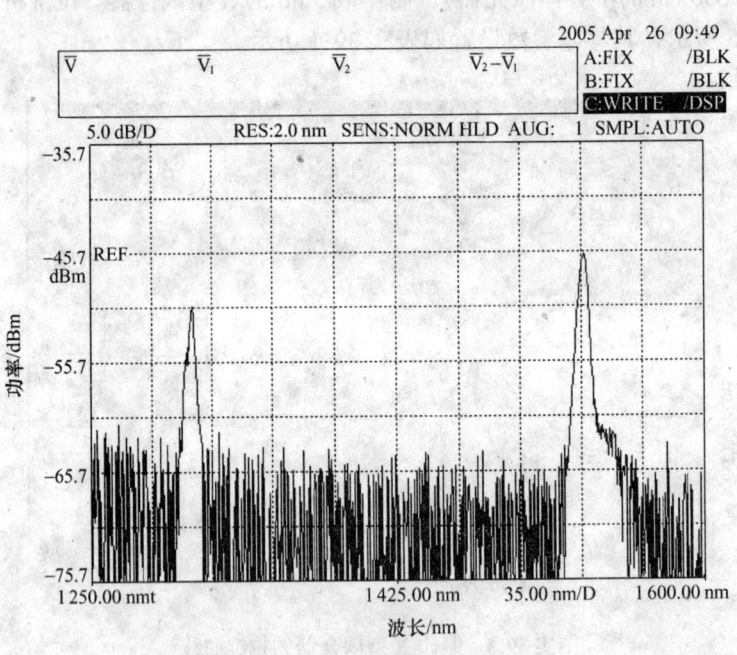

(b) 耦合臂光谱

图实 39.6 X 型耦合器光谱图

由光谱分析以及功率/能量分析可以看出，制作出的该 3 dB 耦合器插入损耗小于 0.4 dB、附加损耗小于 3.7 dB、方向性大于 57 dB 以及分光比均达到的 2×2 型耦合器的主要检验指标的要求。

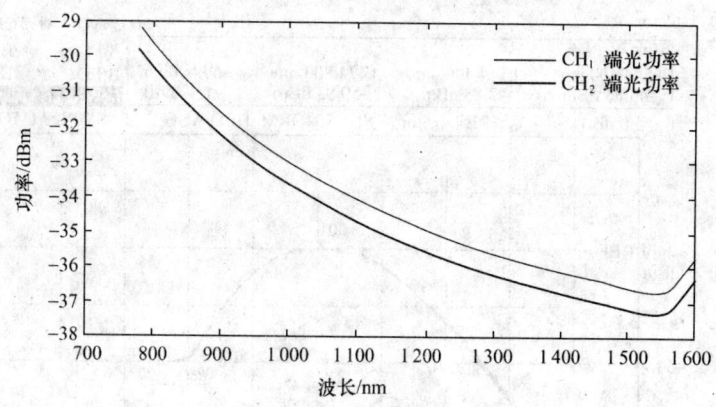

图实 39.7 输出端光功率

注：CH_1 端光功率为直通臂光功率，CH_2 端光功率为耦合臂光功率

2．Y型耦合器制备

选用康宁 SMF28 光纤，光源采用 1 310 nm 或 1 550 nm 的半导体激光器。随着耦合区长度增加，导致振荡周期呈减小趋势。若在 P_1 与 P_2 交点处停止拉锥、去掉氢氧焰，即可得到分光比为 50∶50 的 3 dB 耦合器，理论上在任意交点得到的耦合器损耗相同，但是实际上在第一个交点处停止拉锥得到的耦合器损耗要比随后各交点处得到耦合器损耗小。采用 1 550 nm 半导体激光器为光源，并使用熔融拉锥机制作 3 dB 的 Y 型耦合器，其预置拉锥参数见表实 39.2，其拉锥曲线，如图实 39.8 所示。

表实 39.2 主要拉锥参数设置

参　数	数　据	参　数	数　据
H_2 Flow Set	75	Coupling Ratio	0.5
Position	201	Motion Speed	0.7
Pull Cycle	5	Band Index	78.5

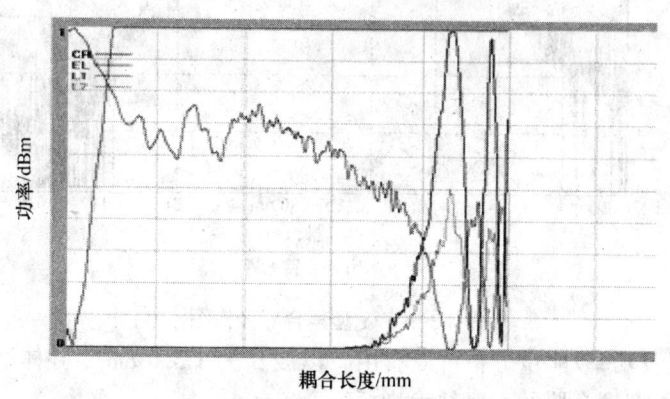

图实 39.8 拉锥曲线

对制作出的 Y 型耦合器输出端进行光谱分析以及功率测量，其检测结果，如图实 39.9 和图实 39.10 所示。

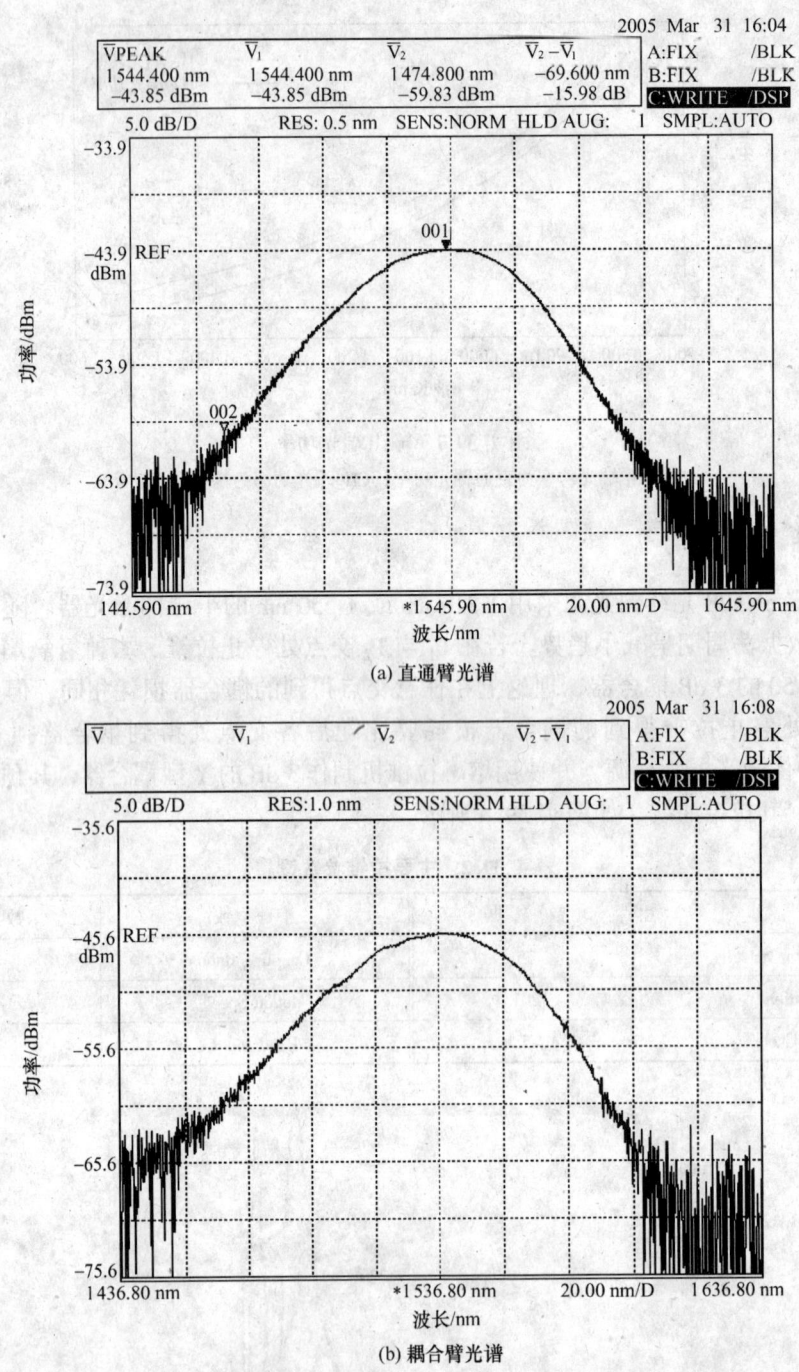

图实 39.9 Y型耦合器光谱图

由光谱分析以及功率/能量分析可以看出，以波长为 1 550 nm 半导体激光器为光源的耦合参数器符合 1×2 型耦合器的主要技术指标。

采用 Bay Spec 公司制造的熔融拉锥机制作出的全光纤耦合器，如图实 39.11 所示。

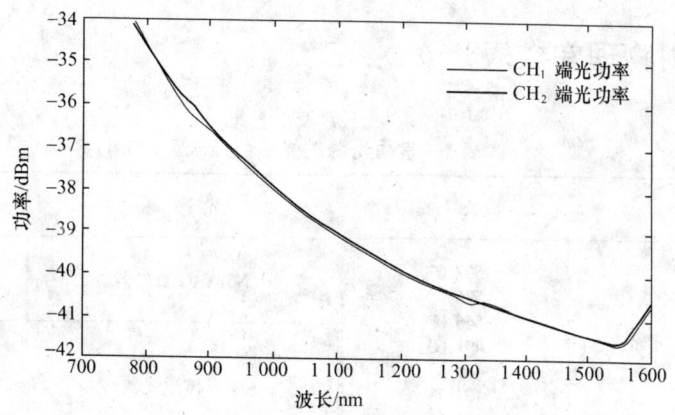

图实 39.10　输出端光功率

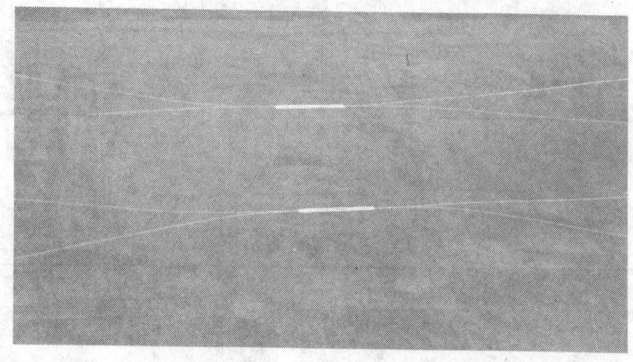

图实 39.11　耦合器实物图

注：上方为 Y 型耦合器，下方为 X 型耦合器

四、思考题

1. 全光纤无源器件制备过程中，其拉锥结果是否受耦合区的所受应力、环境折射率以及拉锥温度场等影响？

2. 在激光器输出的 1 310 nm 和 1 550 nm 波长的条件下，对于制备的无源器件在光谱和功率上有区别吗？

3. 请简单介绍 X 型或 Y 型全光纤无源耦合器件的制备原理。

附录 I 常用物理常数表

表 1 常用光源的光谱线波长

光源	波长（nm）	光源	波长（nm）
低压 Hg 灯	597.07 576.96 546.07 491.60 435.83 407.78 404.66	Nd:YAG 激光器	1 064 532 355
		半导体激光器	808 940 980 1 310 1 550
Ar^+ 激光器	488 514.5	掺铒光纤放大器	1 560 ± 10
He–Ne 激光器	632.8 1 150 3 390	Ti:Al_2O_3 激光器	600 ~ 1 200

表 2 常用物质的折射率

物质名称	n_p	物质名称	n_p	物质名称	n_p
重火石玻璃 ZF_1	1.647 5	重冕玻璃 K_8	1.614 0	甲醇（20℃）	1.328 80
重火石玻璃 ZF_6	1.755 0	火石玻璃	1.605 5	丙酮（20℃）	1.359 10
方解石（o 光）	1.658 4	熔凝石英	1.458 4	二硫化碳（18℃）	1.625 50
方解石（e 光）	1.486 4	氧	1.000 27	三氯甲烷（20℃）	1.446 00
冕牌玻璃 K_6	1.511 1	氮	1.000 30	加拿大树胶（20℃）	1.530 00
冕牌玻璃 K_8	1.515 9	空气	1.000 29	苯（20℃）	1.501 10
冕牌玻璃 K_9	1.516 3	水	1.333 00		
重冕玻璃 K_6	1.612 6	乙醇（20℃）	1.361 40		

附录 Ⅱ 法定计量单位

表1 SI（国际单位制）词头

代表因数	名称	符号	代表因数	名称	符号
10^{18}	艾[可萨]（exa）	E	10^{-1}	分（deci）	d
10^{15}	拍[它]（peta）	P	10^{-2}	厘（centi）	c
10^{12}	太[拉]（tera）	T	10^{-3}	毫（milli）	m
10^{9}	吉[咖]（giga）	G	10^{-6}	微（micro）	μ
10^{6}	兆（mega）	M	10^{-9}	纳[诺]（nano）	n
10^{3}	千（kilo）	k	10^{-12}	皮[可]（pico）	p
10^{2}	百（hecto）	h	10^{-15}	飞[母托]（femto）	f
10^{1}	十（deca）	da	10^{-18}	阿[托]（atto）	a

表2 国际单位制的基本单位

量的名称	单位名称	单位符号	量的名称	单位名称	单位符号
长度	米	m	电流	安（培）	A
质量	千克	kg	物质的量	摩（尔）	mol
时间	秒	s	发光强度	坎（德拉）	cd
热力学温度	开（尔文）	K			

表3 国际单位制的辅助单位

量的名称	单位名称	单位符号	量的名称	单位名称	单位符号
平面角	弧度	rad	立体角	球面度	sr

表4 可与国际单位并用的我国法定计量单位

量的名称	单位名称	单位符号	换算关系和说明
时间	分	min	1 min = 60 s
	（小）时	h	1 h = 60 min = 3 600 s
	天（日）	d	1 d = 24 h = 86 400 s
[平面]角	[角]秒	(″)	1″ =（π/648 000）rad（π 为圆周率）
	[角]分	(′)	1′ = 60″ =（π/10 800）rad
	度	(°)	1° = 60′ =（π/180）rad
旋转速度	转每分	r·min^{-1}	1 r·min^{-1} =（1/60）s^{-1}
长度	海里	n mile	1 n mile = 1 852 m（只用于航行）
速度	节	kn	1 kn = 1 n mile·h^{-1} =（1 852/3 600）m·s^{-1}（只用于航行）
质量	吨	t	1 t = 10^3 kg
	原子质量单位	u	1 u ≈ 1.660 540 × 10^{-27} kg
体积	升	L, (l)	1 L = 1 dm^3 = 10^{-3} m^3
能	电子伏	eV	1 eV ≈ 1.602 177 × 10^{-19} J
级差	分贝	dB	
线密度	特[克斯]	tex	1 tex = 10^{-6} kg·m^{-1}

参 考 文 献

1. 阎吉祥. 激光原理与技术. 北京：高等教育出版社, 2004.
2. 苏显渝, 李继陶. 信息光学. 北京：科学出版社, 2005.
3. 朱京平. 光电子技术基础. 北京：科学出版社, 2003.
4. 兰信钜. 激光技术. 北京：科学出版社, 2000.
5. 屠钦, 张自襄. 激光实验原理和方法. 北京：北京工业学院出版社, 1988.
6. 闵乃本. 晶体生长的物理基础. 上海：上海科学出版社, 1982.
7. 张克从, 张乐惠. 晶体生长科学与技术. 上册. 北京：科学出版社 1997.
8. 赵正旭. 半导体晶体的定向切割, 北京：科学出版社, 1979.
9. Sami, Tabbane. Handbook of Mobile Radio Networks. 北京：电子工业出版社, 2002.
10. Synaptics TouchPad Interfacing Guide. (Second Edition). PS/2 Protocol Revision: 2.4 October 27, 1998 Synaptics, Inc.
11. 张禄林, 雷春娟, 郎晓虹. 蓝牙协议及其实现. 北京：人民邮电出版社, 2001.
12. 微波晶体管放大器分析与设计. 白晓东（译）. 北京：清华大学出版社, 2003.
13. 孙景琪, 曹小秋, 周洪直. 通信广播电路原理与应用. 北京：北京工业大学出版社, 2003.
14. M. M. 拉德马内斯. 射频与微波电子学. ［美］顾继慧, 李鸣（译）. 北京：科学出版社, 2006.
15. 陈邦媛. 射频通信电路. 北京：科学出版社, 2002.
16. 张厥盛, 郑继禹. 锁相技术. 西安：西安电子科技大学出版社, 1994.
17. 王建校, 杨建国, 等. 51系列单片机及C51程序设计. 北京：科学出版社, 2002.
18. SmartRF CC1000 PRELIMINARY Datasheet. (rev 2.1) ChipconAS. 2001.12.18.
19. 林伸茂. 8051单片机彻底研究基础篇. 北京：人民邮电出版社, 2004.
20. 苟彦新, 王永民. 无线电抗干扰通信原理及应用. 西安：西安电子科技大学出版社, 2005.
21. 曹志刚, 钱亚生. 现代通信原理. 北京：清华大学出版社, 1992.
22. 童长飞. C8051F系列单片机开发与C语言编程. 北京：北京航空航天大学出版社, 2005.
23. 胡汉才. 单片机原理及其接口技术. 北京：清华大学出版社, 1996.
24. 陈家壁, 苏显渝. 光学信息技术原理及应用. 北京：高等教育出版社, 2002.
25. 陶世荃, 王大勇, 江竹青, 袁泉. 光全息存储. 北京：北京工业大学出版社, 1998.
26. J. W. Goodman. Introduction to Fourier Optics. Roberts & Company, 2005.
27. 于美文. 光全息学及其应用. 北京：北京理工大学出版社, 1996.
28. 王绿苹. 光全息和信息处理实验. 重庆：重庆大学出版社, 1991.